丛书总主编：孙鸿烈　于贵瑞　欧阳竹　何洪林

中国生态系统定位观测与研究数据集

森林生态系统卷

广东鼎湖山站

（1998—2008）

张倩媚　主编

中国农业出版社

图书在版编目（CIP）数据

中国生态系统定位观测与研究数据集．森林生态系统卷．广东鼎湖山站：1998～2008／孙鸿烈等主编；张倩媚分册主编．—北京：中国农业出版社，2011．12
ISBN 978-7-109-16308-9

Ⅰ．①中…　Ⅱ．①孙…②张…　Ⅲ．①生态系统-统计数据-中国②森林-生态系统-统计数据-肇庆市-1998～2008　Ⅳ．①Q147②S718．55

中国版本图书馆 CIP 数据核字（2011）第 240834 号

中国农业出版社出版
（北京市朝阳区农展馆北路 2 号）
（邮政编码 100125）
责任编辑　刘爱芳

中国农业出版社印刷厂印刷　　新华书店北京发行所发行
2011 年 12 月第 1 版　　2011 年 12 月北京第 1 次印刷

开本：889mm×1194mm　1/16　　印张：10．75
字数：293 千字
定价：45．00 元

中国生态系统定位观测与研究数据集

丛书编委会

中国生态系统定位观测与研究数据集
森林生态系统卷·广东鼎湖山站

序 言

随着全球生态和环境问题的凸显，生态学研究的不断深入，研究手段正在由单点定位研究向联网研究发展，以求在不同时间和空间尺度上揭示陆地和水域生态系统的演变规律、全球变化对生态系统的影响和反馈，并在此基础上制定科学的生态系统管理策略与措施。自20世纪80年代以来，世界上开始建立国家和全球尺度的生态系统研究和观测网络，以加强区域和全球生态系统变化的观测和综合研究。2006年，在科技部国家科技基础条件平台建设项目的推动下，以生态系统观测研究网络理念为指导思想，成立了由51个观测研究站和一个综合研究中心组成的中国国家生态系统观测研究网络（National Ecosystem Research Network of China，简称CNERN）。

生态系统观测研究网络是一个数据密集型的野外科技平台，各野外台站在长期的科学研究中，积累了丰富的科学数据，这些数据是生态学研究的第一手原始科学数据和国家的宝贵财富。这些台站按照统一的观测指标、仪器和方法，对我国农田、森林、草地与荒漠、湖泊湿地海湾等典型生态系统开展了长期监测，建立了标准和规范化的观测样地，获得了大量的生态系统水分、土壤、大气和生物观测数据。系统收集、整理、存储、共享和开发应用这些数据资源是我国进行资源和环境的保护利用、生态环境治理以及农、林、牧、渔业生产必不可少的基础工作。中国国家生态系统观测研究网络的建成对促进我国生态网络长期监测数据的共享工作将发挥极其重要的作用。为切实实现数据的共享，国家生态系统观测研究网络组织各野外台站开展了数据集的编辑出版工作，借以对我国长期积累的生态学数据进行一次系统的、科学的整理，使其更好地发挥这些数据资源的作用，进一步推动数据的共享。

为完成《中国生态系统定位观测与研究数据集》丛书的编纂，CNERN综合研究中心首先组织有关专家编制了《农田、森林、草地与荒漠、湖泊湿地海湾生态系统历史数据整理指南》，各野外台站按照指南的要求，系统地开展了数据整理与出版工作。该丛书包括农田生态系统、草地与荒漠生态系统、森林生态系统以及湖泊湿地海湾生态系统共4卷、51册，各册收集整理了各野外台站的元数据信息、观测样地信息与水分、土壤、大气和生物监测信息以及相关研究成果的数据。相信这一套丛书的出版将为我国生态系统的研究和相关生产活动提供重要的数据支撑。

孙鸿烈

2010年5月

前　言

广东鼎湖山森林生态系统国家野外科学观测研究站（简称鼎湖山站，DHF）建立于1978年，经过30多年的资源调查、野外观测、科学研究的成长，特别是近几年的蓬勃发展，取得了大量的第一手资料。

鼎湖山站一直按中国生态系统研究网络（CERN）的要求，严格按监测指标和规范进行观测和数据采集，并对所有长期监测数据或研究数据进行过多次整编、完善。为了使鼎湖山站数据资源规范化保存，更好地为科研和生产服务，在国家科技基础条件平台建设项目“生态系统网络的联网观测研究及数据共享系统建设”的支持下，国家野外科学观测研究网络（CNERN）决定出版《中国生态系统定位观测与研究数据集·森林生态系统卷·广东鼎湖山站》，将台站监测数据和成果以数据集形式对外发布，为跨台站和跨时间尺度的生态学研究提供数据支持。

本书依据森林生态系统卷的编写指南编撰，按照数据来源清楚、原始记录连续系统、数据质量可靠、标准规范统一等原则整编。以整理、搜集和共享站监测和研究数据的精华为宗旨，对大量野外实测数据采取月统计、年统计或求平均等方式汇总，内容涵盖我站主要数据资源目录、观测场地和样地信息、1998—2008年的监测数据（水、土、气、生）及部分研究数据、成果等。

本书第一章由周国逸、张德强撰写，第二、三、五章由张倩媚整编，第四章中的生物数据由刘世忠整编、土壤数据由褚国伟整编、水分和气象数据由张倩媚整编。全书由张倩媚统稿，周国逸、张德强审核。虽然我们对共享数据已经进行了认真统计和校核，力求合理准确，但由于收集数据时间长，数据量庞大、种类繁多，篇幅限制，编辑时间仓促等原因，书中错漏之处在所难免，敬请批评指正。

本数据集可供大专院校、科研院所和相关研究领域的广大科技工作者和研究生参考使用，如果在数据使用过程中存在疑虑或者尚需共享其它未列出的数据，请直接联系鼎湖山站数据管理员或网上（http：//dhs. scib. ac. cn）查询申请相关数据，如有引用，请标注鼎湖山站提供数据。

最后，对长期以来在我站进行过观测试验的专家学者表示崇高的敬意和衷心的感谢！特别是对那些长期坚守在野外，风雨无阻完成监测和实验任务的观测人员表示由衷谢意！

编　者

2010年7月

目　录

序言
前言

第一章 引 言

1.1 台站简介

广东鼎湖山森林生态系统国家野外科学观测研究站（以下简称鼎湖山站）1978年建立，位于广东省肇庆市的中国科学院鼎湖山国家级自然保护区内，居112°30′39″E～112°33′41″E，23°09′21″N～23°11′30″N的北回归线附近。鼎湖山拥有保存完好的地带性顶极森林群落——亚热带季风常绿阔叶林及丰富的过渡植被类型，被称为北回归线上的绿色明珠，为森林生态系统演替过程与格局的研究及退化生态系统恢复与重建的参照提供了天然的理想研究基地。

本区气候类型为南亚热带季风气候，年均气温为20.8℃，年均降水量为1 950mm，其中70%的降水集中在4～9月；主要土壤类型为发育于沙页岩的赤红壤和山地黄壤；主要地形为丘陵和低山，海拔大多在100～700m之间，最高峰鸡笼山海拔1 000.3m。

鼎湖山站的资源包括自然资源（森林、土壤、动物、微生物、水文、气候）、平台资源（基础设施、研究设施、实验设备、后勤服务等）、信息资源（背景资料、观测数据、研究数据、成果论文等）、人才资源等类型。鼎湖山站最早的群落调查始于1955年，最早的土壤调查始于1956年，最早的森林小气候观测始于1965年，大规模的本底调查是在1978年定位站建立之后，而系统的环境监测工作是在中国生态系统研究网络（CERN）建立之后。悠久的历史资料是一笔宝贵的财富，为森林群落演替的研究、生物多样性的维持机制、生态系统对环境变化的响应与适应等研究提供了全面的数据支持和参考。

鼎湖山丰富的自然资源、完善的科研设施和深厚的科研积累，为珠江三角洲地区、港澳地区的大中小学开展教学实习、科普教育等活动提供了丰富的素材。鼎湖山站的平台能力建设在中国国家生态系统研究网络（CNERN）和中国生态网络（CERN）的大力支持下得到了显著的提高，基础设施完善、研究设施齐全、仪器设备先进，具备承担国家重大研究项目的能力和条件，也吸引了国内外科研院所越来越多的科研人员到鼎湖山站开展研究工作。近年来，先后有6个国家“973”项目、2个国家“863”项目、2个国家基金重点项目和一大批国家基金、科学院重大专项、科学院重要方向性项目、广东省优秀团队项目等课题在鼎湖山站开展，平台资源得到了充分的利用。对外开放与数据共享（http：//dhs. scib. ac. cn/）的实行，更提升了知名度和影响力。

鼎湖山站除负责CERN、CNERN的常规监测工作外，还负责中国科学院国家通量观测网（China Fluxnet）、中国科学院区域大气本底监测网的观测、运行与维护工作。

鼎湖山站由生态系统生态学、生态系统管理2个研究组科研人员10人和台站支撑人员6人组成，聘请海外客座研究人员4人，在读研究生20多人。

鼎湖山站站部现有实验用房1 500m^2，设有土壤、水文、气象等实验室；建有38m高的碳通量观测塔，设有固定气象观测场；在主要森林类型中设置固定标准样地4hm^2，进行长期生态学研究。现有客房400m^2，可接待20多名客座研究人员来站工作，也可供召开中、小型学术研讨会。

1.2 历史沿革

1956 年，通过人大立法，建立我国第一个国家级自然保护区；

1978 年，建立鼎湖山森林生态系统定位研究站（简称鼎湖山站）；

1979 年，鼎湖山自然保护区加入联合国科教文组织（UNESCO）人与生物圈（MAB）保护区网，成为国际第 17 号生物圈保护区；

1991 年，鼎湖山站加入中国科学院“中国生态系统研究网络（CERN）”；

1999 年，鼎湖山站加入首批科技部国家野外科学观测试验站（CNERN）试点站；

2002 年，鼎湖山站纳入中国科学院国家通量观测网（China Fluxnet）；

2003 年，鼎湖山站纳入中国科学院大气本底观测网；

2006 年，科技部命名为广东鼎湖山森林生态系统国家野外科学观测研究站；

2006 年，加入国际氮沉降观测研究网络。

1.3 研究方向

鼎湖山站以生态系统生态学为核心，以森林生态系统为对象，以国家及地方需求和学科发展前沿为导向，以建设中国科学院乃至国家科技创新、生态学高级人才培养、生态理念等科普知识传播的重要基地和国际知名生态系统生态学综合研究平台为目标，系统开展地带性森林生态系统演替过程与规律，包括结构与功能、格局与过程相互关系的研究，阐明热带亚热带森林生态系统 C、N、P、H_2O 循环及其耦合等关键过程对全球变化的响应与适应规律与调控机理，为解决国家和地方生态环境保护与资源可持续利用的关键科学与技术问题提供科学支撑。

生态系统生态学研究组：主要研究生态系统结构与功能的量化关系，在阐述物质循环与能量流动机制的同时，探讨物种多样性与功能过程的耦合关系。

生态系统管理研究组：主要研究各种生态系统对全球变化和人类活动的响应及其机制，为生态系统管理和可持续性发展提供理论基础。主要从事森林生态系统对氮沉降的响应及其机理，关键元素（碳、氮、磷）的生物地球化学循环等方面的研究。

1.4 研究成果

鼎湖山站自 1978 年建立以来，经过 30 多年的发展，具备了雄厚的研究实力和丰富的研究积累，这为鼎湖山站进入 21 世纪并实现跨越式发展奠定了坚实的基础。2001 年以后，鼎湖山站围绕既定的研究方向，结合自身的学科优势，瞄准学科前沿和国家重大需求，侧重开展森林生态系统碳、氮、水、磷循环及其耦合过程对全球变化的响应与适应规律研究，试图揭示南亚热带森林生态系统碳的源汇功能，阐明南亚热带地带性森林生态系统对缓解全球环境变化的作用与贡献，为国家在环境外交谈判与政策制定上提供科学依据。这段时期，鼎湖山站主要开展如下几方面的研究工作：

（1）地形抬升与海陆分布对生态系统形成及某些功能的影响机制研究；

（2）南亚热带低地常绿阔叶林生态系统碳通量观测研究；

（3）主要生态系统功能过程受人为活动及全球变化影响的生态尺度模型研究；

（4）南亚热带典型森林生态系统碳循环研究；

（5）南亚热带森林生态系统地表温室气体（CO_2、N_2O、CH_4）通量观测研究；

（6）氮沉降对南亚热带主要类型森林土壤氮素转化的影响；

图 1-1　鼎湖山站主要的研究对象——不同演替阶段的森林生态系统

(7) 森林生态系统碳、氮、水循环及其耦合过程研究。

上述研究得到 CNERN、CERN、国家“973”前期项目、国家“973”项目专题、国家基金重点项目、中科院知识创新工程重大专项、中科院知识创新工程重要方向性项目、广东省基金项目等的大力支持。结合台站的长期研究积累，通过上述项目的带动和研究计划的实施，鼎湖山站在这一阶段的科学研究取得了一系列的重大突破，研究结论分别在 *Science*、*Ecology*、*Global Change Biology* 等国际著名期刊发表。2001—2010 年期间发表研究论文 500 多篇，其中 SCI 论文 140 多篇，出版专著 2 部。鼎湖山站的研究成果——“热带亚热带森林生态系统碳、氮、水耦合研究”获 2006 年度广东省自然科学一等奖，2008 年度国家自然科学二等奖。台站被中国科学院评为 2001—2005 年度 CERN 综合评估优秀野外站，研究成果——“发现成熟森林土壤可以持续积累有机碳”被评为 2006 年度中国基础研究十大新闻等。归纳起来，鼎湖山站主要科学贡献有：

(1) 提出了热带亚热带退化生态系统恢复过程中的限制因子理论：水热环境在季节上的不配合所形成的严酷生境限制了退化生态系统的恢复。

(2) 提出了热带亚热带退化生态系统恢复过程中结构与功能不同步理论：结构的恢复要先于功能的恢复，地上部分的恢复/演替快于地下部分的恢复/演替。

(3) 提出了降水动能及其受林冠分配调控的理论计算和分析方法，得出了任意时空尺度的生态系统水热状况量度指标及计算公式。

（4）提出下垫面尤其是植被影响大气降水量和降水频率，并在一定范围内使大气降水的年变化、季节变化和日变化发生改变，进而影响径流和地下水位。植被、土壤和地表覆盖物对水的截留和保持起着极其重要的作用。植被演替显著影响着林冠结构参数（叶面积指数、叶倾角、枝叶比等），进而对截留量、蒸散量、径流量等水文学过程产生重大影响。与演替初期的马尾松林和地带性森林相比，针阔叶混交林在减少地表径流和保持水土等方面具有更好的水文生态效益，这一结果为生态公益林的营造、退化生态系统的恢复与重建提供了依据。

（5）建立了气体交换与森林 NPP 关联估算模型。地下 NPP 一直是森林生态学研究的难题，如何得到地下 NPP 是关系到生态系统碳平衡研究的关键。鼎湖山站在系统阐明了土壤温室气体排放规律的基础上，利用土壤呼吸分割的方法，建立了气体交换与森林生态系统 NPP 的估算模型，该模型能够对地下和地上 NPP 进行分别估算。研究成果为阐明热带亚热带生态系统恢复/演替过程碳贮量、格局和动态起到重要作用。

（6）基于台站的长期监测资料和创造性思维，本站周国逸研究员领导的科学家小组通过对近 25 年来森林土壤有机碳含量及贮量动态变化分析，得出“成熟森林土壤可以持续积累有机碳”这一重大发现，研究结果于 2006 年 12 月 1 日在国际权威科学期刊 *Science* 上发表，引起巨大反响。该成果令人信服地证明了成熟森林是一个重要的碳汇，有力地冲击了成熟森林土壤有机碳平衡理论的传统观念，可能从根本上改变学术界对现有生态系统碳循环过程的看法，催生生态系统碳循环非平衡理论框架的建立。这一结果为学术界就热带亚热带成熟森林对缓解全球 CO_2 浓度升高作用的争议提供新的解释依据，并为“碳失汇”的揭示提供新的思路和途径。该项成果成为 2006 年度中国科学院向国务院提交重大科技成果的部分内容之一，为我国履行温室气体限排的国际环境外交中处于有利地位提供了重要的科学依据，具有重要的理论价值和政治意义。

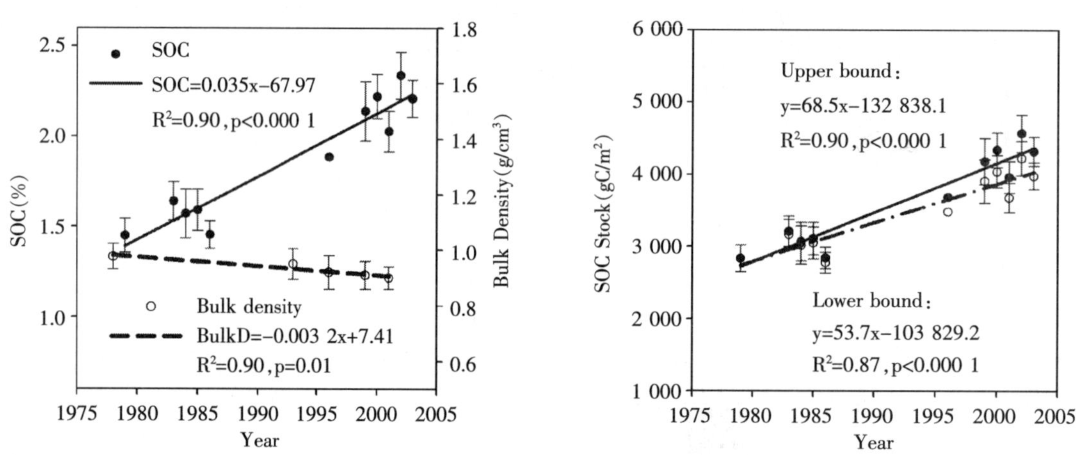

图 1-2 成熟森林土壤可持续积累有机碳（Old-Growth Forests Can Accumulate Carbon in Soils）（Zhou，2006）

（7）在森林生态系统碳、氮、水循环及其耦合过程研究方面，创造性地提出了土壤碳氮比值为 25 是土壤硝化作用速率强弱“临界值”的新观点，鉴于氮沉降已成为全球性的环境问题，这一结果对仅基于土地覆盖变化和温湿度的变化来预测模拟 CO_2 浓度升高作用提出了挑战。研究结果还表明，氮沉降的持续增加，导致土壤酸化，加速养分的流失，影响生态系统的养分平衡，最终导致森林的衰退；氮沉降增加降低了成熟森林内凋落物的分解，有利于成熟森林土壤有机质和碳库的积累。阐明在森林水文学过程中，径流和土壤侵蚀是森林生态系统碳的重要输出形式，并且输出的量在不同演替阶段有较大差异。趋于成熟的森林生态系统输出的量较大，这一结果科学地解释了趋于成熟的森林生态系统并没有因为净生产力接近于零而失去了碳汇功能，消除了对成熟森林生态系统具有强大碳汇功能的疑虑。

迄今为止，鼎湖山站共完成专著 4 部，发表论文 1 000 多篇，发表《热带亚热带森林生态系统研究》

论文集9集，积累了大量的监测、研究数据。从1998年开始定期发行的《鼎湖山之窗》站刊，从科研、监测、信息管理、人才培养、国内为外合作与交流、基础设施建设、科普知识传播以及资源的保护与管理等方面进行了详细的记载。目前定位站已培养毕业硕、博士研究生各40多人。

1.5 合作交流

建站以来，鼎湖山站已与20多个国家的科研机构建立了学术交流关系，与美国、德国、加拿大、日本、丹麦、澳大利亚、法国等国开展合作研究和联合培养研究生，长期聘请3～5位海外科学家做客座研究员。每年都有很多国内外专家、学者来访，已派出50多人次科技人员、研究生出国进修、做博士后、合作研究、考察或参加国际会议等，并在鼎湖山站承办了多期各种类型的学术研讨会或培训班。

鼎湖山站的资源对站内实行完全共享，同时积极对外开放，数据资源对站外实行有条件共享，并且全部纳入CERN共享体系。近年来，中科院地理所、大气物理所、广州地化所、南京土壤所、北京大学、中山大学、南京林业大学、厦门大学、华南农业大学、华南环科院等十多家科研院校在鼎湖山利用本站的平台资源开展研究工作，发表了大量高质量的研究论文，促进了台站的对外开放与交流，提升了网络台站的影响，也使网络台站的平台资源得到更加充分的利用。

图1-3 中国生态系统研究网络2008年生物培训与质控会议

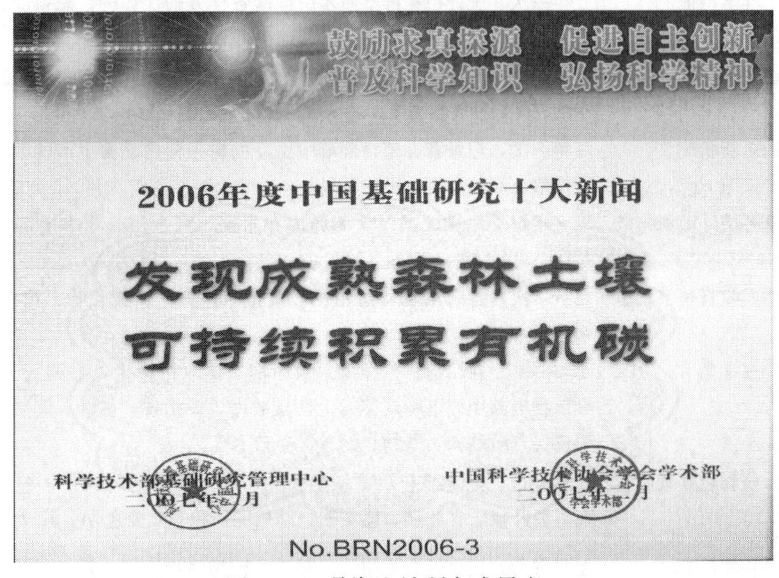

图1-4 鼎湖山站研究成果之一

第二章

数据资源目录

2.1 生物数据资源目录

表 2-1 生物数据资源目录

数据集代码及名称	数据集摘要	时间范围（年）
FA01 森林植物群落乔木层每木调查与生物量	五年一次，记录植物群落乔木层每木（DBH≥1cm）的胸径、高度、生活型，并根据生物量模型计算出个体各器官的生物量，并按样方统计各种生物量。	1999—2004
FA02N 森林植物群落乔木层 _ 灌木层生物量模型	五年一次，记录综合观测场内优势乔灌树种各器官的生物量模型及模型适用种。	1999—2004
FA03 森林植物群落乔木层植物种组成	五年一次，分种统计植物群落乔木层各样方的盖度、株数、平均胸径、平均高度、各器官生物量。	1999—2004
FA04 森林植物群落灌木层植物种组成	五年一次，分种统计植物群落灌木层的株数、平均高、盖度、生活型及各器官生物量。	1999—2005
FA05 森林植物群落草本层植物种组成	五年一次，分种统计植物群落草本层各样方的株数、平均高、盖度、生活型、生物量等。	1999—2005
FA06 森林植物群落乔木层群落特征	五年一次，统计植物群落乔木层群落各样方的优势种、郁闭度、植物种数、密度、优势种平均高度、地上部和地下部总干重。	1999—2004
FA07 森林植物群落灌木层群落特征	五年一次，统计植物群落灌木层群落各样方的优势种、总盖度、植物种数、密度、优势种平均高度、地上部和地下部总干重。	1999—2005
FA08 森林植物群落草本层群落特征	五年一次，统计植物群落草本层各样方的优势种、总盖度、植物种数、密度、优势种平均高度、及全收割法测定的地上部和地下部总干重。	1999—2005
FA09 森林植物群落树种的更新状况	每年一次，记录森林植物群落中更新的树种种名、实生苗株数、萌生苗株数、平均高度、平均基径。	2004—2008
FA10 森林植物群落乔灌草各层叶面积指数	隔五年每季一次，记录观测场内乔木层、灌木层、草本层的叶面积指数。	2004—2005
FA11 森林植物群落凋落物回收量季节动态	每月一次，各观测场凋落物的收集记录，分干、枝、叶、花果、皮、杂等。	2004—2008
FA12 森林植物群落凋落物现存量	每年一次，在凋落物现存量最少时期观测（植物生长盛期），记录森林植物群落中凋落物现存的生物量数据，分枯枝、枯叶、落果（花）、树皮、苔藓地衣、杂物、倒木、立枯木等。	2005—2008
FA13 森林植物群落乔灌木植物物候观测	每年进行，记录综合观测场主要乔、灌木植物的物候期，包括出芽期、展叶期、首花期、盛花期、结果期、秋季叶变色期、落叶期等。	2004—2008
FA14 森林植物群落草本植物物候观测	每年进行，记录综合观测场主要草本植物的物候期，包括萌芽期、开花期、结实期、种子散布期、枯黄期等。	2004—2008

（续）

数据集代码及名称	数据集摘要	时间范围（年）
FA15 森林植物群落各层优势植物和凋落物的矿质元素含量与能值	五年一次，观测场内各层优势植物和凋落物各器官的全碳、全氮、全磷、全钾、全硫、全钙、全镁、热值（不去灰分）、热值（去灰分）的分析测定数据。	2005
FA16 森林鸟类种类与数量	五年一次，站区各样地鸟类的名称和数量的调查。	2004
FA17 森林大型野生动物种类与数量	五年一次，站区各样地野生动物名称和数量的调查。	2005
FA18 森林土壤微生物生物量碳季节动态	隔五年每季一次，测定森林土壤微生物生物量碳的数据。	2004—2005
FA19 森林植物群落层间附或寄生植物	五年一次，关于森林植物群落层间附（寄）生植物的种类、生活型、株数、附（/寄）主种名等的调查数据。	2004
FA20 森林植物群落层间藤本植物	五年一次，关于森林植物群落层间藤本植物的种类、生活型、平均基径、长度、粗度等调查数据。	2004
FA21 森林大型土壤动物种类与数量	五年一次，关于森林土壤动物的种类和数量的调查数据。	2004
FA22 植物样品信息	采集植物样品的详细记录，包括样地、植被类型、树种、部位、采集日期、采集人、保存量、保存地点、负责人等	2005—2008
FA31 森林生境要素调查表	关于站区主要植被类型的植物群落、地貌、水分、土壤、人类活动、动物活动、演替特征等的描述性数据。	1999
FA32 森林灌木层主要植物种生物量	分样方用全收割法测定灌木层生物量。	1999
FA33 森林植物群落草本层生物量	分样方用全收割法测定草本层生物量。	1999
FA34 森林主要微生物种类记录表	2001 年各林型微生物种类调查。	2001
FA35 森林病虫害和自然灾害记录表	记录发生在站区的主要病虫害或灾害情况。	1999—2002

2.2　土壤数据资源目录

表 2-2　土壤数据资源目录

数据集代码及名称	数据集摘要	时间范围（年）
FB01 森林土壤交换量	隔五年每季取样，记录森林土壤表层 0～20cm 的交换性盐基总量、交换性酸总量、交换性钙离子、交换性镁离子、交换性钾离子、交换性钠离子、交换性铝离子、交换性氢、阳离子交换量。	1998—2008
FB02 森林土壤养分	隔五年每季取样，记录森林土壤表层 0～20cm 的有机质、全氮、全磷、全钾、硝态氮、铵态氮、速效氮、有效磷、速效钾、缓效钾、水溶液提 pH。	1998—2008
FB03 森林土壤矿质全量	五年一次取样，记录森林土壤各层的 SiO_2、Fe_2O_3、MnO、TiO、Al_2O_3、CaO、MgO、K_2O、Na_2O、P_2O_5 的%、S（g/kg）。	1998、2005
FB04 森林土壤微量元素和重金属	五年一次取样，记录森林土壤各层的全硼 B、全钼 Mo、全锰 Mn、全锌 Zn、全铜 Cu、全铁 Fe、硒 Se、钴 Co、镉 Cd、铅 Pb、铬 Cr、镍 Ni、汞 Hg、砷 As（mg/kg）。	1998、2005
FB06 森林土壤硝态氮铵态氮的季节动态变化	五年每季取样，记录森林土壤表层 0～20cm 的硝态氮（NO_3-N mg/kg）、铵态氮（NO_4-H mg/kg）。	1999—2005

（续）

数据集代码及名称	数据集摘要	时间范围（年）
FB07N 森林土壤速效微量元素	五年每季取样，记录森林土壤表层 0～20cm 的有效铁（Fe）、有效铜（Cu）、有效钼（Mo）、有效硼（B）、有效锰（Mn）、有效锌（Zn）、有效硫（S）（mg/kg）。	1998—2008
FB08N 森林土壤机械组成	十年一次取样，记录森林土壤各层的 0.05～2mm 砂粒百分率、0.002～0.05mm 砂粒百分率、小于 0.002mm 砂粒百分率。	2005
FB09 森林土壤容重	五年一次取样，记录森林土壤各层的土壤容重平均值、均方差。	2004—2005
FB10 土壤剖面调查	土壤监测第二套指标要求，记录各林型土层深度（cm）、土层间过渡明显程度、土层间过渡形式、形态描述。	1999—2008
FB14 长期采样地土壤空间变异调查	土壤监测第二套指标要求，综合观测场表层 0～20cm，土壤有机质、全氮、全磷、全钾、速效氮、有效磷、速效钾、缓效钾、水溶液提 pH。	2003
FB15 区域土壤肥力调查	土壤监测第二套指标要求，3 个主要林型表层 0～20cm，土壤有机质、全氮、全磷、全钾、速效氮、有效磷、速效钾、缓效钾、水溶液提 pH。	2004
FB16 土壤标准样品测定	土壤监测第二套指标要求，2005 年三种标样，测有机质、水解氮、全氮、速效钾、全钾、CEC、有效磷、全磷。	2005
FB17 土壤分析方法说明表	土壤监测第二套指标要求，表 FB01～09 的各项目分析方法说明，包括分析项目、表名称、方法名称、引用标准。	1998—2008
FB18 土壤数据质量评价信息表	土壤监测第二套指标要求，包括记录数、上报监测数据个数、完整性、不完整的原因，异常数据说明、对数据表质量的总体情况说明、质控负责人。	1998—2008
FB20 土壤样品信息	土壤样品采集、保存记录，包括样地、采样深度、采集日期、采集人、保存量、保存地点、样品号、负责人等。	1998—2007

2.3 水分数据资源目录

表 2-3 水分数据资源目录

数据集代码及名称	数据集摘要	时间范围（年）
FC01 森林生态系统土壤含水量表中子仪法	用中子仪法测量森林土壤体积含水量和土层储水量。季风林 1 次/5 天，松林、针阔林Ⅰ号 1 次/月，每 15cm 一层，最深 90cm，气象场每月 3 次；体积含水量 V%=0.1×［a（R/Rw）－b］，土层储水量 mm=V×（土层厚度 15cm/10）。	1999—2008
FC02 森林生态系统烘干法土壤含水量表	用烘干法测定森林土壤湿土质量含水量，与中子仪测定的作对比。三个林型每月一次，对应相应中子管各取三个样本，每个样本分 15，30，45cm 三层称鲜重、干重，质量含水量%=（鲜重－干重）/鲜重×100，土层储水量 mm=0.1×土层深度 cm×质量含水率%×土壤密度（g/cm^3）（土壤密度分别是季风林 1.002，针阔林 1.218，针叶林 1.252）。	1999—2008

（续）

数据集代码及名称	数据集摘要	时间范围（年）
FC03 森林生态系统地表水_地下水水质状况表	森林生态站的各种水质测定：包括季风林穿透水、树干径流 1999—2003 年每月，季风林地表径流 2000—2003 年每月，雨水 2000—2003 年每月的水质测定。2004 年 7 月起测的包括地下水位观测井、静止地表水采样点、流动地表水采样点，于每年雨季 7 月和旱季 1 月各采样 1 次。	1999—2008
FC04 森林生态系统地下水位记录表	森林生态站的地下水位观测，1999 年起雨后观测，2003 年起改 5 天观测一次。	1999—2008
FC05 森林生态系统森林蒸散量表_水量平衡法	用水量平衡法计算季风林的蒸散量，约 5 天一次计算，日均蒸散量 mm＝［降雨－径流＋（上日土层储水量－该日土层储水量）］/天数。	2004—2008
FC06 森林生态系统土壤水分常数表	森林生态系统土壤水分常数测定，10 年一次，季风林、松林、针阔林Ⅱ号于 2006 年测定，土层分 5 层。	2006
FC07 水面蒸发量表	在气象场记录森林生态站水面蒸发量数据，分人工和 E601 自动记录。人工记录 2000 年起每天 20 时记录，E601 于 2004－10－29 起每小时记录蒸发量、水温。	2000—2008
FC08 雨水水质表	森林站的雨水水质测定，03 年前测定指标不一样。2004 年 7 月起测在气象场取样，每年 1、4、7、10 月各采样一次。	2004—2008
FC09 森林生态系统地表径流量表	每天记录森林的地表水径流量。季风林集水区 1999－1－1 起测，面积 7.7hm^2，东沟径流场 2000－03－22 起测，面积 613.2hm^2。地表径流量 mm＝0.1×实测流量 m^3/面积 hm^2。	1999—2008
FC10 森林生态系统树干径流量表	每场降雨后测定森林的树干径流量，四个样地各选取 5～7 株数，测定水量再通过公式计算树干径流量 mm＝0.001×测得 ml/冠幅 m^2。	1999—2008
FC11 森林生态系统穿透降水量表	每场降雨后测定森林的穿透降水量。每年四个样地各设置 2 个集水器，穿透降水量 mm＝实测穿透水量 ml×0.001/桶面积 m^2。	1999—2008
FC12 森林生态系统枯枝落叶含水量表	每月一次，在四个样地冠层结构比较均匀的地方，分别随机取 3 个 1m×1m 样本，称鲜、干重，含水率＝（鲜重－干重）/鲜重。	1999—2008
FC14 森林生态系统水质分析方法信息表	记录森林生态系统水质分析的方法信息，以便数据的利用和共享，方法有变动时会作记录。	1999—2008

2.4 大气数据资源目录

表 2－4 大气数据资源目录

数据集代码及名称	数据集摘要	时间范围（年）
FDD21 人工大气观测风温湿日照	常规气象要素人工观测指标，每日 8、14、20、最高、最低的 P 气压、T 气温、湿球温度、U 相对湿度、F 定时风向风速、地温 0cm；S 日照时数（8、14、20、最高、最低、每小时、日合计）。	2004—2008
FDD22 人工大气观测降雨蒸发能见度	常规气象要素人工观测指标，每日小型蒸发皿 20 点蒸发量、E601 蒸发皿 20 点蒸发量；20—8 时、8—20 时、8—8 时降水量；8 时、14 时、20 时能见度。	2004—2008
FDD51 自动站每日逐时太阳辐射和累计值	常规气象要素自动观测指标，包括每日逐时总辐射、反射辐射、紫外辐射、净辐射、光合有效辐射、Ht、E1、E2、E3 及它们的总量及累积值，日极值及出现时间，月极值及出现时间。	2004—2008

（续）

数据集代码及名称	数据集摘要	时间范围（年）
FDD61 气象观测日记	常规气象要素人工观测指标，目测观测日记，每日8时、14时、20时云量；8时、14时太阳面状况；8时、14时、20时下垫面；8时天气现象。	2004—2008
FDD62 气象观测日记 2	常规气象要素人工观测指标，观测仪器档案记录，辐射和气象仪器名称、型号、鉴定日期、灵敏度、开始观测时间。有更新再添加。	2004—2008
FDHB1 自动站每日逐时水气压	常规气象要素自动观测指标，包括每日逐时、逐日和逐月的统计，月极值及出现日期。	2004—2008
FDP01 自动站每日逐时海平面气压	常规气象要素自动观测指标，包括每日逐时、逐日和逐月的统计，月极值及出现日期。	2004—2008
FDP1 自动站每日逐时大气压	常规气象要素自动观测指标，包括每日逐时、逐日和逐月的统计，月极值及出现日期。	2004—2008
FDR1 自动站每日逐时降水	常规气象要素自动观测指标，包括每日逐时、逐日和逐月的统计，月极值及出现日期。	2004—2008
FDRH1 自动站每日逐时相对湿度	常规气象要素自动观测指标，包括每日逐时、逐日和逐月的统计，月极值及出现日期。	2004—2008
FDT1 自动站每日逐时气温	常规气象要素自动观测指标，包括每日逐时、逐日和逐月的统计，月极值及出现日期。	2004—2008
FDTD1 自动站每日逐时露点温度	常规气象要素自动观测指标，包括每日逐时、逐日和逐月的统计，月极值及出现日期。	2004—2008
FDTg01 自动站每日逐时地表温度及地下温度	常规气象要素自动观测指标，记录0cm地表温度和分别记录5、10、15、20、40、60、100cm的地温。包括每日逐时、逐日和逐月的统计，月极值及出现日期。	2004—2008
FDW10AV1 自动站每日逐时10min平均风速、风向	常规气象要素自动观测指标，包括每日逐时10min平均风速，10min平均风风向，10min极大风速，10min极大风风向等，包括月平均和月极值及出现日期、时间。	2004—2008
FDW2V1 自动站每日逐时2min平均风速、风向	常规气象要素自动观测指标，记录每日逐时2min平均风速，2min平均风风向，包括月平均和月极值及出现日期、时间	2004—2008
FDW60V1 自动站每日逐时1h极大风速、风向	常规气象要素自动观测指标，包括每日逐时1h极大风速，1h平均风风向，包括月平均和月极值及出现日期、时间。	2004—2008

2.5 其他数据资源目录

这类数据包括站上的所有历史研究数据和目前正在进行的实验数据、从各种渠道收集购买的数据资料等。首先按监测的水、土、气、生尽量归类，不便归类的分长期观测数据（如C通量、大气本底数据）、各类专题研究数据（按课题或学生上交区分）、管理数据及文档、图片、PDF、PPT等。这类数据部分上网共享。

2.5.1 研究数据目录——生物

表2-5 研究数据目录——生物

数据集代码及名称	数据集摘要	时间范围（年）
FAY001 植物名录	1955、1978年分别对鼎湖山站站区的植物种类作调查，该植物名录收录的是1978年没公开发表的《鼎湖山植物手册》，经后期调查发现植物种类变动较大，仅供参考。	1955—1978

（续）

数据集代码及名称	数据集摘要	时间范围（年）
FAY002 动物名录	记录了 1980—1995 年，对鼎湖山站站区进行的多次动物物种调查并已发表出论文的部分。蝶类部分有习性方面的详细记录，其余只是名录（门、纲、目、科、种中名和拉丁名）记载。	1980—1995
FAY003 微生物名录	1980—1983 年，1991—1994 年，广东省科学院微生物研究所对广东省的大型真菌进行了全面调查，本数据集收录了在鼎湖山站区内采集到的标本数据。	1980—1994
FAY01 森林植物群落各层每木调查	收集了不同森林植物群落乔木层、下木层、灌木、草本、林窗、粗死木等不同层次不同年份的每木调查数据。	1978—2008
FAY03 1984 年鼎湖山几种植物在不同生境的气孔导度测定	用 Li-cor 1600 稳态气孔计测定，每个种类挂牌固定 3～4 片顶端成熟健壮叶，每天定时测定 6～8 次，取平均值。每月测一次。	1984
FAY04 1984 年鼎湖山几种植物在不同生境的水势测定	叶片采后置于冰壶中，于室内用 PMS pressure chamber（压力器），通 N_2 或空气下测定。一般皆于晴天进行。每月测定一次，每种植物采顶部带叶枝条 5～6 个，每天从 6：30 开始，隔 2 小时采样一次，共测定 6 次，结果以每个特定时间测定的平均值及其标准差表示。	1984
FAY05 季风林林下层植物含水率	季风林Ⅰ号样地附近林下层 4 个 5m×5m 样方的植物含水率测定，包括种名、株数、茎、大小枝、新老叶、粗细根的鲜干重记录和计算出的含水率平均值	1994
FAY06 季风林主要优势树种叶片氮、磷含量	研究数据，季风林主要优势树种叶片氮、磷含量。	2005—2008
FAY10 森林植物群落乔 _ 灌 _ 草各层叶面积指数	收集了不同年份各森林植物群落乔 _ 灌 _ 草各层叶面积指数。	1992—2004
FAY11 森林植物群落凋落物量及分解速率	收集各林型长期凋落物回收量月动态，包括分类记录，分种记录，分解速率，元素分解，C 含量、热值等。	1981—2004
FAY12 凋落物现存量	季风林 2003 年 8 月—2004 年 7 月每月一次凋落物现存量记录。	2003—2004
FAY13 森林植物群落乔灌木植物物候观测	季风林于 1980—1981 年连续 2 年观测 60 种优势植物的物候。	1980—1981
FAY15 森林植物群落各层优势植物和凋落物的矿质元素含量与能值	主要森林类型进行的各层优势植物和凋落物的矿质元素含量与能值测定，包括历史数据、监测和研究数据的汇总。	1990—2004

2.5.2　研究数据目录——土壤

表 2-6　研究数据目录——土壤

数据集代码及名称	数据集摘要	时间范围（年）
FBY02 森林土壤养分 _ 包含监测原始数据	主要森林类型的土壤养分测定，包括历史数据、监测和研究数据的汇总。	1978—2005
FBY04 森林土壤微量元素和重金属	主要森林类型进行的土壤微量元素和重金属测定，包括历史数据、监测和研究数据的汇总。	1979—2008
FBY09 森林土壤容重研究数据	不同林型不同时期测定的土壤容重数据汇总。	1992—2004
FBY10 土壤凋落物碳循环研究	课题数据，季风林、五棵松混交林、松林的土壤水分、有机质、无机碳、容重、凋落物重量、有机质等，采样时间 2003 年 5 月。	2003

（续）

数据集代码及名称	数据集摘要	时间范围（年）
FBY25 土壤碳氮含量	历史数据，包括 1979—2003 年的土壤碳氮含量测定。	1979—2003
FBY26 土壤本底特征数据汇总	历史数据，包括 1978—1999 年期间的鼎湖山土壤类型面积表，主要土壤类型的化学性质，三种不同植被类型土壤的氮素矿化数据、土壤养分及速效养分动态，雨季、旱季的土壤水分状况，土壤湿度等，还有土壤含水率、pH、代换酸、有机碳、有机质、全氮 、磷、钾含量测定等。	1978—1999

2.5.3 研究数据目录——水文

表 2-7 研究数据目录——水文

数据集代码及名称	数据集摘要	时间范围（年）
FCY02 森林土壤含水量	历史数据，各林型不同时期土壤含水量汇总。	1979—1992
FCY25 鼎湖山森林生态系统 3 种主要林型水文学过程中总有机碳转运初探	课题数据，包括 2003 年 5 月—2003 年 9 月三个林型（两个混交林）大气降水、穿透水、树干流、地表径流、土壤水分两层 TOC 浓度数据，2002 年 7 月—2003 年 7 月飞天燕针阔林 TOC 浓度、总量月变化数据。	2000—2004
FCY26 南亚热带典型森林生态系统演替中 DOM 水文学过程研究	课题数据，包括鼎湖山各种类型水中的 DOC _ DON _ pH _ 铵态氮 _ 硝态氮含量测定。	2004

2.5.4 研究数据目录——大气

表 2-8 研究数据目录——大气

数据集代码及名称	数据集摘要	时间范围（年）
FDY01 常规气象观测数据1965—1995年	1965—1995 年鼎湖山常规气象观测数据，包括每日的蒸发量、降雨量、日照时数，2，8，14，20 时、日最大、最小值的气温、湿球温度、水气压、绝对湿度、相对湿度、露点温度、风向、风速、地面分 0，5，10，15，20cm 的温度。	1965—1995
FDY02 森林小气候观测	根据研究需要设定的短期气象观测数据汇总。包括林内、林间小气候、时段降雨、蒸散等。	1993—2007
FDY03 不同气象站的降雨、气温相关数据	收集的资料，不同途径获取的广东、高要县、鼎湖站区的降水、气温数据汇总。	1954—2008
FDY05 广州 1961—1995 年气象资料	收集的资料，包括广州市月均降水、气温、地温、日照、相对湿度等。	1961—1995

2.5.5 研究数据目录——专题

表 2-9 研究数据目录——专题

数据集代码及名称	数据集摘要	时间范围（年）
FZY01CWD 粗死木调查	2003 年调查 5 个林的粗死木情况：CWD 类型、高度、DBH、大小头直径、中央直径。	2003

（续）

数据集代码及名称	数据集摘要	时间范围（年）
FZY03 土壤累积酸化对鼎湖山森林生态系统的影响	硕博士论文数据，不同酸处理下土壤、植物的铝、养分含量等测定。	1999—2003
FZY04 三个类型森林土壤温室气体（CO_2、CH_4、N_2O 通量观测（静态箱式法）	2003 年 5 月—2005 年 10 月于鼎湖山季风林、针阔林、松林分别设置无凋落物覆盖、有凋落物覆盖和有小灌木＋凋落物覆盖三种处理，每种处理 6 个重复，每周进行一次常规观测，其中 2003 年 5 月—2004 年 4 月每月进行一次温室气体通量昼夜观测，每隔 2 小时观测一次。	2003—2005
FZY05 人工湿地处理生活污水实验数据	课题数据，人工湿地处理生活污水实验数据、盆栽实验数据、植物生长状况等。	2004—2005
FZY06 鼎湖山样带幼苗监测数据	鼎湖山主要植被类型乔木层的物种、地形因子及土壤因子的调查。每次测定时新出现的幼苗即被视为新萌发的幼苗，而消失的植株视为已死亡。	2003—2004
FZY10 南亚热带森林土壤动物对大气 N 沉降的响应	调查 N 沉降对土壤动物群落结构的影响，土壤动物群落对大气 N 沉降及植被等因子的响应，大气 N 沉降下土壤动物对凋落物分解过程的影响。	2003—2004
FZY12 雷州桉树人工林水文学与模型模拟	在广东湛江雷州进行的国际合作项目“桉树与水”课题数据，包括小气候、植物、土壤、水文等数据。	2000—2003
FZY14 鼎湖山格木林生物量调查	课题数据，鼎湖山格木林乔木层每木调查，灌木层、草本层调查，生物量计算公式等。	1995
FZY15 广东五华县南亚热带次生常绿阔叶林调查	课题数据，包括乔木层每木调查，种类调查，乔木树种含水率调查，乔木层优势树种样木全收获法及林下层生物量调查等。	1993
FZY16 广东省森林植被恢复下碳的动态和分布	根据林业数据计算分析广东省森林 C 储量分布和动态。	1994—2003
FZY17 珠江三角洲马尾松年轮化学分析的环境指示意义	对鼎湖山、西樵山的马尾松进行年轮化学分析，包括元素、多环芳烃含量的测定。	2004—2004
FZY18 鼎湖山典型森林植被优势树种粗死木分解研究	鼎湖山站不同林型下 CWD 分解研究，包括种名、径级、密度、水分含量、碳、氮、磷、钾、钙、钠、镁含量。	2005—2006
FZY19 铝毒对植物的影响	2005 年在所部做试验，测定不同铝浓度处理下，土壤及植物组织元素、植物生长、生物量、植物叶绿素、CO_2 和光强等生理因子。	2005
FZY20 植物断根剪枝前后水分生理变化	2005 年春夏秋季测定的两种园林植物的 Pn 光合速率、trmmol 蒸腾、气孔导度、胞间 CO_2 浓度、CO_2、空气温度、叶片温度、相对湿度、PAR 等。	2005
FZY21 鼎湖山自然保护区植被景观变化	收集的鼎湖山自然保护区不同时期植被 GIS 图及数据。	1955—2002
FZY22 鼎湖山季风常绿阔叶林物种和生境空间小尺度格局研究	2003 年对鼎湖山季风林Ⅰ号样地 400 个样方的小生境调查、相对高差等。	2003
FZY23 论文摘录数据	鼎湖山站共出版的九集《热带亚热带森林生态系统研究》论文集中的数据及一些专著中的数据摘录。	1982—2000
FZY27 森林生态系统营养物质输入及锶同位素数量	硕士论文数据，季风林土壤剖面微量元素、各种水样元素测定，Sr 同位素测定。	2001—2002

（续）

数据集代码及名称	数据集摘要	时间范围（年）
FZY30 珠江三角洲地区森林吸收大气多环芳烃机制	2006年分4季在鼎湖山、白云山取荷木、马尾松，鹤山取大叶相思、马占相思、桉树、荷木、杉木、松树等6个树种叶片，测定目标化合物为美国EPA优先控制的16种PAHs中的15种（单位：ng/g）。	2006
FZY31 北江流域碳转运动态及其影响因素的研究	购买的广东省水文局资料：包括1900—2003年降水、1956—2000年流量、1954—2004年含沙量、1985—2003年水质、1985—2000年无机碳通量、1954—2004有机碳浓度及通量，另有2005-04-06至2006-04-28博士生测定的碳浓度数据。	1900—2006
FZY32 广州市林业碳汇项目	课题数据，由广州市林业局提供的1993，1997—2006广州市林业资源数据，经济能源消耗数据等由科研人员查阅各种资料录入。	1993—2006
FZY33 广东省水文局水文资料	2008年1月购买的广东省水文局资料：包括：一、2004—2006年广东省430个雨量站的月雨量资料；二、2000—2006年13个站（古榄、官良、腰古、新丰江、麒麟咀、横山、水口、溪口、磁窑、蕉坑、东桥园、缸瓦窑、双捷）和2005—2007年15个站（高要、犁市（二）、长坝、高道、石角、龙川、河源、博罗（二）、三水（二）、马口、潮安、飞来峡、坪石（二）、滃江、小古菉）以及横石2004—2007年的月平均流量资料；三、所有蒸发站的月平均值资料。	2004—2007
FZY34 季风林Ⅰ号样地巢式法树种调查	外单位课题，用巢式取样法调查季风林Ⅰ号样地树种情况。	2007
FZY35 针阔林水文学过程及养分动态观测	飞天燕针阔叶混交林Ⅱ号永久样地，收集林外大气降水、穿透雨、树干流、地表径流、地表径流泥沙含量、有无凋落物地表径流量、旱季雨后取样，雨季每周取样一次测定各种水的养分氮、磷、钾、钠、钙、镁。	2002—2003
FZY36 珠江三角洲酸雨地区树木敏感组织与根区土壤污染指示元素格局特征	课题数据，在鼎湖山、西樵山和白云山随机采集马尾松和荷木每种各5棵健康样树的植物敏感组织（叶片，嫩枝，细根）和土层土壤，测定养分及各元素含量。	2006
FZY38 土壤酸性磷酸单酯酶测定	大学本科生在我站实习做毕业论文上交的数据。加氮加水处理下，土壤酸性磷酸单酯酶测定。	2009
FZY43 土壤侵蚀下有机碳搬运及动态	博士论文数据：包括1. 集水区观测实验数据（1）小良退化地植被恢复混交林集水区与光裸地对比，（2）小良人工阔叶混交林、鹤山人工针叶混交林不同坡位上团聚体和有机碳分布特征，（3）鹤山三种人工纯林下（荷木、桉树、马占相思）降雨、地表径流与可溶性有机碳输出。2. 收集的广东省土壤有机碳分布和侵蚀数据。	2005—2008
FZY50-OTC中植物与土壤碳积累对C-N交互的响应与适应	南亚热带模拟森林生态系统C-N交互试验，开顶箱内进行，分加碳加氮（3个重复）、加碳（3个重复）、加氮（2个重复）和对照（2个重复）四种处理。每年1月采集植物样品，分析植物C含量；1、4、7、10月采集土壤与凋落物，研究土壤C与凋落物C循环。	2006—2008
FZY52 鼎湖山氮干湿沉降测定	外单位课题，国家自然基金专项基金（40645024）大气氮沉降对华南典型森林土壤氮排放的影响研究，本研究的目的是为了了解鼎湖山大气氮素的沉降状况，分析大气氮素输入通量的季节变化特征。	2007—2008

2.5.6　研究数据目录——长期观测

表 2-10　研究数据目录——长期观测

数据集代码及名称	数据集摘要	时间范围（年）
FTY01 鼎湖山 0 _ 1 层常规气象日数据	记录鼎湖山通量塔上 CR10X-TD 采集的 1 层日最高气温、最低气温、最大相对湿度、最小相对湿度、最大风速及各极值出现的时间，还记录了短波辐射、长波辐射、有效辐射、总辐射、净辐射的日总值、辐射强度和平均值。	2002—2008
FTY02 鼎湖山 2 _ 3 层常规气象日数据	记录鼎湖山通量塔上 CR10X-TD 采集的 2 层和 3 层日最高气温、最低气温、最大相对湿度、最小相对湿度、最大风速及各极值出现的时间。	2002—2008
FTY03 鼎湖山 4 _ 5 层常规气象日数据	记录鼎湖山通量塔上 CR10X-TD 采集的 4 层和 5 层日最高气温、最低气温、最大相对湿度、最小相对湿度、最大风速及各极值出现的时间。	2002—2008
FTY04 鼎湖山 6 _ 7 层常规气象日数据	记录鼎湖山通量塔上 CR10X-TD 采集的 6 层和 7 层日最高气温、最低气温、最大相对湿度、最小相对湿度、最大风速及各极值出现的时间及日降水量。	2002—2008
FTY05 鼎湖山 0 _ 1 层常规气象 30min 数据	记录鼎湖山通量塔上 CR10X-TD 采集的 1 层气温、相对湿度、水汽压、风速、大气压，分层土壤温度、土壤热通量、土壤湿度，及短波辐射、长波辐射、有效辐射、总辐射、净辐射等的 30min 平均值。	2002—2008
FTY06 鼎湖山 2 _ 3 层常规气象 30min 数据	记录鼎湖山通量塔上 CR10X-TD 采集的 2 层和 3 层气温、相对湿度、水汽压、风速的 30min 平均值。	2002—2008
FTY07 鼎湖山 4 _ 5 层常规气象 30min 数据	记录鼎湖山通量塔上 CR10X-TD 采集的 4 层和 5 层气温、相对湿度、水汽压、风速的 30min 平均值。	2002—2008
FTY08 鼎湖山 6 _ 7 层常规气象 30min 数据	记录鼎湖山通量塔上 CR10X-TD 采集的 6 层和 7 层气温、相对湿度、水汽压、风速的 30min 平均值，7 层的风向及 30min 降水量。	2002—2008
FTY09 鼎湖山 2m 开路系统 30min 通量数据	记录鼎湖山通量塔 2m 高度上的开路系统采集与在线计算的 30min CO_2 通量、潜热通量、显热通量和动量通量等，风速、CO_2 密度、H_2O 密度等的平均值与标准差。通量数据使用时需要进行坐标旋转。	2002—2008
FTY10 鼎湖山 27m 开路系统 30min 通量数据	记录鼎湖山通量塔 27m 高度上的开路系统采集与计算的 30min CO_2 通量、潜热通量、显热通量和动量通量等，风速、CO_2 密度、H_2O 密度等的平均值与标准差。通量数据使用时需要进行坐标旋转。	2002—2008
FZE02 森林站碳通量长期观测原始数据	2002 年 11 月开始进行的 C 通量观测数据，包括半小时一次的原始 dat 数据和 xls. 数据。	2002—2008
FZF01 大气本底站数据 _ NO_2 和 CH_4	鼎湖山站从 200504 开始监测的大气本底站数据（环境监测包括 NO_2，NO，O_3，CO_2，SO_2，气象色谱 NO，CH_4），每月一次发送给大气分中心。每周一天每小时数据，连续观测。	2005—2008

2.5.7　管理类数据目录

表 2-11　管理类数据目录

数据集代码及名称	数据集摘要	时间范围（年）
FO01 论文	收集所有 1955 年以来鼎湖站科研人员或在本站开展工作所发表的论文目录及全文，收集或自己扫描全文 PDF 供网上查询利用。	1955—2008

（续）

数据集代码及名称	数据集摘要	时间范围（年）
FO02N 项目	与鼎湖站相关的1959年以来承担的项目、课题目录及相关信息。	1959—2008
FO03 毕业论文目录	与鼎湖站相关的学生毕业论文目录及相关信息。	1989—2008
FO04 成果	与鼎湖站相关的成果：奖项、专利、个人奖励等信息。	1977—2008
FO08 培训	鼎湖山站人员举办或参加培训、会议的记录。	1988—2008
FO11 鼎湖山之窗详细内容	1998年创刊的站宣传总结小册子——《鼎湖山之窗》所有内容，分类入库后便于查询相关信息。	1998—2008
FO14 样品记录表	记录鼎湖山站水、土、植物所有样品的数量、测定指标等信息。	1998—2007

2.5.8 管理类文档目录

表2-12 管理类文档目录

数据集代码及名称	数据集摘要	时间范围（年）
documents 管理类文档	放在网站首页的“科研管理”下，以目录＋文件或文件夹压缩形式供查看或下载，内容包括临时放置的数据文件，对学习研究有用的PDF、PPT、站务管理条例等文件夹，文件夹和内容都可随时增减更改，方便管理，主要供站内部使用。	1990—2008
imagesroot 台站风光	台站所有图片分类管理，放在网站首页的“台站风光”，可供自由下载。	1990—2008
paper 论文汇编	台站所有论文、专著、专利的PDF，放在网站首页的“论文汇编”和科研管理下的“论文汇编”，可供自由下载；论文目录则做成管理类数据FO01论文，可进行查询检索统计，并下载相应的PDF。	1955—2008
criterions 标准规范文档下载	放在网站首页的“标准规范”，以目录＋文件或文件夹压缩形式供查看或下载，内容包括一些可长期公开的数据，操作手册、元数据标准、元数据—数据规范，软件学习与介绍等内容，文件夹和内容都可随时增减更改，方便管理。	2006—2008

第三章

观测场和采样地

3.1 概述

鼎湖山站共设有 18 个观测场，84 个采样地，长期定位观测的森林类型主要有季风常绿阔叶林（简称季风林）、针阔叶混交林（简称针阔Ⅰ、Ⅱ、Ⅲ）、马尾松针叶林（简称松林）、山地常绿阔叶林等（简称山地林，详见表 3-1），各主要观测场的空间位置如图 3-1 所示。采样地包括本站全部监测、研究、长期观测的点。其中监测部分有详细的观测场和样地信息描述。

表 3-1　鼎湖山森林站观测场、采样地、实验地一览表

序号	观测场名称	观测场代码	采样地名称	采样地代码	分类	观测场简称
1	鼎湖山站综合观测场季风林样地	DHFZH01	鼎湖山站综合观测场季风林Ⅰ号永久样地	DHFZH01A00_01	联网观测	季风林
2	鼎湖山站综合观测场季风林样地	DHFZH01	鼎湖山站综合观测场季风林Ⅰ号破坏性采样地	DHFZH01B00_02	联网观测	季风林
3	鼎湖山站综合观测场季风林样地	DHFZH01	鼎湖山站综合观测场季风林Ⅰ号穿透降水观测样地	DHFZH01CCJ_01	联网观测	季风林
4	鼎湖山站综合观测场季风林样地	DHFZH01	鼎湖山站综合观测场季风林Ⅰ号土壤水分烘干法采样地	DHFZH01CHG_01	联网观测	季风林
5	鼎湖山站综合观测场季风林样地	DHFZH01	鼎湖山站综合观测场季风林Ⅰ号枯枝落叶含水量观测样地	DHFZH01CKZ_01	联网观测	季风林
6	鼎湖山站综合观测场季风林样地	DHFZH01	鼎湖山站综合观测场季风林Ⅰ号地表径流观测场	DHFZH01CRJ_01	联网观测	季风林
7	鼎湖山站综合观测场季风林样地	DHFZH01	鼎湖山站综合观测场季风林Ⅰ号树干径流观测样地	DHFZH01CSJ_01	联网观测	季风林
8	鼎湖山站综合观测场季风林样地	DHFZH01	鼎湖山站综合观测场季风林Ⅰ号土壤水分观测样地	DHFZH01CTS_01	联网观测	季风林
9	鼎湖山站综合观测场季风林样地	DHFZH01	鼎湖山站综合观测场季风林地下水同位素采样地	DHFZH01YJ_DXSTWS	短期实验研究	季风林
10	鼎湖山站综合观测场季风林样地	DHFZH01	鼎湖山站综合观测场季风林氮沉降实验样地	DHFZH01YJ_DCJ	短期实验研究	季风林
11	鼎湖山站综合观测场季风林样地	DHFZH01	鼎湖山站综合观测场季风林酸沉降实验样地	DHFZH01YJ_SCJ	短期实验研究	季风林
12	鼎湖山站综合观测场季风林样地	DHFZH01	鼎湖山站综合观测场季风林降水变率实验样地	DHFZH01YJ_JSBL	短期实验研究	季风林
13	鼎湖山站综合观测场季风林样地	DHFZH01	鼎湖山站综合观测场季风林倒木分解实验样地	DHFZH01YJ_DMFJ	短期实验研究	季风林
14	鼎湖山站综合观测场季风林样地	DHFZH01	鼎湖山站综合观测场季风林凋落物分解场	DHFZH01YJ_DLW	短期实验研究	季风林

（续）

序号	观测场名称	观测场代码	采样地名称	采样地代码	分类	观测场简称
15	鼎湖山站综合观测场季风林样地	DHFZH01	鼎湖山站综合观测场季风林土壤水热格局变化实验样地	DHFZH01YJ_SRGJ	短期实验研究	季风林
16	鼎湖山站综合观测场季风林样地	DHFZH01	鼎湖山站综合观测场季风林氮、磷耦合实验样地	DHFZH01YJ_DCJ	短期实验研究	季风林
17	鼎湖山站综合观测场季风林样地	DHFZH01	鼎湖山站综合观测场季风林样地乔灌木物候观测	DHFZH01YJ_WH	短期实验研究	季风林
18	鼎湖山站综合观测场季风林样地	DHFZH01	鼎湖山站综合观测场季风林集水区	DHFZH01YJ_JSC	长期实验研究	季风林
19	鼎湖山站综合观测场季风林样地	DHFZH01	鼎湖山站站区调查点季风林Ⅱ号样地	DHFZH01A00_02	有历史数据	季风林Ⅱ
20	鼎湖山站综合观测场季风林样地	DHFZH01	鼎湖山站站区调查点季风林Ⅲ号样地	DHFZH01A00_03	有历史数据	季风林Ⅲ
21	鼎湖山站辅助观测场马尾松林样地	DHFFZ01	鼎湖山站辅助观测场马尾松林永久样地	DHFFZ01A00_01	联网观测	松林
22	鼎湖山站辅助观测场马尾松林样地	DHFFZ01	鼎湖山站辅助观测场马尾松林破坏性采样地	DHFFZ01B00_02	联网观测	松林
23	鼎湖山站辅助观测场马尾松林样地	DHFFZ01	鼎湖山站辅助观测场马尾松林穿透降水观测样地	DHFFZ01CCJ_01	联网观测	松林
24	鼎湖山站辅助观测场马尾松林样地	DHFFZ01	鼎湖山站辅助观测场马尾松林土壤水分烘干法采样地	DHFFZ01CHG_01	联网观测	松林
25	鼎湖山站辅助观测场马尾松林样地	DHFFZ01	鼎湖山站辅助观测场马尾松林枯枝落叶含水量观测样地	DHFFZ01CKZ_01	联网观测	松林
26	鼎湖山站辅助观测场马尾松林样地	DHFFZ01	鼎湖山站辅助观测场马尾松林树干径流观测样地	DHFFZ01CSJ_01	联网观测	松林
27	鼎湖山站辅助观测场马尾松林样地	DHFFZ01	鼎湖山站辅助观测场马尾松林土壤水分观测样地	DHFFZ01CTS_01	联网观测	松林
28	鼎湖山站辅助观测场马尾松林样地	DHFFZ01	鼎湖山站辅助观测场马尾松林氮沉降实验样地	DHFFZ01YJ_DCJ	短期实验研究	松林
29	鼎湖山站辅助观测场马尾松林样地	DHFFZ01	鼎湖山站辅助观测场马尾松林酸沉降实验样地	DHFFZ01YJ_SCJ	短期实验研究	松林
30	鼎湖山站辅助观测场马尾松林样地	DHFFZ01	鼎湖山站辅助观测场马尾松林降水变率实验样地	DHFFZ01YJ_JSBL	短期实验研究	松林
31	鼎湖山站辅助观测场马尾松林样地	DHFFZ01	鼎湖山站辅助观测场马尾松林凋落物分解场	DHFZH01YJ_DLW	短期实验研究	松林
32	鼎湖山站辅助观测场马尾松林样地	DHFFZ01	鼎湖山站辅助观测场马尾松林土壤水热格局变化实验样地	DHFFZ01YJ_SRGJ	短期实验研究	松林
33	鼎湖山站辅助观测场马尾松林样地	DHFFZ01	鼎湖山站辅助观测场马尾松林氮、磷耦合实验样地	DHFFZ01YJ_DCJ	短期实验研究	松林
34	鼎湖山站辅助观测场马尾松林样地	DHFFZ01	鼎湖山站辅助观测场马尾松林集水区	DHFFZ01YJ_JSC	长期实验研究	松林
35	鼎湖山站辅助观测场马尾松林样地	DHFFZ01	鼎湖山站站区调查点马尾松林Ⅱ号样地	DHFFZ01A00_02	有历史数据	松林Ⅱ
36	鼎湖山站辅助观测场针阔混交林Ⅱ号样地	DHFFZ02	鼎湖山站辅助观测场针阔混交林Ⅱ号永久样地	DHFFZ02A00_01	联网观测	针阔Ⅱ

（续）

序号	观测场名称	观测场代码	采样地名称	采样地代码	分类	观测场简称
37	鼎湖山站辅助观测场针阔混交林Ⅱ号样地	DHFFZ02	鼎湖山站辅助观测场针阔混交林Ⅱ号破坏性采样地	DHFFZ02B00_02	联网观测	针阔Ⅱ
38	鼎湖山站辅助观测场针阔混交林Ⅱ号样地	DHFFZ02	鼎湖山站辅助观测场针阔混交林Ⅱ号穿透降水观测	DHFFZ02CCJ_01	联网观测	针阔Ⅱ
39	鼎湖山站辅助观测场针阔混交林Ⅱ号样地	DHFFZ02	鼎湖山站辅助观测场针阔混交林Ⅱ号树干径流观测样地	DHFFZ02CSJ_01	联网观测	针阔Ⅱ
40	鼎湖山站辅助观测场针阔混交林Ⅱ号样地	DHFFZ02	鼎湖山站辅助观测场针阔混交林Ⅱ号氮沉降实验样地	DHFFZ02YJ_DCJ	短期实验研究	针阔Ⅱ
41	鼎湖山站辅助观测场针阔混交林Ⅱ号样地	DHFFZ02	鼎湖山站辅助观测场针阔混交林Ⅱ号酸沉降实验样地	DHFFZ02YJ_SCJ	短期实验研究	针阔Ⅱ
42	鼎湖山站辅助观测场针阔混交林Ⅱ号样地	DHFFZ02	鼎湖山站辅助观测场针阔混交林Ⅱ号凋落物分解场	DHFZH01YJ_DLW	短期实验研究	针阔Ⅱ
43	鼎湖山站辅助观测场针阔混交林Ⅱ号样地	DHFFZ02	鼎湖山站辅助观测场针阔混交林Ⅱ号氮、磷耦合实验样地	DHFFZ02YJ_DCJ	短期实验研究	针阔Ⅱ
44	鼎湖山站辅助观测场针阔混交林Ⅱ号样地	DHFFZ02	鼎湖山站辅助观测场针阔混交林Ⅱ号集水区	DHFFZ02YJ_JSC	长期实验研究	针阔Ⅱ
45	鼎湖山站辅助观测场流动地表水采样点	DHFFZ10	鼎湖山站辅助观测场流动地表水水质监测长期采样点	DHFFZ10CLB_01	联网观测	流表
46	鼎湖山站辅助观测场静止地表水采样点	DHFFZ11	鼎湖山站辅助观测场静止地表水水质监测长期采样点	DHFFZ11CJB_01	联网观测	静表
47	鼎湖山站辅助观测场东沟天然径流观测场	DHFFZ12	鼎湖山站辅助观测场东沟天然径流观测场	DHFFZ12CTJ_01	联网观测	东沟
48	鼎湖山站辅助观测场地下水位观测井	DHFFZ13	鼎湖山站辅助观测场地下水位观测井	DHFFZ13CDX_01	联网观测	地下水
49	鼎湖山站气象观测场	DHFQX01	鼎湖山站气象观测场土壤水分特征参数采样地	DHFQX01C00_01	联网观测	气象场
50	鼎湖山站气象观测场	DHFQX01	鼎湖山站气象观测场土壤水分观测样地	DHFQX01CTS_01	联网观测	气象场
51	鼎湖山站气象观测场	DHFQX01	鼎湖山站气象观测场雨水采集装置	DHFQX01CYS_01	联网观测	气象场
52	鼎湖山站气象观测场	DHFQX01	鼎湖山站气象观测场 E601 水面蒸发皿	DHFQX01CZF_01	联网观测	气象场
53	鼎湖山站气象观测场	DHFQX01	鼎湖山站气象观测场水面蒸发量人工观测样地	DHFQX01CZF_02	联网观测	气象场
54	鼎湖山站站区调查点针阔混交林Ⅰ号样地	DHFZQ01	鼎湖山站站区调查点针阔混交林Ⅰ号永久样地	DHFZQ01A00_01	联网观测	针阔林Ⅰ
55	鼎湖山站站区调查点针阔混交林Ⅰ号样地	DHFZQ01	鼎湖山站站区调查点针阔混交林Ⅰ号穿透降水观测	DHFZQ01CCJ_01	联网观测	针阔Ⅰ
56	鼎湖山站站区调查点针阔混交林Ⅰ号样地	DHFZQ01	鼎湖山站站区调查点针阔混交林Ⅰ号土壤水分烘干法采样地	DHFZQ01CHG_01	联网观测	针阔Ⅰ
57	鼎湖山站站区调查点针阔混交林Ⅰ号样地	DHFZQ01	鼎湖山站站区调查点针阔混交林Ⅰ号枯枝落叶含水量观测样地	DHFZQ01CKZ_01	联网观测	针阔Ⅰ
58	鼎湖山站站区调查点针阔混交林Ⅰ号样地	DHFZQ01	鼎湖山站站区调查点针阔混交林Ⅰ号树干径流观测样地	DHFZQ01CSJ_01	联网观测	针阔Ⅰ

（续）

序号	观测场名称	观测场代码	采样地名称	采样地代码	分类	观测场简称
59	鼎湖山站站区调查点针阔混交林Ⅰ号样地	DHFZQ01	鼎湖山站站区调查点针阔混交林Ⅰ号土壤水分观测样地	DHFZQ01CTS_01	联网观测	针阔Ⅰ
60	鼎湖山站站区调查点针阔混交林Ⅰ号样地	DHFZQ01	鼎湖山站站区调查点针阔混交林Ⅰ号破坏性采样地	DHFZQ01B00_02	联网观测	针阔林Ⅰ
61	鼎湖山站站区调查点山地常绿阔叶林样地	DHFZQ02	鼎湖山站站区调查点山地常绿阔叶林永久样地	DHFZQ02A00_01	联网观测	山地林
62	鼎湖山站站区调查点山地常绿阔叶林样地	DHFZQ02	鼎湖山站站区调查点山地常绿阔叶林倒木分解实验样地	DHFZQ02YJ_DMFJ	短期实验研究	山地林
63	鼎湖山站站区调查点针阔混交林Ⅲ号样地	DHFZQ03	鼎湖山站站区调查点针阔混交林Ⅲ号永久样地	DHFZQ03A00_01	联网观测	针阔Ⅲ
64	鼎湖山站站区调查点针阔混交林Ⅲ号样地	DHFZQ03	鼎湖山站站区调查点针阔混交林Ⅲ号破坏性采样地	DHFZQ03B00_02	联网观测	针阔Ⅲ
65	鼎湖山站站区调查点针阔混交林Ⅲ号样地	DHFZQ03	鼎湖山站站区调查点针阔混交林Ⅲ号降水变率实验样地	DHFZQ03YJ_JSBL	短期实验研究	针阔Ⅲ
66	鼎湖山站站区调查点针阔混交林Ⅲ号样地	DHFZQ03	鼎湖山站站区调查点针阔混交林Ⅲ号倒木分解实验样地	DHFZQ03YJ_DMFJ	短期实验研究	针阔Ⅲ
67	鼎湖山站站区调查点针阔混交林Ⅲ号样地	DHFZQ03	鼎湖山站站区调查点针阔混交林Ⅲ号土壤水热格局变化实验样地	DHFZQ03YJ_SRGJ	短期实验研究	针阔林Ⅲ
68	鼎湖山站站区调查点针阔混交林Ⅲ号样地	DHFZQ03	鼎湖山站站区调查点针阔混交林Ⅲ号通量观测系统平台	DHFZQ03SY_01	长期实验	针阔Ⅲ
69	鼎湖山站站区调查点草塘桉林样地	DHFZQ04	鼎湖山站站区调查点草塘桉林样地	DHFZQ04A00_01	有历史数据	桉林
70	鼎湖山站站区调查点山地常绿灌草丛样地	DHFZQ05	鼎湖山站站区调查点山地常绿灌草丛Ⅰ号样地	DHFZQ05A00_01	有历史数据	山地灌丛Ⅰ
71	鼎湖山站站区调查点山地常绿灌草丛样地	DHFZQ05	鼎湖山站站区调查点山地常绿灌草丛Ⅱ号样地	DHFZQ05A00_02	有历史数据	山地灌丛Ⅱ
72	鼎湖山站站区调查点山地常绿灌草丛样地	DHFZQ05	鼎湖山站站区调查点山地常绿灌草丛Ⅲ号样地	DHFZQ05A00_03	有历史数据	山地灌丛Ⅲ
73	鼎湖山站站区调查点沟谷雨林样地	DHFZQ06	鼎湖山站站区调查点沟谷雨林Ⅰ号样地	DHFZQ06A00_01	有历史数据	沟谷雨林Ⅰ
74	鼎湖山站站区调查点沟谷雨林样地	DHFZQ06	鼎湖山站站区调查点沟谷雨林Ⅱ号样地	DHFZQ06A00_02	有历史数据	沟谷雨林Ⅱ
75	鼎湖山站站区调查点沟谷雨林样地	DHFZQ06	鼎湖山站站区调查点沟谷雨林Ⅲ号样地	DHFZQ06A00_03	有历史数据	沟谷雨林Ⅲ
76	鼎湖山站站区调查点河岸林样地	DHFZQ07	鼎湖山站站区调查点河岸林样地	DHFZQ07A00_01	有历史数据	河岸林
77	鼎湖山站站区调查点格木林样地	DHFZQ08	鼎湖山站站区调查点格木林样地	DHFZQ08A00_01	有历史数据	格木林
78	鼎湖山站站区整体	DHFZQZT	鼎湖山站站区整体植物物种调查	DHFZQZT_01	站区尺度	站区
79	鼎湖山站站区整体	DHFZQZT	鼎湖山站站区整体动物物种调查	DHFZQZT_02	站区尺度	站区
80	鼎湖山站站区整体	DHFZQZT	鼎湖山站站区整体大型真菌调查	DHFZQZT_03	站区尺度	站区

（续）

序号	观测场名称	观测场代码	采样地名称	采样地代码	分类	观测场简称
81	鼎湖山站站区整体	DHFZQZT	鼎湖山站站区社会经济状况调查	DHFZQZT _ 04	站区尺度	站区
82	鼎湖山站站区整体	DHFZQZT	鼎湖山站区域土壤肥力调查	DHFZQZT _ 05	站区尺度	站区
83	鼎湖山站站区整体	DHFZQZT	鼎湖山站站区整体森林病虫害和自然灾害记录表	DHFZQZT _ 07	站区尺度	站区
84	鼎湖山站所部实验样地	DHFSBSY	鼎湖山站所部 CN 交互实验研究样地	DHFSBSY _ CNJH	短期实验研究	所部

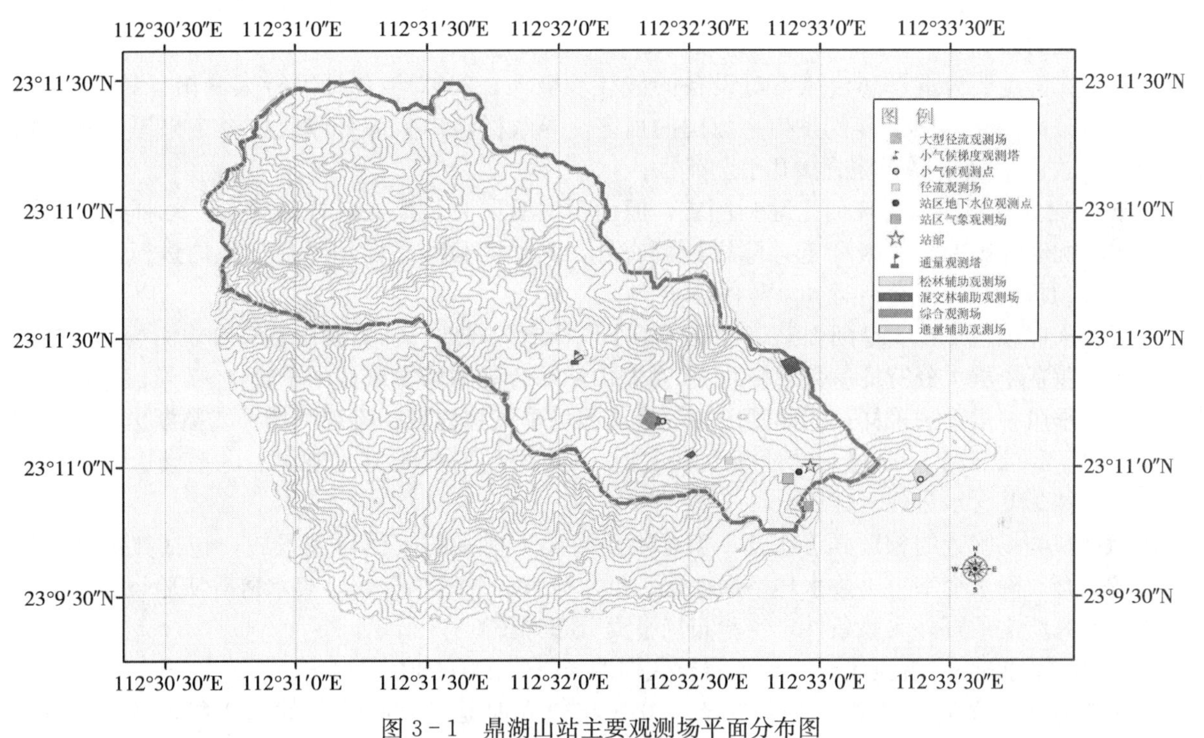

图 3-1 鼎湖山站主要观测场平面分布图

3.2 观测场介绍

3.2.1 鼎湖山站综合观测场季风林样地（DHFZH01）

综合观测场位于鼎湖山自然保护区核心区——三宝峰。据史料记载，本山原无树木，1633 年起所有松杉为庆云寺僧人所载，开始受禁伐保护达 319 年，1951 年起政府接管，1956 年建立我国第一个自然保护区。样地植被保护良好，林分结构复杂，对它进行长期动态研究，对了解鼎湖山森林的生态功能、合理利用森林资源、改善环境具有重要意义，一直以来也是本站研究重点。

样地植被类型为亚热带季风常绿阔叶林，为本区地带性森林植被类型。群落终年常绿，郁闭度约 95%。乔木层可分 3 层，灌木、草本各一层。乔木层郁闭度约 80%，优势种为锥、木荷、厚壳桂、肖蒲桃、云南银柴等；灌木层盖度约 50%，优势种为香楠、柏拉木、九节、黄果厚壳桂等；草本层盖度约 40%，优势种为华山姜、沙皮蕨等，另外层间植物也比较丰富。

动物活动主要为野猪（*Sus scrofa*）、白鹇（*Lophura nycthemera*），影响程度轻微；除监测研究人员的活动外，尚有其他项目研究人员进行野外工作，影响轻微。

常绿阔叶林综合观测场 1978 年建立时是 2 000m^2，1992 年扩为 10 000m^2，共有 100m×100m（投影面积），投影面积为正方形，坡面面积为长方形。海拔 230～350m，观测内容包括生物、水分、土壤和气象数据。

样地年均温为 21℃，年降水为 1 956mm，>10℃有效积温大于 7 500℃，蒸发量为 1 115mm。地下水位深度为 3m，年平均湿度为 82%，年干燥度为 0.58。

地貌特征为位于低山的中坡，地面起伏不大，尚有少量裸露岩石，样地内有一天然蚀沟，为集水区的建立提供了天然条件。坡度：25～35°，坡向：NE。

根据全国第二次土壤普查，土类和亚类均为赤红壤；根据中国土壤系统分类属于强育湿润富铁土。土壤母质为砂页岩。土层大都在 30～90cm，表土（0～15cm）有机质约 5%左右。土壤孔隙度较大，贮水性能较差，在特大暴风雨的情况下，局部地方常有滑坡、崩塌等灾害现象发生，对样地和野外设施有一定的破坏。

破坏性灾害主要为雷暴和台风，对设备的破坏性极大。2002 年 8 月因特大暴雨导致局部滑坡，集水区被冲跨；1986—1987 年间发生小范围的虫害，导致样地内大部分厚壳桂及黄果厚壳桂成树受害，2001 年左右，黄果厚壳桂成树几乎全死亡。

1978 年建立样地前后无任何土地利用史，但由于实验研究长期在该样地进行，对样地的生态系统有一定的扰动和影响。2004 年起，除样地调查外，其他实验和采样均不在样地内进行。样地植被群落属演替顶极阶段，至今有近 400 年的历史。

观测及采样地包括：①鼎湖山站综合观测场季风林永久样地；②鼎湖山站综合观测场季风林破坏性采样地（包括土壤水分特征参数采样）；③鼎湖山站综合观测场季风林中子管 1～7 号；④鼎湖山站综合观测场季风林烘干法采样；⑤鼎湖山站综合观测场季风林地表径流观测场；⑥鼎湖山站综合观测场季风林树干径流观测 1～7 号；⑦鼎湖山站综合观测场季风林穿透降水观测；⑧鼎湖山站综合观测场季风林枯枝落叶含水量观测样地。

在综合观测场附近的相近群落地段，于近年还增加了很多的其他研究设施，包括氮沉降、酸沉降、氮磷耦合、降水变率、土攘水热格局变化、倒木分解、凋落物分解、集水区等实验设施，完善了我站各项研究所需的野外实验条件，实验布局平面分布如图 3－3 所示。

3.2.1.1 鼎湖山站综合观测场季风林Ⅰ号永久样地（DHFZH01A00_01）

该样地为永久样地，海拔 250～300m，1978 年建立时是 2 000m^2，1992 年扩展为 10 000m^2，1999 年开始上交 CERN 数据，为中心点附近的 2 500m^2，左上角：112°32′22.64″E，23°10′9.90″N；右上角：112°32′21.12″E，23°10′10.65″N；左下角：112°32′23.64″E；23°10′11.27″N；右下角：112°32′20.48″E，23°10′13.00″N。由于此样地植被类型是典型的常绿阔叶林，生物物种丰富，土壤类型代表性强，地势平坦，适合做土壤、生物观测样地。

生物监测内容主要包括：

（1）生境要素：植物群落名称，群落高度，水分状况，动物活动，人类活动，生长/演替特征；

（2）乔木层每木调查：胸径，高度，生活型，生物量；

（3）乔木、灌木、草本层物种组成：株数/多度，平均高度，平均胸径，盖度，生活型，生物量，地上地下部总干重（草本层）；

（4）树种的更新状况：更新层数量，平均高度，平均基径；

（5）群落特征：分层特征，层间植物状况，叶面积指数；

（6）凋落物各部分干重；

（7）乔灌草物候：出芽期，展叶期，首花期，盛花期，结果期，枯黄期等；

（8）优势植物和凋落物元素含量与能值：全碳，全氮，全磷，全钾，全硫，全钙，全镁，热值；

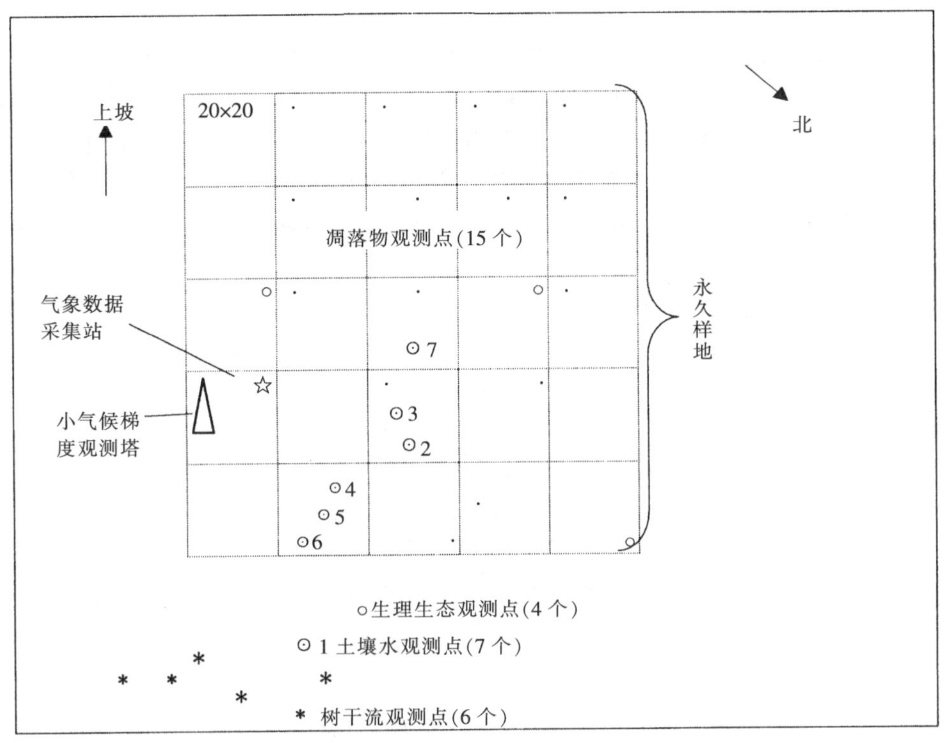

● 穿透水观测点(2个)

★ 径流观测场

图 3-2 综合观测场（DHFZH01）监测项目平面布局示意图

图 3-3 综合观测场实验布局平面示意图

（9）鸟类种类与数量；

（10）大型野生动物种类与数量。

生物采样采用机械布点，样方编号见下图，Ⅱ级样方大小为 10m×10m。采样方法分两阶段：1999—2009 年：25 个 10m×10m 作乔木层每木调查（DBH≥1cm）；每次在随机选定的 10 个Ⅱ级样方中作 1 个 5m×5m 灌木样方调查，共 10 个；在灌木样方中随机围取 1m×1m 作草本层调查。2010 年后：100 个 10m×10m 作乔木层每木调查（DBH≥1cm）；固定选取 13 个Ⅱ级样方（见下图带下划线样方）作灌木层调查；在每个灌木样方中的左下角及右上角围取 2m×2m 作草本层调查。见以下样方分布图：

1hm^2 样地：20m×20m 大样方分布：

上坡

5	10	15	20	25
4	9	14	19	24
3	8	13	18	23
2	7	12	17	22
1	6	11	16	21

下坡

100 个Ⅱ级样方(10m×10m)分布图(左下角为此前上交的 2 500m^2)

<u>18</u>	20	38	40	<u>58</u>	60	78	80	98	<u>100</u>
17	19	37	39	57	59	77	79	97	99
14	16	<u>34</u>	36	54	56	74	<u>76</u>	94	96
13	15	33	35	53	55	73	75	93	95
10	12	30	32	50	<u>52</u>	70	72	90	92
<u>9</u>	11	29	31	49	51	69	71	89	91
6	8	26	28	46	48	66	68	86	88
5	7	<u>25</u>	27	45	47	65	<u>67</u>	85	87
2	4	22	24	42	44	62	64	82	84
<u>1</u>	3	21	23	41	43	61	63	81	<u>83</u>

20m×20m 中的 5m×5m 小样方分布图

1.4	2.4	3.4	4.4
1.3	2.3	3.3	4.3
1.2	2.2	3.2	4.2
1.1	2.1	3.1	4.1

一个Ⅱ级样方的 4 个 5m×5m 小样方分布图

<u>2</u>	<u>4</u>
<u>1</u>	<u>3</u>

图 3-4 综合观测场生物样方及编码示意图

3.2.1.2　鼎湖山站综合观测场季风林Ⅰ号破坏性采样地（包括土壤水分特征参数采样）DHFZH01B00 _ 02

该样地为破坏性样地，位于生物永久样地下方，相同的环境及植被类型和种类组成，2004 年建立，18m×10m 共 180m²，长方形，中心坐标：112°32′23.14″E，23°10′12.19″N。

土壤监测内容主要包括：

（1）硝态氮、铵态氮、速效磷、速效钾、有机质、全氮、pH、凋落物厚度；

（2）缓效钾、阳离子交换量、土壤交换性钙、镁、钾、钠、有效钼、有效硫、容重、有机质、全氮、全磷、全钾、微量元素全量（硼、钼、锌、锰、铜、铁）；

（3）重金属（铬、铅、镍、镉、硒、砷、汞）、机械组成、土壤矿质全量（P、Ca、Mg、K、Na、Fe、Al、Si、Mo、Ti、S）、剖面下层容重。

样方为 18m×10m 共 180m²，长方形，划分为 6 个 5m×6m，编码为 DHFZH01B0A _ 02… DHFZH01B0F _ 02，每一 5m×6m 样方内以土钻分散打 10 钻混合成一个样品，采样深度 0～20cm。

2	1	
4	3	路
6	5	

图 3－5　季风林土壤采样地示意图

3.2.1.3　鼎湖山站综合观测场季风林Ⅰ号样地中子管 1～7 号（DHFZH01CTS _ 01）

鼎湖山综合观测场中子管采样地主要观测土壤含水量，1999 年建立，7 根中子管随机分布，分别在山坡上中下部，面积在 2 500m² 以内及边缘，中心点坐标：112°32′22″E，23°10′30″N。5 天观测 1 次。编码按 CERN 统一规范进行编码。中子管埋入地下深度 90cm，露出地面部分 25cm，探测深度分别是 15，30，45，60，75，90cm（其中 3 根管只能达到 75cm）。中子管分布如图 3－6 所示，编号如下：DHFZH01CTS _ 01 _ 01－07：

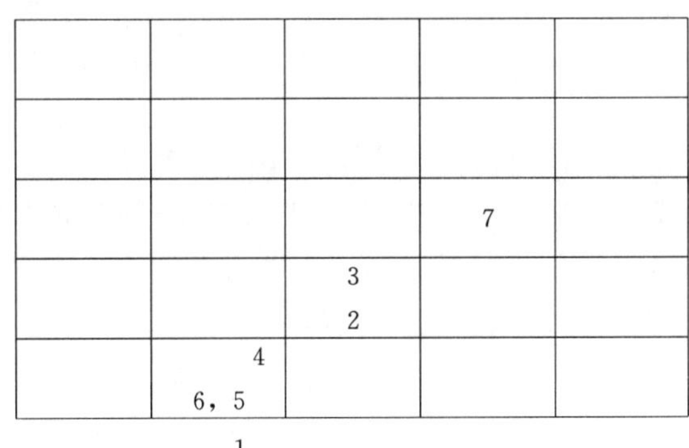

图 3－6　季风林中子管分布图

3.2.1.4　综合观测场季风林Ⅰ号烘干法采样地（DHFZH01CHG _ 0）

鼎湖山综合观测场烘干法采样地主要用于烘干法测湿重含水量，1999 年建立，在中子管 6 号管：112°32′22.85″E，23°10′11.56″N 附近采样。在该采样地的周围分布有 7 根中子管，所测的含水量具有代表性，能反映样地的平均含水量。全年每月观测 1 次，每个样地取三个样本，每个样本分 15，30，45cm 三层称鲜重、干重，通过质量含水量＝（鲜重－干重）/鲜重×100 计算出湿重含水量。

3.2.1.5　综合观测场季风林Ⅰ号地表径流观测场（DHFZH01CRJ _ 01）

地表径流采样地按集水区周边的自然封闭状况，加以人工辅助措施，使集水区完全封闭，径流堰为唯一出水口，用于观测地表径流量，1999 年建立，径流观测场小屋边坐标：112°32′25.29″E，

23°10′15.60″N，径流场长方形，流域面积为 7.7hm²，记录每天径流量（m³），径流深 mm=0.1×径流量 m³/hm²。

3.2.1.6 综合观测场季风林Ⅰ号树干径流采样地（DHFZH01CSJ _ 01）

1999 年在 1 公顷季风林永久样地边缘选择具代表性的不同胸径的优势树种，进行树干径流观测，中心点坐标 112°32′23″E，23°10′13″N。每次下雨后有径流产生即观测，测定树种的种名、冠幅、胸径、树高等用于计算。树干径流量 mm=ml×40/（3.14×DBH²）或=0.001×测得 ml/冠幅（m²）。

3.2.1.7 综合观测场季风林Ⅰ号穿透降水采样地（DHFZH01CCJ _ 01）

1999 年建立，中心点坐标 112°32′23″E，23°10′13″N。在样地内随机设置 2 个穿透雨收集器（面积分别为 1.25 和 0.642m²，编码为大桶：DHFZH01CSJ _ 01 _ 01，小桶：DHFZH01CSJ _ 01 _ 02），进行穿透水收集，记录实测穿透水量 ml。再用公式算出穿透水量 mm=实测 ml×0.001/ 桶面积（m²）。每场下雨后有流量产生即观测。

3.2.1.8 综合观测场季风林 1 号枯枝落叶含水量采样地（DHFZH01CKZ _ 01）

1999 年建立，中心点坐标 112°32′23.02″E，23°10′10.58″N，每个月在该林型冠层结构比较均匀的地方分别随机取 3 个 1m×1m 样本，称鲜、干重，以（鲜重－干重）/鲜重，算出含水率后再取平均值。

3.2.2 鼎湖山站辅助观测场马尾松林样地（DHFFZ01）

松林为综合观测场群落类型的演替前期阶段，对它进行土壤、水文与生物部分的监测，是对综合观测场监测内容的必要补充与对比。样地位于鼎湖山自然保护区缓冲区—塘鹅岭。邻近村落，间中有村民拾荒。1990 年因有中美合作项目进行人为干扰下的马尾松林研究而建立了样地。

按上坡方向分左上、右上、左下、右下四个角，坐标为：左上角：112°33′21.40″E，23°9′58.91″N；右上角：112°33′22.99″E，23°10′1.36″N；左下角：112°33′22.64″E，23°9′55.43″N；右下角：112°33′26.24″E，23°9′58.32″N。因场地所限，样地形状、面积不太规范，大致为长方形，约 8 000m²，相邻样方之间有 5m 的缓冲区，分对照和处理（指从建样地的 1990—2000 年，每年对样地内的地下部分收割一次，之后不再作处理）样地各 20 个 10m×10m，互相交错布置。上交 CERN 的为对照样地的 C1～12 号样方共 1 200m²。

样地植被类型为马尾松林，郁闭度约 70%，1954 年前后种植，群落乔木高度约 15m，乔木层优势种为马尾松，灌木层优势种为三桠苦、桃金娘，草本层优势种为芒萁。海拔 50～150m，坡度：15～25°，坡向：SE，坡位：中坡。土类为赤红壤，亚类为赤红壤，中国土壤系统分类名称：强育湿润富铁土，母质或母岩为砂页岩，土层大多在 30～70cm，表土 0～15cm，有机质约 2%～3%左右。

由于马尾松林分布在自然保护区外围，尽管样地有铁丝网围栏，但由于邻近村落，野外观测设施偶尔会遭到损坏。鸟类影响程度轻微，1998 年以前在样地进行模拟居民取走林下层枯枝落叶等人为干扰对马尾松林生态系统影响的实验。近年无其他土地利用形式。破坏性灾害主要为雷暴和台风，对设备的破坏性极大。

在辅助观测场附近，仍属于松林的区域，于近年还增加了很多的其他研究设施，包括氮沉降、酸沉降、氮磷耦合、降水变率、土攘水热格局变化、凋落物分解、集水区等实验设施，实验布局平面分布如图 3-8 所示。

3.2.2.1 鼎湖山站辅助观测场马尾松林永久样地 DHFFZ01A00 _ 01

此永久样地主要进行生物监测，包括植物样地调查、动物调查、微生物调查、凋落物量、叶面积、能值等，1990 建立，长期使用，坐标约为：112°33′21″E，23°9′58″N；样地中心点海拔高度 80m，样地外有水文观测设施。采样方法分两阶段：1999—2009 年：12 个 10m×10m 作乔木层每木调查（DBH≥1cm）；随机选取 6 个Ⅱ级样方作 5m×5m 灌木层调查；在灌木样方中同时进行1m×1m

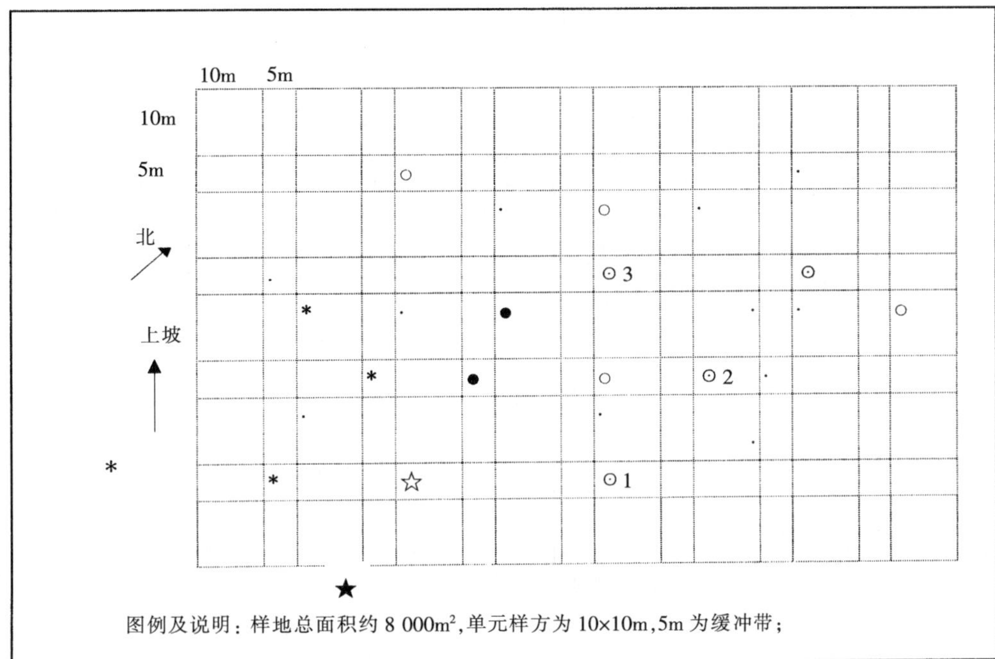

· 凋落物观测点
⊙ 土壤水分观测点（中子管 3 个）
● 穿透水观测点（2 个）
* 树干径流观测点
○ 生理生态观测点
☆ 小气候观测点
★ 径流观测场

图 3－7　辅助观测场马尾松林（DHFFZ01）监测项目平面布局示意图

图 3－8　马尾松林实验布局平面示意图

草本层调查。2010 年后：12 个 10m×10m 作乔木层每木调查（DBH≥1cm）；固定选取 6 个Ⅱ级样方（分布图中带下划线的 1，2，6，8，10，12 样方）作灌木层调查；在每个灌木样方中的左下角及右上角各围取 1 个 2m×2m 样方作草本层调查。但未做生物量调查。

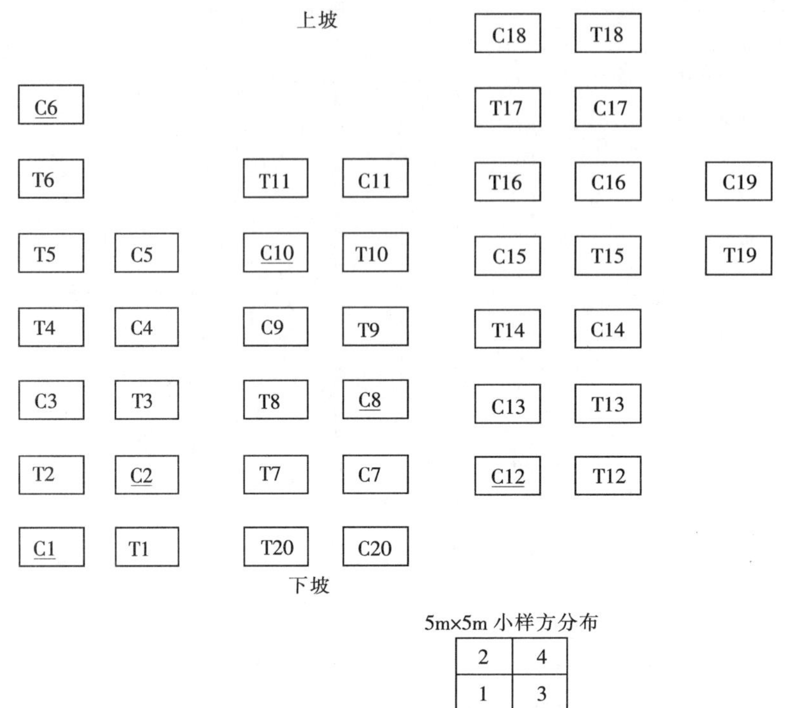

图 3-9 马尾松林永久样地分布图

3.2.2.2 鼎湖山站辅助观测场马尾松林破坏性采样地（包括土壤水分特征参数采样）DHFFZ01B00 _ 02

2004 年建立在永久样地左方建立破坏性样地 5m × 6m × 6 个 = 180m²，主要用于土壤的长期采样，编码为 DHFFZ01B0A _ 02…DHFFZ01B0F _ 02，每一个样方内以土钻分散打 10 钻土混合成一个样品，采样深度 0～20cm。

路		
5	3	1
6	4	2

图 3-10 马尾松林破坏性样地示意图

样地中心坐标：112°33′26.01″E，23°9′57.55″N；左下角：112°33′25.55″E，23°9′57.14″N；右上角：112°33′26.45″E，23°9′57.87″N；并在其附近进行 10 年一次的森林生态系统土壤水分常数测定采样。

3.2.2.3 鼎湖山站辅助观测场马尾松林中子管 1～3 号 DHFFZ01CTS _ 01

1999 年开始，把三根中子管分布于松林样地内，从下到上依此是 1，2，3 号管，编号如下：DHFFZ01CTS _ 01 _ 01，02，03，坐标分别是 112°33′25.55″E，23°9′57.80″N；112°33′25.08″E，23°9′58.21″N；112°33′24.82″E，23°9′58.56″N。中子管埋入地下深度 90cm，露出地面部分 25cm，探测深度分别是 15，30，45，60，75，90cm。

3.2.2.4 鼎湖山站辅助观测场马尾松林烘干法采样地 DHFFZ01CHG _ 01

1999 年开始，在中子管 1 号管附近采样：112°32′22.85″E，23°10′11.56″N，用作与中子仪测定结果的对比，一个样地取三个样本，每个样本分 15，30，45cm 三层称鲜重、干重，质量含水量=（鲜重－干重）/鲜重×100。

3.2.2.5 鼎湖山站辅助观测场马尾松林树干径流观测 1～6 号 DHFFZ01CSJ _ 01

1999 年建立，长期，松林样地（铁丝网）范围内，随机选择不同胸径的马尾松 6 株，编码为：DHFFZ01CSJ _ 01 _ 01，02，03，04，05，06，测定树干的胸径、树高、冠幅等，有降雨时记录降雨量和树干流量，再计算。

3.2.2.6 鼎湖山站辅助观测场马尾松林穿透降水观测 DHFFZ01CCJ _ 01

在 1 200m² 样地外，设置 2 个穿透雨承接器（面积为 1.25 和 0.582m²），坐标约112°33′25″E，

23°9′58″N，编码为大桶：DHFFZ01CSJ _ 01 _ 01，小桶：DHFFZ01CSJ _ 01 _ 02。有降雨时记录降雨量和穿透水量，再根据公式 mm=ml×0.001/m² 计算上交。

3.2.2.7　鼎湖山站辅助观测场马尾松林枯枝落叶含水量观测样地 DHFFZ01CKZ _ 01

1999 年开始，每个月在该林型冠层结构比较均匀的地方分别随机取 3 个 1m×1m 样本，称鲜、干重，以（鲜重－干重）/鲜重，算出枯枝落叶含水量。

3.2.3　鼎湖山站辅助观测场针阔混交林Ⅱ号样地（DHFFZ02）

针阔混交林为综合观测场群落类型的演替中期，对它进行土壤、水文与生物部分的监测，是对综合观测场监测内容的必要补充与对比。

样地位于鼎湖山自然保护区缓冲区——飞天燕。原有 1978 年建立的针阔混交林Ⅰ号样地在旱坑，因路较远，不方便观测，1999 年，在上山公路边重新建立代表鼎湖山演替中期阶段的针阔混交林Ⅱ号样地。1 公顷样地坐标为：左上角：112°32′54.66″E，23°10′25.49″N；右上角：112°32′55.54″E，23°10′12.63″N；左下角：112°32′50.85″E，23°10′24.41″N；右下角：112°32′52.70″E，23°10′21.37″N。坡面呈长方形，投影为正方形；由于地形的原因，将样地西北角的 20m×20m 样方移至样地东北角外边，共有 10 000m²，上交 CERN 的为 7、8、9 号 20m×20m 大样方共 1 200m²，长方形。样地植被类型为针阔叶混交林，郁闭度达 90%以上，林龄约 50～60 年，群落高度约 12m。乔木层优势种为锥、木荷、马尾松，灌木优势种为九节、罗伞树，草本优势种为芒萁、淡竹叶。海拔 100～200m，坡度：30～45°，坡向：SE，坡位：上坡。全国第二次土壤普查名称：土类为赤红壤，亚类为赤红壤，中国土壤系统分类名称：强育湿润富铁土，美国土壤系统分类名称：赤红壤，母质或母岩：砂页岩。土层厚度 30～100cm，表土 0～15cm，有机质约 2%～4%左右。

动物活动情况：偶见野猪（*Sus scrofa*）、白鹇（*Lophura nycthemera*），影响程度较轻，因样地临近游览区道路，除监测人员活动以外，偶尔有其他人员活动，但影响轻微。样地建立前后植被无明显改变，2001 年在样地边缘设面积为 150m² 的地表径流观测场一个，主要研究森林降雨的水文学过程、土壤水的物理化学过程以及水文学过程中有机碳的输入输出过程。2002—2008 年陆续建立了新集水区、氮沉降、酸沉降、氮磷耦合、凋落物分解实验地等。

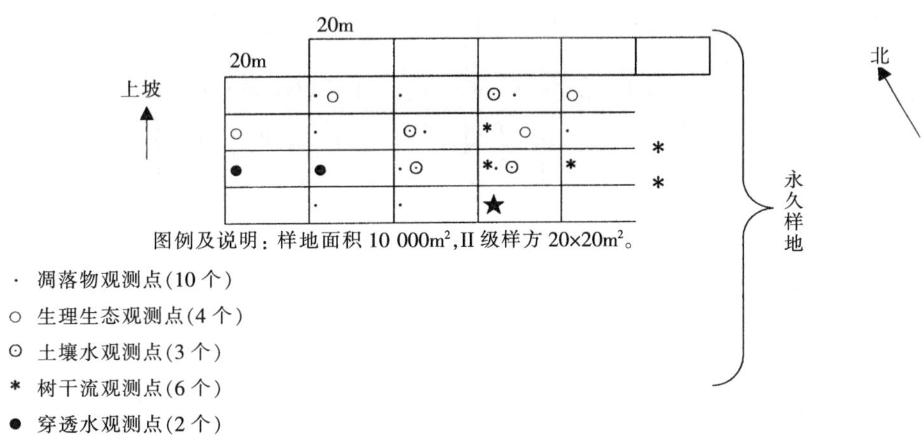

图 3－11　针阔混交林Ⅱ号（DHFFZ02）监测项目平面布局示意图

3.2.3.1　鼎湖山站辅助观测场针阔混交林Ⅱ号永久样地 DHFFZ02A00 _ 01

在此样地主要进行生物监测，包括植物样地乔灌草调查、动物调查、微生物调查、凋落物量、叶面积、能值等。1 200m² 样地位于 1hm² 样地的中心。60m×20m，长方形，左上角：112°32′52.04″E，

23°10′23.88″N；右上角：112°32′53.21″E，23°10′22.36″N；左下角：112°32′52.31″E，23°10′24.25″N；右下角：112°32′52.86″E，23°10′22.19″N。海拔190m，水分设施在1 200m² 以外。Ⅱ级样方大小为10m×10m，以左下角为起点，向右向上编号，即左下角第一个样方为AA，右上角最后一个样方为EB，其余类推。采样方法分两阶段：1999—2009年：12个10m×10m作乔木层每木调查（DBH≥1cm）；随机选取10个Ⅱ级样方作5m×5m灌木层调查；在灌木样方中同时进行1m×1m草本层调查。2010后：12个10m×10m作乔木层每木调查（DBH≥1cm）；固定选取6个Ⅱ级样方（分布图中带下划线的1，2，5，8，11，12样方）作灌木层调查；在每个灌木样方中的左下角及右上角各围取2m×2m作草本层调查。

1hm² 样地20m×20m样方分布：

上坡

21	22	23	24	25
16	17	18	19	20
11	12	13	14	15
6	**7**	**8**	**9**	10
1	2	3	4	5

下坡

10m×10m样方分布(25~36号样方为上交的1200 m2,带下划线样方)

		83	84	87	88	91	92	95	96	99	100
		81	82	85	86	89	90	93	94	97	98
63	64	67	68	71	72	75	76	79	80		
61	62	65	66	69	70	73	74	77	78		
43	44	47	48	51	52	55	56	59	60		
41	42	45	46	49	50	53	54	57	58		
23	24	**27**	**28**	**31**	**32**	**35**	**36**	39	40		
21	22	**25**	**26**	**29**	**30**	**33**	**34**	37	38		
3	4	7	8	11	12	15	16	19	20		
1	2	5	6	9	10	13	14	17	18		

1 200m² 永久样地编号(带下划线的为灌木样方)

2	4	6	**8**	10	**12**
1	3	**5**	7	9	**11**

图3-12　针阔混交林Ⅱ号样方分布图

3.2.3.2　鼎湖山站辅助观测场针阔混交林Ⅱ号破坏性采样地（包括土壤水分特征参数采样）DHFFZ02B00_02

破坏性样地主要用于土壤养分，土壤水分特征参数采样，位于生物样地下方，具相同的环境及植被类型和种类组成，2004年，长期观测，18m×10m共180m²，长方形，海拔160m，样方为18m×10m共180m²，划分为5m×6m共6个，编码为DHFFZ02B0A_02…DHFFZ02B0F_02，每一5m×6m样方内以土钻分散打10钻混合成一个样品，采样深度0～20cm。中心点坐标：112°32′50.77″E，23°10′26.35″N。

	5	6
路	3	4
	1	2

图3-13　针阔混交林Ⅱ号破坏性样方分布图

3.2.3.3　鼎湖山站辅助观测场针阔混交林Ⅱ号树干径流观测1～6号DHFFZ02CSJ_01

1999年开始，随机选择不同胸径的优势树种6株，编码为DHFFZ02CSJ_01_01，02，03，04，

05，06。有降雨时记录降雨量和树干流量。

3.2.3.4 鼎湖山站辅助观测场针阔混交林Ⅱ号穿透降水观测 DHFFZ02CCJ _ 01

设置 2 个桶（面积均为 1.25m²），进行穿透水收集，记录穿透水量。mm＝ml×0.001/m²。

3.2.4 鼎湖山站站区调查点针阔混交林Ⅰ号样地（DHFZQ01）

样地位于鼎湖山自然保护区核心区——旱坑，代表鼎湖山演替中期阶段，样地 1 200m² 经纬度为，左上角：112°32′29.18″E，23°10′2.44″N；右上角：112°32′30.91″E，23°10′3.68″N；左下角：112°32′30.65″E，23°10′2.04″N；右下角：112°32′31.61″E，23°10′2.84″N。1978 建立，因调查不便，部分调查内容转到 1999 年在飞天燕建立的 1hm² 针阔混交林Ⅱ号样地。样地植被类型为马尾松针叶阔叶混交林，郁闭度达 90%以上，林龄约 50～60 年。乔木层高度约 15m，优势种为木荷、马尾松、锥，灌木优势种为黄果厚壳桂、九节、罗伞树，草本层优势种为淡竹叶、黑莎草。海拔 200～300m，坡度：30～45°，坡向：SE，坡位：中坡。全国第二次土壤普查名称：土类为赤红壤，亚类为赤红壤，中国土壤系统分类名称：强育湿润富铁土，美国土壤系统分类名称：赤红壤，母质或母岩：砂页岩。土层厚度 30～70cm，表土 0～15cm，有机质约 3%～4%左右。动物活动情况有一些，影响程度：轻，人类活动情况无。破坏性灾害主要为雷暴和台风，对设备的破坏性极大。样地建立前后植被种类无明显改变，目前针叶树的优势地位已被阔叶树所取代。此外，无其他土地利用方式。

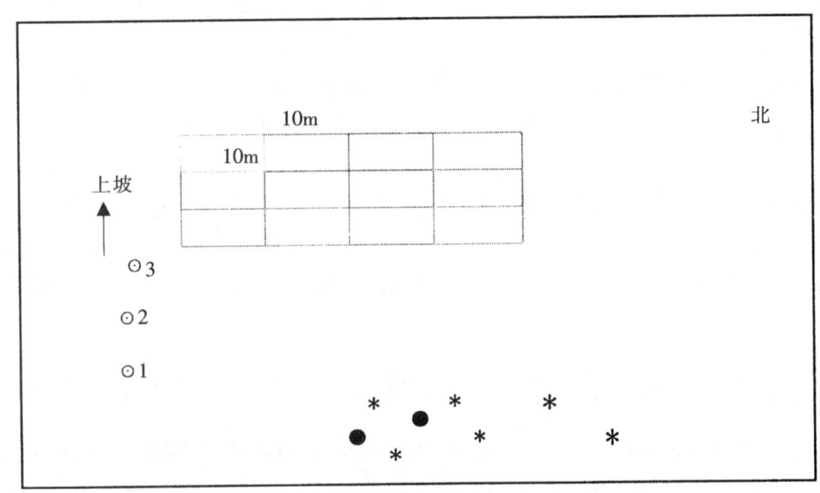

图例及说明：样地面积 1 200m²，Ⅱ级样方 10×10m

⊙ 土壤水观测点(3 个)* 树干流观测点(6 个) ● 穿透水观测点(2 个)

图 3－14 站区观测点针阔混交林Ⅰ号（DHFZQ01）监测项目平面布局示意图

3.2.4.1 鼎湖山站站区观测点针阔混交林Ⅰ号永久样地 DHFZQ01A00 _ 01

1978 建立，长期使用，仅做乔灌草每木调查，30m×40m＝1 200m²，长方形，海拔 200m。

采样方法分两阶段：1999—2009：12 个 10m×10m 作乔木层每木调查（DBH≥1cm）；随机选取 10 个Ⅱ级样方作 5m×5m 灌木层调查；在灌木样方中同时进行 1m×1m 草本层调查。2010 年后：12 个 10m×10m 作乔木层每木调查（DBH≥1cm）；固定选取 6 个Ⅱ级样方（下图中带下划线的 1、4、6、7、9、12 样方）作灌木层调查；在每个灌木样方中的左下角及右上角各围取 2m×2m 作草本层调查。

3.2.4.2 鼎湖山站辅助观测场针阔混交林Ⅰ号破坏性采样地 DHFZQ01B00 _ 02

1978 年建立，作为土壤养分等的采样，但 2004 年以前土壤是随机取样的，2004 年要求建立破坏性样地时，我站取消在该站点的土壤取样，改在针阔混交林Ⅱ号样地进行。

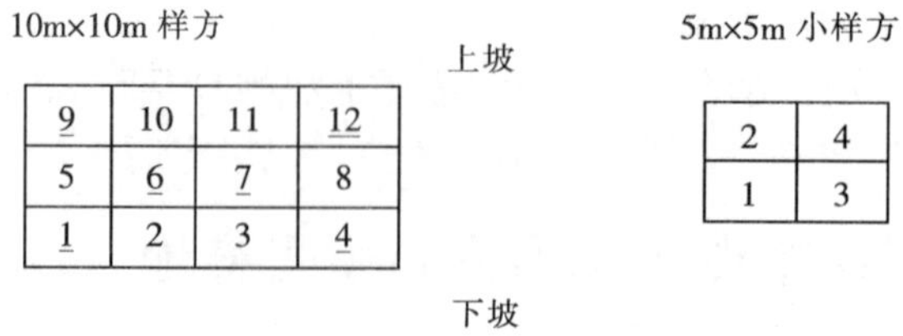

10m×10m 样方

上坡

9	10	11	12
5	6	7	8
1	2	3	4

下坡

5m×5m 小样方

2	4
1	3

图 3-15　针阔混交林Ⅰ号永久样地样方分布图（右边及下边为铁丝网边界）

3.2.4.3　鼎湖山站辅助观测场针阔混交林Ⅰ号中子管 1～3 号 DHFZQ01CTS _ 01

1999 年在 1 200m² 样方外的左下方，从下坡到上坡分布了三根中子管（如图 14），作土壤水分的监测，编号如下：DHFZQ01CTS _ 01 _ 01，02，03，中子管埋入地下深度 90cm，露出地面部分 25cm，探测深度分别是 15，30，45，60，75，90cm。

3.2.4.4　鼎湖山站辅助观测场针阔混交林Ⅰ号烘干法采样地 DHFZQ01CHG _ 01

1999 年在中子管 1 号管附近采样：112°32′22.85″E，23°10′11.56″N，一个样地取三个样本，每个样本分 15，30，45cm 三层称鲜重、干重，质量含水量% =（鲜重－干重）/鲜重×100。

3.2.4.5　鼎湖山站辅助观测场针阔混交林Ⅰ号树干径流观测 1～6 号 DHFZQ01CSJ _ 01

1999 年建立，选择不同胸径优势树种 6 株，编码为 DHFZQ01CSJ _ 01 _ 01，02，03，04，05，06。测定树种名称、胸径、冠幅，有降雨时记录降雨量和树干流量。旱坑（铁丝网）：左下：112°32′28.99″E，23°10′0.57″N；右中 112°32′30.00″E，23°10′ 0.90″N。

3.2.4.6　鼎湖山站辅助观测场针阔混交林Ⅰ号穿透降水观测 DHFZQ01CCJ _ 01

1999 年建立，在 1 200m² 样地外，设置 2 个桶（面积为 1.25m² 和 0.75m²），112°32′30.93″E，23°10′1.01″N。编码为大桶：DHFZQ01CSJ _ 01 _ 01，小桶：DHFZQ01CSJ _ 01 _ 02。

3.2.4.7　鼎湖山站辅助观测场针阔混交林Ⅰ号枯枝落叶含水量观测样地 DHFZQ01CKZ _ 01

1999 年建立，在 1 200m² 样地附近，112°32′30.93″E，23°10′1.01″N。每个月在该林型冠层结构比较均匀的地方，分别随机取 3 个 1m×1m 枯枝落叶样本，称鲜、干重，以（鲜重－干重）/鲜重，算出含水率。

3.2.5　鼎湖山站站区调查点山地常绿阔叶林样地（DHFZQ02）

样地位于鼎湖山自然保护区核心区——鸡笼山。因位于山谷难于测定，仅测定样地边缘一点的坐标：112°31′12.92″E，23°10′31.83″N。1996 年因执行国家科委“8·5”重大项目建立样地，2004 年重新调查并确定海拔为 580～620m 的 1 200m² 为永久样地。植被类型为山地常绿阔叶林，郁闭度达 90%以上，成熟林。乔木层高度约 10m，优势种为少叶黄杞、短序润楠、弯蒴杜鹃等，灌木层优势种为亮叶猴耳环、鸭公树、柃叶连蕊茶等，草本层优势种为华山姜、多羽复叶耳蕨等。坡度：20°～30°；坡向：SE；坡位：中坡。全国第二次土壤普查名称：土类为黄壤，亚类为黄壤，中国土壤系统分类名称：黄壤，美国土壤系统分类名称：黄壤，母质或母岩：砂页岩。动物活动少量，影响程度轻，人类活动无。样地地处偏僻高山，无任何利用和管理历史，处于演替后期。2007 年在此设立了鼎湖山站站区调查点山地常绿阔叶林倒木分解实验样地（DHFZQ02YJ _ DMFJ）。

3.2.5.1　鼎湖山站站区调查点山地常绿阔叶林永久样地 DHFZQ02A00 _ 01

1996 建立，长期使用，海拔 600m，12 个 10m×10m 作乔木层每木调查（DBH≥1cm）；固定 6 个Ⅱ级样方作灌木层调查（下图中有下划线的 1、3、5、8、10、12 样方）；在灌木样方的左下角及右上角各围取 2m×2m 作草本层调查。

3.2.6　鼎湖山站站区调查点针阔混交林Ⅲ号样地（DHFZQ03）

样地位于鼎湖山自然保护区核心区——五棵松。代表鼎湖山演替中期阶段的针阔混交林Ⅲ号样地，

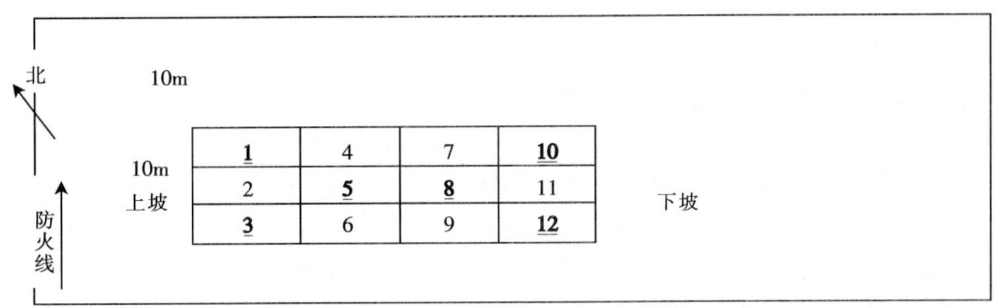

5m×5m 小样方分布

1.1	1.3	4.1	4.3	7.1	7.3	10.1	10.3
1.2	1.4	4.2	4.4	**7.2**	7.4	**10.2**	10.4
2.1	2.3	5.1	53	8.1	8.3	11.1	11.3
2.2	2.4	**5.2**	5.4	**8.2**	8.4	11.2	11.4
3.1	3.3	6.1	**6.3**	9.1	**9.3**	**12.1**	12.3
3.2	3.4	**6.2**	6.4	9.2	9.4	12.2	12.4

图 3-16 站区观测点山地常绿阔叶林（DHFZQ02）平面布局示意图

2002 年 11 月建立通量观测塔，长期进行通量观测，且将设立大气本底站监测。因此在该处建立了 1 200m^{2}永久样地进行水、土、生的部分本底资料调查，还修建了野外观测室 2 间（20m^2）。样地植被类型为针阔叶混交林，郁闭度达 90%以上，中龄林。乔木层高度约 18m，优势种为木荷、马尾松，灌木层优势种为薄叶红厚壳、黄果厚壳桂，草本层优势种为芒萁。海拔：300～350m；坡度：25～30°；坡向：S；坡位：中坡；全国第二次土壤普查名称：土类为赤红壤，亚类为赤红壤；中国土壤系统分类名称：强育湿润富铁土；美国土壤系统分类名称：赤红壤；母质或母岩：砂页岩，土层大都在 30～90cm，表土 0～15cm，有机质含量约 3%～4%，动物活动有一些，影响程度轻，整个样地有铁丝网围栏，人为破坏极少。样地建立前后无其他土地利用方式。样地地处雷区，雷击对野外观测设施破坏极大。

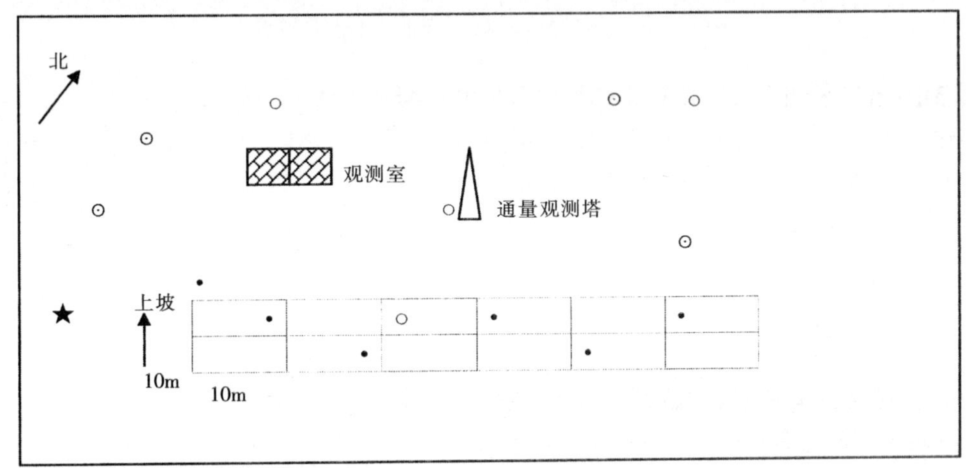

图例及说明：样地因通量观测项目而设，故面积仅 1 200m^2，样方单元为 10×10m。

• 凋落物观测点　★ 地表经流场　○ 生理生态观测点　△ 通量观测塔

⊙ 土壤呼吸通量及土壤水分观测点，每个点有 3 个地箱

图 3-17 站区调查点（DHFZQ03）实验设施平面布局示意图

2005—2008年间，在该样地内（1 200m^{2}永久样地以外）分别建立了倒木分解、降水变率、土壤水热格局变化等短期研究样地。

3.2.6.1 鼎湖山站站区调查点针阔混交林Ⅲ号永久样地 DHFZQ03A00 _ 01

代表鼎湖山演替中期林型，因2002年在此建立了通量观测塔而设立样地，进行乔灌草的本底调查。海拔约300m。2002年选取12个10m×10m作乔木层每木调查（DBH≥1cm），灌木调查了8个有下划线的5m×5m小样方（图3-18），草本调查了8个灌木样方右上角的2m×2m样方；2010年后选取12个10m×10m作乔木层每木调查（DBH≥1cm）；固定6个Ⅱ级样方作灌木层调查（下图18中有下划线的1、2、5、8、11、12）；在灌木样方的左下角及右上角各围取2m×2m作草本层调查。四个点坐标为：右上：112°32′05.22″E，23°10′25.95″N；右下：112°32′05.59″E，23°10′25.18″N；左下：112°32′03.80″E，23°10′24.11″N；左上：112°32′03.55″E，23°10′24.84″N。

图3-18 五棵松针叶林实验布局平面示意图

3.2.6.2 鼎湖山站站区调查点针阔混交林Ⅲ号破坏性采样地 DHFZQ03B00 _ 02

2004年建立的破坏性样地主要用于测定土壤容重，位于生物永久样地旁边，相同的环境及植被类型和种类组成，180m^2，坐标为：左上角：112°32′03.55″E，23°10′24.84″N；右上角：112°32′05.22″E，23°10′25.95″N；左下角：112°32′03.80″E，23°10′24.11″N；右下角：112°32′05.59″E，23°10′25.18″N。海拔330m，样方为18×10共180m^2，划分为6个5m×6m，编码为DHFZQ03B0A _ 02…DHFZQ03B0F _ 02，在每一个5m×6m样方内以土钻分散打10钻混合成一个样品，采样深度0～20cm。

3.2.6.3 鼎湖山站站区调查点针阔混交林Ⅲ号通量观测系统平台 DHFZQ03SY _ 01

鼎湖山站通量观测系统平台位于中国生态系统研究网络的鼎湖山站内，也即鼎湖山自然保护区核心区——五棵松，通量观测塔于2002年11月开始观测。建立该平台的目的是使用通量观测网络的标准观测方法—涡度相关法探讨森林生态系统CO_2通量的基本特征和环境因子对CO_2通量的影响。

塔高为36m，为开路系统、7层常规气象观测系统。安装有三维超声风速仪（CSAT3，Campbell

上坡(铁塔)

1.11	1.12	1.15	1.16	2.11	2.12	2.15	2.16	3.11	3.12	3.15	3.16
1.9	1.10	1.13	1.14	2.9	2.10	2.13	2.14	3.9	3.10	3.13	3.14
1.3	1.4	1.7	1.8	2.3	2.4	2.7	2.8	3.3	3.4	3.7	3.8
1.1	1.2	1.5	1.6	2.1	2.2	2.5	2.6	3.1	3.2	3.5	3.6

下坡

上坡(铁塔)

2	4	6	**8**	10	**12**
1	3	**5**	7	9	**11**

下坡

图 3-19 五棵松针叶林样方分布图

Scientific Ltd，USA）、快速响应红外 CO_2/H_2O 分析仪（Li-7500，Li Cor Inc，USA）；七层 CO_2廓线观测系统（LI-820，Li Cor Inc，USA）以及常规气象仪器（HMP45C 等，VAISALA 等公司的产品）分别安装在 4、9、15、21、27、31、36m 处；总辐射、净辐射、点状光合有效辐射及降水测量仪器均安装在 36m 处；红外测温仪分别安装在 2m 与 21m 处；土壤温度表安装在地表 0cm 和地下 5、10、15、20、40、60、80、100cm；土壤湿度仪安装在地下 5、20、40cm 处；土壤热通量板安装在地下 5cm 处。CO_2、H_2O 湍流通量. 数据采集器（CR10XTD、CR23XTD、CR5000）以 10Hz 频率采集观测数据，在采集实时数据的同时在线计算 30min 的平均通量数据，全部观测数据保存到 PC 卡上同时由电脑实时下载。下载的通量数据包括实时数据和半小时平均数据，常规气象数据包括半小时平均和日平均数据。

在 ChinaFlux 建设思想指导下，建成与国际接轨并能长期运行的中国内陆典型南亚热带低地常绿阔叶林生态系统涡度法碳通量观测站，获取南亚热带低地常绿阔叶林生态系统的碳通量、植被光合作用和生物量变化，凋落物量与土壤有机质动态以及植被群落的微气象等生态环境要素等第一手资料，并研究中国内陆典型南亚热带低地常绿阔叶林生态系统中碳通量和水热通量的时空变化特征和动力学机制，建立相应的通量动态模型。

（1）南亚热带低地常绿阔叶林生态系统碳通量和水热通量长期定位观测；

（2）南亚热带低地常绿阔叶林生态系统碳通量和水热通量分布特征研究；

（3）南亚热带低地常绿阔叶林生态系统碳通量和水热通量的数学模型。

长期试验研究场地/设施支持项目：

（1）中国科学院知识创新工程重大项目实验站观测研究：项目名称（中国陆地和近海生态系统碳收支研究）课题名称（中国典型陆地生态系统碳通量观测研究），专题名称：陆地生态系统碳通量的微气象法观测研究（KZCX1-SW-01-01A）之南亚热带低地常绿阔叶林生态系统碳通量观测研究（KZCX1-SW-01-01A3）；

（2）中国科学院知识创新工程重大项目：项目名称（中国陆地和近海生态系统碳收支研究）课题名称（陆地生态系统碳通量静态箱/气相色谱法观测研究）之南亚热带典型森林生态系统地表碳通观测研究；

（3）国家 973 项目“中国陆地生态系统碳循环及其驱动机制研究”课题“典型陆地生态系统碳通量/储量的对比研究”之专题——南亚热带低地常绿阔叶林生态系统碳通量观测研究（2002CB412501）；

（4）鼎湖山水气通量长期实验观测：项目名称：中国陆地生态系统碳氮通量特征及其环境控制作用研究；课题名称：典型生态系统碳氮通量及其稳定同伴素的联网观测；子专题名称：鼎湖山生态系统碳氮通量及其稳定同位素的联网观测（KJCX2－YW－432－1）。

通量观测包含的数据集资源（2002年11月起）：

a. FZE01 森林站碳通量长期观测原始 dat 半小时数据，

b. FZE02 森林站碳通量长期观测 xls 半小时数据，

c. FTY01－10，不同层常规气象日数据、30min 数据，2M 和 27M 开路系统 30min 通量数据（全部入库共享）。

表 3－2　通量塔观测内容

观测项目	单位	观测方法	观测高度	观测频度	观测仪器	生产厂家
水汽通量	W/m^2	Eddy covariance	9m*，27m	10HZ/sec，30min	CSAT3/LI7500	CAMPBELL SCIENTIFIC/LI－COR
CO_2 通量	mg/（m^2 s）	Eddy covariance	9m，27m	10HZ/sec，30min	CSAT3/LI7500	CAMPBELL SCIENTIFIC/LI－COR
显热通量	W/m^2	Eddy covariance	9m，27m	10HZ/sec，30min	CSAT3/LI7500	CAMPBELL SCIENTIFIC/LI－COR
潜热通量	W/m^2	Eddy covariance	9m，27m	10HZ/sec，30min	CSAT3/LI7500	CAMPBELL SCIENTIFIC/LI－COR
动量通量	kg/m^2	Eddy covariance	9m，27m	10HZ/sec，30min	CSAT3/LI7500	CAMPBELL SCIENTIFIC/LI－COR
总有效辐射	$mmol/m^2$	Sensor	36m	30min	LI190SB	LI－COR
天空长波辐射	W/m^2	Sensor	36m	30min	CNR－1	KIPP&ZONEN
天空短波辐射	W/m^2	Sensor	36m	30min	CNR－1	KIPP&ZONEN
冠层红外温度	℃	Sensor	21m	30min	IRTS－P	APOGEE
降水量	mm	Sensor	36m	30min	52203	RM YOUNG
大气压	kPa	Sensor	4m	30min	CS105	VAISALA
有效辐射	$umol/m^2$	Sensor	4m，9m，21m	30min	LQS7010	APOGEE
天空总辐射	W/m^2	Sensor	36m	30min	CM11	KIPP&ZONEN
相对湿度	%	Sensor	4m，9m，15m，21m，27m，31m，36m	30min	HMP45C	VAISALA
净辐射	W/m^2	Sensor	36m	30min	CNR－1	KIPP&ZONEN
空气温度	℃	Sensor	4m，9m，15m，21m，27m，31m，36m	30min	HMP45C	VAISALA
土壤红外温度	℃	Sensor	1.2m	30min	IRTS－P	APOGEE
地表长波辐射	W/m^2	Sensor	36m	30min	CNR－1	KIPP&ZONEN
地表短波辐射	W/m^2	Sensor	36m	30min	CNR－1	KIPP&ZONEN
风向	degree	Sensor	36m	30min	W200P	VECTOR INSTRUMENTS
风速	m/s	Sensor	4m，9m，15m，21m，27m，31m，36m	30min	A100R	VECTOR INSTRUMENTS
土壤热通量	W/m^2	Sensor	－5cm	30min	HFP01	HUKSEFLUX
土壤含水量	m^3 － H_2O/m^3 －soil	Sensor	－5cm，－20cm，－40cm	30min	CS616	CAMPBELL SCIENTIFIC

（续）

观测项目	单位	观测方法	观测高度	观测频度	观测仪器	生产厂家
土壤温度	℃	Sensor	−5cm/−5cm，−10cm，−15cm，−20cm，−40cm/−20cm，−40cm，−60cm，−80cm，−100cm	30min	TCAV/105T/107	CAMPBELL SCIENTIFIC

* 原林冠下（9m）处的开路系统（OPEC）于2003年5月下移至2m。

3.2.7 鼎湖山站辅助观测场流动地表水采样点（DHFFZ10）

样地位于鼎湖山自然保护区核心区——飞水潭，2004年起采水样作流动水水质监测，取样地约位于112°32′30.23″E，23°10′31.91″N，飞水潭瀑布长年有水流动，少污染少干扰，水潭面积约300m²，近长方形，周围植被一边是常绿阔叶林，一边是针阔混交林，海拔80m，动物活动影响程度轻微，这是个重点旅游景点，人群较多，禁止游泳和丢弃杂物，影响轻微。每年1、4、7、10月采样，直接把采样瓶伸入水里取样，样地编号为DHFFZ10CLB_01。

3.2.8 鼎湖山站辅助观测场静止地表水采样点（DHFFZ11）

样地位于鼎湖山自然保护区核心区——草塘水库，地理位置为112°32′9.13″E，23°10′38.34″N，2004年起采水样作静止水水质监测，水库面积约10 000m²，近长方形。周围植被是针阔混交林，样地代码为DHFFZ11CJB_01。2000年这里开辟为新的旅游景点，有小游船，但禁止游泳，影响轻微，动物活动无，影响程度轻微。每年1、4、7、10月以深水取样器取样，水深约12m，分三层取样，分别为0.5m、5m、10m，以ABC标记。

3.2.9 鼎湖山站辅助观测场东沟天然径流观测场（DHFFZ12）

样地位于鼎湖山自然保护区旅游区上山公路边，地理位置为112°32′52.67″E，23°9′57.01″N，采样地代码为DHFFZ12CTJ_01，河岸林，鼎湖山水系分东西两条，此为东沟汇总，位于路边，2000年3月1日建成，3月22日投入使用，长期监测径流量，2003年算出流域面积为613.2hm²，样地植被类型为河岸林，优势种为水翁、蒲桃，海拔10m，鸟类，影响程度轻微，上山公路边，但影响轻微，记录每天径流量，径流深mm=0.1×径流量m³/hm²。

3.2.10 鼎湖山站辅助观测场地下水位观测井（DHFFZ13）

样地位于鼎湖山自然保护区旅游区办公楼入口处，作地下水位观测及地下水水质监测，地理位置为112°32′55.20″E，23°9′58.61″N，观测井位于定位站门口的人工草皮上，海拔20m，地下水受周围针阔叶混交林影响，1999年建立，将长期监测，观测井直径16cm，无动物活动，人类活动影响轻微，水位观测样地编码为DHFFZ13CDX_01。

3.2.11 鼎湖山气象观测场（DHFQX01）

鼎湖山站气象观测场1992年开始建立，位于鼎湖山自然保护区缓冲区的米塔岭，近圆形，200m²，中心的经纬度：112°32′57.51″E，23°9′50.84″N。主要观测项目如下：

大气项目：自动气象观测项目包括：温度、相对湿度、露点温度、水气压、气压、海平面气压、风向、风速（2min平均风、10min最大风、10min平均风、1小时极大风）、降水，地表温度0cm，土壤温度（5、10、15、20、40、60、100cm）；辐射部分：太阳辐射观测记录①各月逐日太阳辐射总量（MJ/m^2）；②各月逐日太阳辐射极值（W/m^2）及出现时间；③每日逐时太阳辐射（W/m^2）和逐时太阳辐射累计值（MJ/m^2）等。

人工观测项目包括：气象观测日记（云量、太阳面状况、下垫面、天气现象、辐射仪器注册、气象仪器注册）；人工观测气象要素：P气压（0.1hpa）、T气温（0.1℃）、湿球温度（0.1℃）、U相对湿度（%）、F定时风向风速（m/s）、地温0cm、S日照时数（0.1h）、蒸发E601（0.1mm）、R定时降水（0.1mm）等，其中南方站不用观测以下项目：V能见度（0.1km）、A冻土（cm）、雪深（cm）、霜。

水分项目：土壤水分（中子管两根），水面蒸发（自动+人工观测），雨水水质监测，土壤水分特征参数。

3.2.11.1 鼎湖山站气象观测场土壤水分观测样地 DHFQX01CTS_01

气象场建于1992年，2005年3月开始新增此观测项目，用于长期观测，设置中子管两根，每月测定3次，即约10天一次。用于与其他各林型测定的数据作对比。中子管埋入地下深度95cm，露出地面部分20cm，1号管探测深度是15、35、50、65、80cm；2号管探测深度是15、35、50、65、80、95cm；

3.2.11.2 鼎湖山站气象观测场 E601 水面蒸发皿 DHFQX01CZF_01

2004年11月增加此自动观测项目，用于长期观测，记录每小时蒸发量和水温，但仪器常出错，数据无效。

3.2.11.3 鼎湖山站气象观测场水面蒸发量人工观测样地 DHFQX01CZF_02

2000年开始观测，20cm的蒸发皿，每天20：00记录一次蒸发量，与2004年11月起的E601自动观测同时进行。

3.2.11.4 鼎湖山站气象观测场雨水采集装置 DHFQX01CYS_01

2004年开始，每年1、4、7、10月在此采集雨水，测定水温、pH、矿化度、硫酸根、非溶性物质总含量。

3.2.11.5 鼎湖山站气象观测场土壤水分特征参数采样地 DHFQX01C00_01

10年1次测定土壤水分特征参数，包括土壤质地、土壤完全持水量、土壤田间持水量、土壤凋萎含水量、土壤孔隙度、容重、水分特征曲线方程等项目。

3.2.12 鼎湖山站站区整体（DHFZQZT）

鼎湖山站站区位于广东省肇庆市鼎湖区坑口镇，是1956年我国建立的第一个国家级自然保护区；1978年建站，经度范围：112°30′39″E～112°33′41″E，纬度范围：23°09′21″N～23°11′30″N，总面积1 133hm^2，不规则形状，本区主要地形为丘陵和低山，海拔大多在100～700m间，最高峰鸡笼山海拔1 000.3m。地带性植被土层大都在30～90cm，表土0～15cm，有机质约5%左右。土壤孔隙度较大，贮水性能较差。人为活动对核心区影响较少，位于旅游区的稍有影响。内有一庆云寺香火旺客流多，对森林有影响。

本区破坏性灾害主要为雷暴和台风，对设备的破坏性极大。本区土壤类型主要是赤红壤，母质或母岩为砂页岩；年均温约21℃，年降水1 996mm，>10℃有效积温：7 495.7℃，蒸发量约1 115mm，地下水位深度约3m，年平均湿度：82%，年干燥度：0.58。

鼎湖山站站区整体拥有保存完好的地带性顶极森林群落——南亚热带季风常绿阔叶林及丰富的过渡植被类型，形成垂直带谱和演替序列，被称为北回归线上的绿色明珠，为森林生态系统演替过程与格局的研究及退化生态系统恢复与重建的参照提供了天然的理想研究基地。为便于管理，划分为综合观测场、辅助观测场、站区调查点、长期实验观测场、短期实验地等。长期进行生物、水分、土壤、

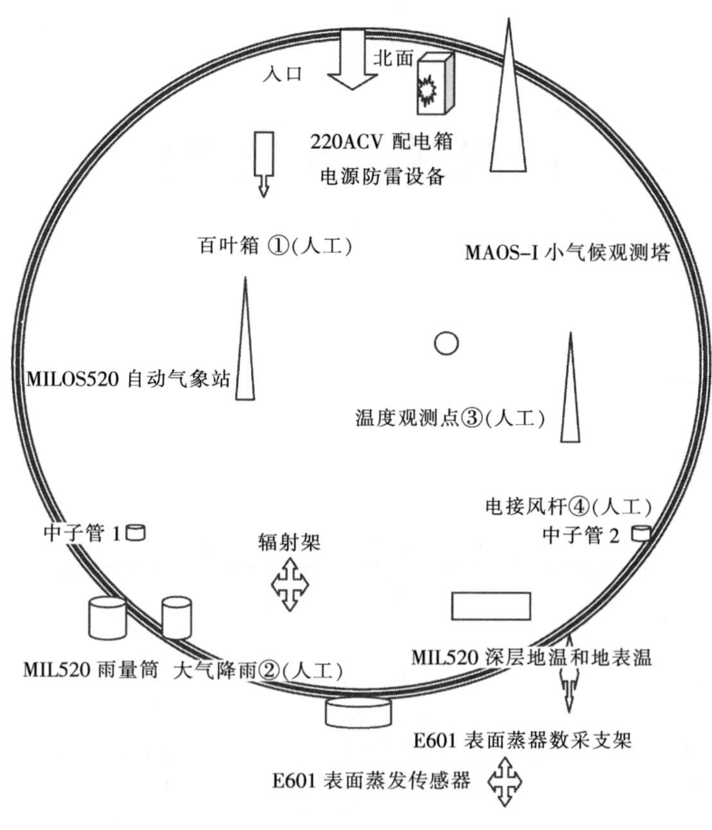

图 3-20 气象观测场（DHFQX01）设施布局示意图

气象、碳通量观测、大气本底监测，并进行氮沉降、酸沉降、凋落物分解、倒木分解、降水变率、土壤水热格局变化、氮、磷耦合实验等实验研究。主要在整个站区范围内进行调查的项目有如下：

3.2.12.1 鼎湖山站站区整体植物物种调查 DHFZQZT_01

1955 年、1978 年、1990 年分别对鼎湖山站站区的植物种类作调查，数据库收集了 1978 年编印的《鼎湖山植物手册》。最新一次的站区植物调查正在进行中。

3.2.12.2 鼎湖山站站区整体动物物种调查 DHFZQZT_02

记录了 1980—1995 年，对鼎湖山站站区进行的多次动物物种调查并已发表出论文的部分。蝶类部分有习性方面的详细记录，其余只是名录（门、纲、目、科、种中名和拉丁名）记载。

3.2.12.3 鼎湖山站站区整体大型真菌调查 DHFZQZT_03

1980—1983 年，1991—1994 年，广东省科学院微生物研究所对广东省的大型真菌进行了全面调查，数据集收录了在鼎湖山站区内采集到的标本数据。

3.2.12.4 鼎湖山站站区社会经济状况调查 DHFZQZT_04

了解当地社会经济状况，能更好地解释环境变化的过程。数据来源于肇庆市统计局 2004 年统计年鉴，2005—2007 年数据来自肇庆市统计局内部网。

3.2.12.5 鼎湖山站区域土壤肥力调查 DHFZQZT_05

土壤监测第二套指标要求，于 2004 年 10 月 17 日进行了测定。

3.2.12.6 鼎湖山站站区整体森林病虫害和自然灾害记录表 DHFZQZT_06

对站区范围内发生的病虫害和自然灾害等作记录。

第四章

长期监测数据

4.1 生物监测数据

4.1.1 动植物名录

表 4-1 鼎湖山站样地动物名录

中文名	拉丁学名	类别	中文名	拉丁学名	类别
凤头鹰	*Accipiter trivirgatus*	鸟类	褐头鹪莺	*Prinia inornata*	鸟类
红头长尾山雀	*Aegithalos concinnus*	鸟类	白头鹎	*Pycnonotus sinensis*	鸟类
叉尾太阳鸟	*Aethopyga nipalensis*	鸟类	灰林即鸟	*Saxicola ferrea*	鸟类
普通翠鸟	*Alcedo atthis*	鸟类	蛇雕	*Spilornis cheela*	鸟类
褐顶雀鹛	*Alcippe brunnea*	鸟类	红头穗鹛	*Stachyris ruficeps*	鸟类
灰眶雀鹛	*Alcippe morrisonia*	鸟类	白额燕鸥	*Sterma albifrons*	鸟类
红喉鹨	*Anthus cervinus*	鸟类	红嘴蓝鹊	*Urocissa erythrorhyncha*	鸟类
灰胸竹鸡	*Bambusicola thoracica*	鸟类	白腹凤鹛	*Yuhina zantholeuca*	鸟类
黄嘴栗啄木鸟	*Blythipicus pyrrhotis*	鸟类	暗绿绣眼鸟	*Zosterops japonicus*	鸟类
八声杜鹃	*Cacomantis merulinus*	鸟类	野猪	*Sus scrofa*	兽类
鹊鸲	*Copsychus saularis*	鸟类	豹猫	*Felis bengalensis*	兽类
大嘴乌鸦	*Corvus macrorhynchos*	鸟类	针毛鼠	*Rattus fulvescens*	兽类
灰树鹊	*Dendrocitta formosae*	鸟类	社鼠	*Rattus niviventer*	兽类
画眉	*Garrulax canorus*	鸟类	白腹巨鼠	*Rattusedwardsi*	兽类
领鸺留鸟	*Glaucidium brodiei*	鸟类	蜘蛛目	*Araneae*	昆虫
粟背短脚鹎	*Hemixos castanonotus*	鸟类	蜚蠊目	*Blattaria*	昆虫
金腰燕	*Hirundo daurica*	鸟类	鞘翅目	*Coleoptera*	昆虫
绿翅短脚鹎	*Hypsipetes mcclellandii*	鸟类	弹尾目	*Collembola*	昆虫
棕背伯劳	*Lanius schach*	鸟类	双翅目	*Diptera*	昆虫
红嘴相思鸟	*Leiothrix lutea*	鸟类	半翅目	*Heteroptera*	昆虫
苍眉蝗莺	*Locustella fasciolata*	鸟类	同翅目	*Homoptera*	昆虫
白鹇	*Lophura nycthemera*	鸟类	膜翅目	*Hymenoptera*	昆虫
斑头拟啄木鸟	*Megalaima lineata*	鸟类	等足目	*Isopoda*	昆虫
黑眉拟啄木鸟	*Megalaima oorti*	鸟类	鳞翅目	*Lepidoptera*	昆虫
大拟啄木鸟	*Megalaima virens*	鸟类	石蜈蚣目	*Lithobiomorpha*	昆虫
白脊鸟令鸟	*Motacilla alba*	鸟类	螳螂目	*Mantodea*	昆虫
长尾缝叶莺	*Orthotomus sutorius*	鸟类	直翅目	*Orthoptera*	昆虫
大山雀	*Parus major*	鸟类	竹节虫目	*Phasmida*	昆虫
黄颊山雀	*Parus spilonotus*	鸟类	伪蝎目	*Pseudoscorpiones*	昆虫
灰喉山椒鸟	*Pericrocotus soraris*	鸟类	裂盾目	*Schizomida*	昆虫
黄眉柳莺	*Phylloscopus inornatus*	鸟类	综合目	*Symphyla*	昆虫
棕颈钩嘴鹛	*Pomatorhinus ruficollis*	鸟类	缨翅目	*Thysanoptera*	昆虫
黄腹鹪莺	*Prinia flaviventris*	鸟类			

表 4-2　鼎湖山站样地植物名录

中文名	拉丁学名	常用别名	科名
马尾杉	*Phlegmariurus phlegmaria* (L.) Holub	细穗石松	石杉科
垂穗石松	*Phlhinhaea cernua* (Linn.) Vasc. et Franco	灯笼草	石松科
深绿卷柏	*Selaginella doederleinii* Hieron		卷柏科
华南紫萁	*Osmunda vachellii* Hook.		紫萁科
芒萁	*Dicranopteris dichotoma* (Thunb.) Bernh.	狼萁	里白科
曲轴海金沙	*Lygodium flexuosum* (Linn.) Sw.	柳叶海金沙	海金沙科
海金沙	*L. japonicum* (Thunb.) Sw.	铁线藤	海金沙科
金毛狗	*Cibotium barometz* (Linn.) J. Sm.	黄狗头	蚌壳蕨科
黑桫椤	*Alsophila podophylla* Hook.	结脉黑桫椤	桫椤科
团叶陵齿蕨	*Lindsaea orbiculata* (Lam.) Mett. ex Kuhn	团叶鳞始蕨	陵齿蕨科
双唇蕨	*Schizoloma ensifolium* (Sw.) J. Sm.	剑叶鳞始蕨	陵齿蕨科
异叶双唇蕨	*S. heterophyllum* (Dry.) J. Sm.	异叶鳞始蕨	陵齿蕨科
毛轴碎米蕨	*Cheilosoria chusana* (Hook.) Ching & Shing	舟山碎米蕨	中国蕨科
扇叶铁线蕨	*Adiantum flabellulatum* L.		铁线蕨科
双盖蕨	*Diplazium donianum* (Mott.) Tard. -Blot.	大羽双盖蕨	蹄盖蕨科
华南毛蕨	*Cyclosorus parasiticus* (L.) Farwell		金星蕨科
乌毛蕨	*Blechnum orientale* L.		乌毛蕨科
狗脊	*Woodwardia japonica* (L. f.) Sm.		乌毛蕨科
多羽复叶耳蕨	*Arachniodes amoena* (Ching) Ching	美丽芒蕨	鳞毛蕨科
沙皮蕨	*Hemigramma decurrens* (Hook.) Cop.	下延沙皮蕨	叉蕨科
马尾松	*Pinus massoniana* Lamb.		松科
罗浮买麻藤	*Gnetum lofuense* C. Y. Cheng		买麻藤科
小叶买麻藤	*Gnetum parvifolium* (Warb.) C. Y. Cheng ex Chun		买麻藤科
观光木	*Tsoongiodendron odorum* Chun	香花木	木兰科
假鹰爪	*Desmos chinensis* Lour.	酒饼叶	番荔枝科
白叶瓜馥木	*Fissistigma glaucescens* (Hance) Merr.	白背瓜馥木	番荔枝科
紫玉盘	*Uvaria microcarpa* Champ. ex Benth.		番荔枝科
樟	*Cinnamomum camphora* (Linn.) Presl.	樟树、香樟	樟科
厚壳桂	*Cryptocarya chinensis* (Hance) Hemsl.	铜锣桂	樟科
黄果厚壳桂	*C. concinna* Hance	生虫树	樟科
鼎湖钓樟	*Lindera chunii* Merr.	陈氏钩樟	樟科
滇粤山胡椒	*L. metcalfiana* Allen	山钓樟	樟科
山鸡椒	*Litsea cubeba* (Lour.) Pers.	山苍子	樟科
黄丹木姜子	*L. elongata* (Wall. ex Nees) Benth. et Hook f.		樟科
豺皮樟	*L. rotundifolia* Hemsl. var. *oblongifolia* (Nees) Allen	椭圆豺皮木姜	樟科
轮叶木姜子	*L. verticillata* Hance	槁木姜、槁树	樟科
短序润楠	*Machilus breviflora* (Benth.) Hemsl.	短序桢楠	樟科
华润楠	*M. chinensis* (Champ. ex Benth.) Hemsl.	桢楠	樟科
广东润楠	*M. kwangtungensis* Yang		樟科
凤凰润楠	*M. phoenicis* Dunn	硬叶楠	樟科
粗壮润楠	*M. robusta* W. W. Sm.	两广楠	樟科
绒毛润楠	*M. velutina* Champ. ex Benth.	绒楠、香胶木	樟科
锈叶新木姜子	*Neolitsea cambodiana* Lec.	假绒楠	樟科
鸭公树	*N. chuii* Merr.	大新木姜	樟科

（续）

中文名	拉丁学名	常用别名	科名
美丽新木姜子	*N. pulchella* (Meissn.) Merr.	小新木姜	樟科
宽药青藤	*Illigera celebica* Miq.	大青藤	莲叶桐科
山蒟	*Piper hancei* Maxim.	山蒌	胡椒科
金粟兰	*Chloranthus spicatus* (Thunb.) Makino	珠兰、珍珠兰	金粟兰科
草珊瑚	*Sarcandra glabra* (Thunb.) Nakai	接骨莲	金粟兰科
独行千里	*Capparis acutifolia* Sweet	尖叶槌果藤	山柑科
黄叶树	*Xanthophyllum hainanense* Hu		远志科
土沉香	*Aquilaria sinensis* (Lour.) Spreng.	白木香	瑞香科
了哥王	*Wikstroemia indica* (Linn.) C. A. Mey	南岭荛花	瑞香科
北江荛花	*W. monnula* Hance		瑞香科
细轴荛花	*W. nutans* Champ. ex Benth.		瑞香科
广东山龙眼	*Helicia kwangtungensis* W. T. Wang	大叶山龙眼	山龙眼科
网脉山龙眼	*H. reticulata* W. T. Wang	萝卜树	山龙眼科
锡叶藤	*Tetracera asiatica* (Lour.) Hoogland	涩叶藤	五桠果科
光叶海桐	*Pittosporum glabratum* Lindl.		海桐花科
脚骨脆	*Casearia balansae* Gagnep.	毛叶嘉赐树	大风子科
球花脚骨脆	*C. glomerata* Roxb.	嘉赐树	大风子科
天料木	*Homalium cochinchinense* (Lour.) Druce	越南天料木	大风子科
心叶毛蕊茶	*Camellia cordifolia* (Metc.) Nakai		山茶科
柃叶连蕊茶	*C. euryoides* Lindl.	柃叶茶	山茶科
南山茶	*C. semiserrata* Chi	红花油茶	山茶科
米碎花	*Eurya chinensis* R. Br.		山茶科
岗柃	*E. groffii* Merr.		山茶科
黑柃	*E. macartneyi* Champ.		山茶科
细齿叶柃	*E. nitida* Korth.	细齿柃	山茶科
木荷	*Schima superba* Gardn. et Champ.	荷树、荷木	山茶科
厚皮香	*Ternstroemia gymnanthera* (Wight et Arn.) Beddome		山茶科
水东哥	*Saurauia tristyla* DC.	水冬哥	猕猴桃科
肖蒲桃	*Acmena acuminatissima* (Blume) Merr. et Perry		桃金娘科
岗松	*Baeckea frutescens* Linn.		桃金娘科
桃金娘	*Rhodomyrtus tomentosa* (Ait.) Hassk.	岗棯	桃金娘科
子凌蒲桃	*Syzygium championii* (Benth.) Merr. et Perry	灶地乌骨木	桃金娘科
蒲桃	*S. jambos* (Linn.) Alston		桃金娘科
广东蒲桃	*S. kwangtungense* (Merr.) Merr. et Perry		桃金娘科
山蒲桃	*S. levinei* (Merr.) Merr. et Perry	白车	桃金娘科
红枝蒲桃	*S. rehderianum* Merr. et Perry	红车	桃金娘科
柏拉木	*Blastus cochinchinensis* Lour.		野牡丹科
野牡丹	*Melastoma candidum* D. Don.	紫牡丹	野牡丹科
地菍	*M. dodecandrum* Lour.	地稔、铺地锦	野牡丹科
毛菍	*M. sanguineum* Sims	毛稔	野牡丹科
谷木	*Memecylon ligustrifolium* Champ.		野牡丹科
黑叶谷木	*M. nigrescens* Hook. et Arn.		野牡丹科
竹节树	*Carallia brachiata* (Lour.) Merr.	鹅肾木	红树科
黄牛木	*Cratoxylum cochinchinense* (Lour.) Bl.	雀笼木	藤黄科

（续）

中文名	拉丁学名	常用别名	科名
薄叶红厚壳	*Calophyllum membranaceum* Gardn. et Champ.	横经席、薄叶胡桐	藤黄科
木竹子	*Garcinia multiflora* Champ. ex Benth.	多花山竹子	藤黄科
岭南山竹子	*G. oblongifolia* Champ. ex Benth.	黄牙果	藤黄科
破布叶	*Microcos paniculata* Linn.	布渣叶	椴树科
中华杜英	*Elaeocarpus chinensis*（Gardn. et Champ.） Hook. f. ex Benth.	华杜英	杜英科
显脉杜英	*Elaeocarpus dubius* A. DC.	拟杜英	杜英科
日本杜英	*E. japonicus* Sieb. et Zucc.	薯豆杜英	杜英科
山杜英	*E. sylvestris*（Lour.） Poir.	羊屎树	杜英科
刺果藤	*Byttneria aspera* Colebr.		梧桐科
山芝麻	*Helicteres angustifolia* Linn.	山油麻	梧桐科
翻白叶树	*Pterospermum heterophyllum* Hance	半枫荷	梧桐科
窄叶半枫荷	*P. lanceaefolium* Roxb.	翅子树	梧桐科
两广梭罗	*Reevesia thyrsoidea* Lindley		梧桐科
假苹婆	*Sterculia lanceolata* Cav.	鸡冠木	梧桐科
地桃花	*Urena lobata* L.	肖梵天花	锦葵科
梵天花	*U. procumbens* L.	狗脚迹	锦葵科
红背山麻杆	*Alchornea trewioides*（Benth.） Muell. Arg.	红背叶	大戟科
五月茶	*Antidesma bunius*（Linn.） Spreng.	污糟树	大戟科
日本五月茶	*A. japonicum* Sieb. et Zucc.	酸味子	大戟科
小叶五月茶	*A. venosum* E. Mey. ex Tul.		大戟科
银柴	*Aporusa dioica*（Roxb.） Muell. -Arg.	大沙叶	大戟科
云南银柴	*A. yunnanensis*（Pax et Hoffm.） Metc.	云南大沙叶	大戟科
黑面神	*Breynia fruticosa*（L.） Hook. f.	鬼画符	大戟科
禾串树	*Bridelia insulana* Hance	尖叶土蜜树、大叶土蜜树	大戟科
毛果巴豆	*Croton lachnocarpus* Benth.	小叶双眼龙	大戟科
毛果算盘子	*Glochidion eriocarpum* Champ. ex Benth.	漆大姑	大戟科
艾胶算盘子	*G. lanceolarium*（Roxb.） Voigt.	泡果算盘子	大戟科
白背算盘子	*G. wrightii* Benth.		大戟科
鼎湖血桐	*Macaranga sampsonii* Hance		大戟科
卵苞血桐	*M. trigonostemonoides* Croiz.		大戟科
白背叶	*Mallotus apelta*（Lour.） Muell. Arg.	白背桐	大戟科
白楸	*M. paniculatus*（Lam.） Muell. Arg.	黄背桐	大戟科
小盘木	*Microdesmis caseariifolia* Planch		大戟科
山乌桕	*Sapium discolor*（Champ. ex Benth.） Muell. Arg.	红乌桕	大戟科
鼠刺	*Itea chinensis* Hook. et Arn.	老鼠刺	虎耳草科
腺叶桂樱	*Laurocerasus phaeosticta*（Hance） Schneid.	腺叶野樱	蔷薇科
大叶桂樱	*L. zippeliana*（Miq.） Yu et Lu	大叶野樱	蔷薇科
桃叶石楠	*Photinia prunifolia*（Hook. & Arn.） Lindl.	石斑木	蔷薇科
臀果木	*Pygeum topengii* Merr.	臀形果	蔷薇科
石斑木	*Rhaphiolepis indica*（L.） Lindl.	车轮梅、春花	蔷薇科
海红豆	*Adenanthera pavonina Linn. var. microsperma*（Teijsm. Binnend.） Nielsen	孔雀豆	豆科
大叶合欢	*Cylindrokelupha turgida*（Merr.） T. L. Wu	鼎湖合欢	豆科
猴耳环	*Pithecellobium clypearia*（Jack） Benth.	围涎树	豆科
亮叶猴耳环	*P. lucidum* Benth.	亮叶围涎树	豆科

（续）

中文名	拉丁学名	常用别名	科名
格木	*Erythrophleum fordii* Oliv.		豆科
香花崖豆藤	*Millettia dielsiana* Harms	山鸡血藤	豆科
网络崖豆藤	*M. reticulata* Benth.	昆明鸡血藤	豆科
光叶红豆	*Ormosia glaberrima* Y. C. Wu	乌心红豆	豆科
软荚红豆	*O. semicastrata* Hance	相思子	豆科
苍叶红豆	*O. semicastrata Hance f. pallida* How	假龙眼	豆科
褐毛秀柱花	*Eustigma balansea* Oliv.	毛秀柱花	金缕梅科
锥	*Castanopsis chinensis* Hance	锥栗、桂林锥	壳斗科
黧蒴锥	*C. fissa* (Champ. ex Benth.) Rehd. et Wils.	黧蒴、大叶栎	壳斗科
硬壳柯	*Lithocarpus hancei* (Benth.) Rehd.	硬斗柯	壳斗科
港柯	*L. harlandii* (Hance) Rehd.	岭南柯	壳斗科
白颜树	*Gironniera subaequalis* Planch.		榆科
狭叶山黄麻	*Trema angustifolia* (Planch.) Bl.		榆科
光叶山黄麻	*T. cannabina* Lour.		榆科
异色山黄麻	*T. orientalis* (L.) Bl.	山黄麻	榆科
二色波罗蜜	*Artocarpus styracifolius* Pierre	小叶胭脂	桑科
黄毛榕	*Ficus esquiroliana* Lévl.		桑科
水同木	*F. fistulosa Reinw.* ex Bl.		桑科
粗叶榕	*F. hirta* Vahl	掌叶榕、五指毛桃	桑科
九丁榕	*F. nervosa* Heyne ex Roth.	凸脉榕	桑科
变叶榕	*F. variolosa* Lindl. ex Benth.	击常木	桑科
白肉榕	*F. vasculosa* Wall. ex Miq.	黄果榕	桑科
秤星树	*Ilex asprella* (Hook. et Arn.) Champ. ex Benth.	梅叶冬青	冬青科
沙坝冬青	*I. chapaensis* Merr.		冬青科
越南冬青	*I. cochinchinensis* (Lour.) Loes.		冬青科
榕叶冬青	*I. ficoidea* Hemsl.		冬青科
广东冬青	*I. kwangtungensis* Merr.		冬青科
谷木叶冬青	*I. memecylifolia* Champ. ex Benth.		冬青科
毛冬青	*I. pubescens* Hook. et Arn.		冬青科
三花冬青	*I. triflora* Bl.		冬青科
疏花卫矛	*Euonymus laxiflorus* Champ. ex Benth.		卫矛科
寄生藤	*Dendrotrophe frutescens* (Champ. ex Benth.) Danser		檀香科
长叶冻绿	*Rhamnus crenata* Sieb. et Zucc.	黄药	鼠李科
雀梅藤	*Sageretia thea* (Osbeck.) M. C. Johnst	酸味	鼠李科
广东蛇葡萄	*Amplelopsis cantoniensis* (Hook. et Arn.) Planch.	粤蛇葡萄	葡萄科
乌蔹莓	*Cayratia japonica* (Thunb.) Gagnep.	五爪龙	葡萄科
尾叶崖爬藤	*Tetrastigma caudatum* Merr. et Chun		葡萄科
三叶崖爬藤	*T. hemsleyanum* Diels et Gilg.	三叶扁藤	葡萄科
扁担藤	*T. planicaule* (Hook.) Gagnep.	扁藤	葡萄科
山油柑	*Acronychia pedunculata* (L.) Miq.	降真香	芸香科
三桠苦	*Evodia lepta* (Spreng.) Merr.	三叉苦	芸香科
大叶臭花椒	*Zanthoxylum myriacanthum* Wall. ex Hook. f.	大叶臭椒	芸香科
橄榄	*Canarium album* (Lour.) Rauesch.	白榄	橄榄科
乌榄	*C. pimela* Leenh.	黑榄	橄榄科

（续）

中文名	拉丁学名	常用别名	科名
褐叶柄果木	*Mischocarpus pentapetalus*（Roxb.）Radlk.		无患子科
韶子	*Nephelium chryseum* Bl.		无患子科
香皮树	*Meliosma fordii* Hemsl.	罗浮泡花树	清风藤科
笔罗子	*M. rigida* Sieb. et Zucc.		清风藤科
野漆	*Toxicodendron succedaneum*（L.）O. Kuntze	木蜡树	漆树科
小叶红叶藤	*Rourea microphylla*（Hook. & Arn.）Planch.	红叶藤	牛栓藤科
红叶藤	*R. minor*（Gaertn.）Leenh.	大叶红叶藤	牛栓藤科
少叶黄杞	*Engelhardtia fenzelii* Merr.	白皮黄杞	胡桃科
黄杞	*E. roxburghiana* Wall.		胡桃科
黄毛楤木	*Aralia decaisneana* Hance	鸟不企	五加科
长刺楤木	*A. spinifolia* Merr.	刺叶楤木	五加科
鹅掌柴	*Schefflera octophylla*（Lour.）Harms	鸭脚木	五加科
广东金叶子	*Craibiodendron scleranthum*（Dop.）Judd var. kwangtungense（S. Y. Hu）Judd	红皮紫陵、广东假木荷	杜鹃花科
吊钟花	*Enkianthus quinqueflorus* Lour.	铃儿花	杜鹃花科
弯蒴杜鹃	*Rhododendron henryi* Hance	罗浮杜鹃	杜鹃花科
南岭杜鹃	*R. levinei* Merr.	北江杜鹃	杜鹃花科
岭南杜鹃	*R. mariae* Hance	紫花杜鹃	杜鹃花科
满山红	*R. mariesii* Hemsl. et Wils.	卵叶杜鹃	杜鹃花科
毛棉杜鹃花	*R. moulmainense* Hook. f.	六角杜鹃	杜鹃花科
马银花	*R. ovatum*（Lindl.）Planch. ex Maxim.		杜鹃花科
猴头杜鹃	*R. simiarum* Hance	南华杜鹃	杜鹃花科
杜鹃	*R. simsii* Planch.	映山红	杜鹃花科
乌材	*Diospyros eriantha* Champ. ex Benth.		柿科
罗浮柿	*D. morrisiana* Hance		柿科
金叶树	*Chrysophyllum lanceolatum*（Bl.）A. DC. var. stellatocarpon Van Royen		山榄科
肉实树	*Sarcosperma laurinum*（Benth.）Hook f.	水石梓	山榄科
朱砂根	*Ardisia crenata* Sims	大罗伞	紫金牛科
郎伞木	*A. elegans* Andr.	美丽紫金牛	紫金牛科
山血丹	*A. punctata* Lindl.	斑叶朱砂根	紫金牛科
罗伞树	*A. quinquegona* Bl.	鸡眼树	紫金牛科
越南紫金牛	*A. waitakii* C. M. Hu		紫金牛科
酸藤子	*Embelia laeta*（Linn.）Mez	酸果藤	紫金牛科
柳叶杜茎山	*Maesa salicifolia* Walker	柳叶空心花	紫金牛科
密花树	*Rapanea neriifolia*（Sieb. et Zucc.）Mez		紫金牛科
腺柄山矾	*Symplocos adenopus* Hance		山矾科
越南山矾	*S. cochinchinensis*（Lour.）S. Moore		山矾科
光叶山矾	*S. lancifolia* Sieb. et Zucc.		山矾科
黄牛奶树	*S. laurina*（Retz.）Wall.		山矾科
微毛山矾	*S. wikstroemiifolia* Hayata		山矾科
厚叶素馨	*Jasminum pentaneurum* Hand. -Mazz.	樟叶茉莉	木犀科
筋藤	*Alyxia levinei* Merr.	鼎湖念珠藤	夹竹桃科
眼树莲	*Dischidia chinensis* Champ. ex Benth.	瓜子金	萝藦科
香楠	*Aidia canthioides*（Champ. ex Benth.）Masam.	光叶山黄皮	茜草科
鱼骨木	*Canthium dicoccum*（Gaertn.）Teysmann et Binnedijk		茜草科

（续）

中文名	拉丁学名	常用别名	科名
猪肚木	*C. horridum* Bl.	猪肚簕	茜草科
山石榴	*Catunaregam spinosa* (Thunb.) Tirveng	牛头簕	茜草科
狗骨柴	*Diplospora dubia* (Lindl.) Masam.		茜草科
栀子	*Gardenia jasminoides* Ellis	黄栀子	茜草科
剑叶耳草	*Hedyotis caudatifolia* Merr. et Metcalf.		茜草科
鼎湖耳草	*H. effusa* Hance		茜草科
牛白藤	*H. hedyotidea* (DC.) Merr.		茜草科
龙船花	*Ixora chinensis* Lam.		茜草科
粗叶木	*Lasianthus chinensis* (Champ.) Benth.		茜草科
广东粗叶木	*L. curtisii* King et Gamble		茜草科
日本粗叶木	*L. japonicus* Miq.	污毛粗叶木	茜草科
斜基粗叶木	*L. wallichii* (Wight et Arn.) Wight	斜茎粗叶木	茜草科
鸡眼藤	*Morinda parvifolia* Bartl. ex DC.	小叶羊角藤	茜草科
楠藤	*Mussaenda erosa* Champ.	厚叶白纸扇	茜草科
玉叶金花	*M. pubescens* Ait. f.	野白纸扇	茜草科
乌檀	*Nauclea officinalis* (Pierre ex Pitard) Merr. et Chun	胆木	茜草科
九节	*Psychotria rubra* (Lour.) Poir.	山大颜	茜草科
蔓九节	*P. serpens* Linn.	穿根藤	茜草科
白花苦灯笼	*Tarenna mollissima* (Hook. et Arn.) Rob.	密毛乌口树	茜草科
常绿荚蒾	*Viburnum sempervirens* K. Koch	坚荚树	忍冬科
长花厚壳树	*Ehretia longiflora* Champ. ex Benth.		紫草科
丁公藤	*Erycibe obtusifolia* Benth.		旋花科
大叶石上莲	*Oreocharis benthamii* Clarke	石上莲	苦苣苔科
灰毛大青	*Clerodendrum canescens* Wall.	粘毛赪桐	马鞭草科
白花灯笼	*Clerodendrum fortunatum* Linn.	鬼灯笼	马鞭草科
马缨丹	*Lantana camara* L.	五色梅	马鞭草科
山牡荆	*Vitex quinata* (Lour.) Will.		马鞭草科
华山姜	*Alpinia chinensis* (Retz.) Rosc.		姜科
山菅	*Dianella ensifolia* (L.) DC.	山菅兰	百合科
肖菝葜	*Heterosmilax japonica* Kunth		百合科
菝葜	*Smilax china* Linn.		百合科
筐条菝葜	*S. corbularia* Kunth	粉叶菝葜	百合科
土茯苓	*S. glabra* Roxb.	光叶菝葜	百合科
马甲菝葜	*S. lanceifolia* Roxb.	剑叶菝葜	百合科
石柑子	*Pothos chinensis* (Raf.) Merr.	石蒲藤	天南星科
百足藤	*P. repens* (Lour.) Druce	蜈蚣藤	天南星科
狮子尾	*Rhaphidophora hongkongensis* Schott		天南星科
薯莨	*Dioscorea cirrhosa* Lour.		薯蓣科
杖藤	*Calamus rhabdocladus* Burret	华南省藤	棕榈科
鱼尾葵	*Caryota ochlandra* Hance	假桄榔	棕榈科
露兜草	*Pandanus austrosinensis* T. L. Wu		露兜树科
隐穗苔草	*Carex cryptostachys* Brongn	茅叶苔草	莎草科
长囊苔草	*C. harlandii* Boott	香港苔草	莎草科
花葶苔草	*C. scaposa* C. B. Clarke	大叶苔草	莎草科

（续）

中文名	拉丁学名	常用别名	科名
黑莎草	*Gahnia tristis* Nees		莎草科
割鸡芒	*Hypolytrum nemorum*（Vahl.）Spreng.	刈鸡芒	莎草科
高秆珍珠茅	*Scleria elata* Thw.		莎草科
箬叶竹	*Indocalamus longiauritus* Hand. -Mazz.	长耳箬	禾本科
酸模芒	*Centotheca lappacea*（L.）Desv.	假淡竹叶	禾本科
弓果黍	*Cyrtococcum patens*（L.）A. Camus		禾本科
鹧鸪草	*Eriachne pallescens* R. Br.		禾本科
淡竹叶	*Lophatherum gracile* Brongn	山鸡米	禾本科
五节芒	*Miscanthus floridulus*（Lab.）Warb. ex K. Schum. et Laut.		禾本科
芒	*Miscanthus sinensis* Anderss.		禾本科
粽叶芦	*Thysanolaena maxima*（Roxb.）Kuntze	棕叶芦	禾本科

4.1.2　乔木层、灌木层生物量模型

表 4-3　1999、2004 年季风林乔木层、灌木层生物量模型

年份	名称	部位	模　型	模型编号	模型适用种
1999	柏拉木	树根	$W=0.1098(D^2H)^{0.9436}$	DHF99-S-01r	柏拉木，光叶红豆，白背算盘子，红背山麻杆，亮叶猴耳环，白花灯笼，马甲菝葜，毛果算盘子，白花苦灯笼，草珊瑚，丁公藤，宽药青藤，土茯苓，尾叶崖爬藤，香花崖豆藤，玉叶金花
		树干	$W=0.3583(D^2H)^{0.8514}$	DHF99-S-01s	
		树叶	$W=0.04(D^2H)^{0.7906}$	DHF99-S-01l	
		树枝	$W=0.169(D^2H)^{0.851}$	DHF99-S-01b	
	黄果厚壳桂	树根	$W=0.1058(D^2H)^{0.9759}$	DHF-99-T-01r	黄果厚壳桂，红枝蒲桃，谷木，越南冬青，山蒲桃，肉实树，滇粤山胡椒，白颜树，竹节树，美丽新木姜子，木竹子，蒲桃，肖蒲桃
		树干	$W=0.3459(D^2H)^{0.8679}$	DHF-99-T-01s	
		树叶	$W=0.0187(D^2H)^{0.8669}$	DHF-99-T-01l	
		树枝	$W=0.2902(D^2H)^{0.6937}$	DHF-99-T-01b	
	厚壳桂	树根	$W=0.1145(D^2H)^{0.9639}$	DHF-99-T-02r	厚壳桂，广东金叶子，岭南山竹子，越南山矾，臀果木，二色波罗蜜，窄叶半枫荷
		树干	$W=0.3383(D^2H)^{0.8714}$	DHF-99-T-02s	
		树叶	$W=0.03(D^2H)^{0.7983}$	DHF-99-T-02l	
		树枝	$W=0.069(D^2H)^{0.9105}$	DHF-99-T-02b	
	锥	树根	$W=0.1309(D^2H)^{0.7556}$	DHF-99-T-03r	锥，黄杞，橄榄，乌榄
		树干	$W=0.0899(D^2H)^{0.8545}$	DHF-99-T-03s	
		树叶	$W=0.0799(D^2H)^{0.5505}$	DHF-99-T-03l	
		树枝	$W=0.1096(D^2H)^{0.70011}$	DHF-99-T-03b	
	木荷	树根	$W=0.1337(D^2H)^{0.7614}$	DHF-99-T-04r	木荷，华润楠，短序润楠，九丁榕
		树干	$W=0.1052(D^2H)^{0.8255}$	DHF-99-T-04s	
		树叶	$W=0.0836(D^2H)^{0.5455}$	DHF-99-T-04l	
		树枝	$W=0.1102(D^2H)^{0.68}$	DHF-99-T-04b	
	云南银柴	树根	$W=0.1014(D^2H)^{0.9259}$	DHF-99-T-05r	云南银柴，鼎湖钓樟，土沉香，黄叶树，小盘木，轮叶木姜子，锈叶新木姜子，禾串树，金叶树，山油柑
		树干	$W=0.3679(D^2H)^{0.8297}$	DHF-99-T-05s	
		树叶	$W=0.0217(D^2H)^{0.8139}$	DHF-99-T-05l	
		树枝	$W=0.2999(D^2H)^{0.6636}$	DHF-99-T-05b	

（续）

年份	名称	部位	模 型	模型编号	模型适用种
2004	香楠	树根	Wr=1.133 5（D^2H）^0.586 4	DHF-04-S-01r	香楠，岭南山竹子，锈叶新木姜子，肖蒲桃，日本五月茶，小叶五月茶，鹅掌柴，球花脚骨脆，笔罗子，中华杜英，天料木，脚骨脆，鼎湖钓樟
		树叶	Wl=1.51（D^2H）^0.419 9	DHF-04-S-01l	
		枝干	Wb=0.229 4（D^2H）^0.100 05	DHF-04-S-01b	
	柏拉木	树根	Wr=1.863 5（D^2H）^0.465 2	DHF-04-S-02r	柏拉木，光叶红豆，臀果木，白背算盘子，红背山麻杆，亮叶猴耳环，白花灯笼，马甲菝葜，毛果算盘子，白花苦灯笼，草珊瑚，丁公藤，宽药青藤，土茯苓，尾叶崖爬藤，香花崖豆藤，玉叶金花
		树叶	Wl=0.503 2（D^2H）^0.643 5	DHF-04-S-02l	
		枝干	Wb=0.483 6（D^2H）^0.915 0	DHF-04-S-02b	
	黄果厚壳桂	树根	Wr=0.483 4（D^2H）^0.770 6	DHF-04-S-03r	黄果厚壳桂，红枝蒲桃，谷木，越南冬青，云南银柴，山蒲桃，广东金叶子，华润楠，肉实树，滇粤山胡椒，白颜树，竹节树，美丽新木姜子，木竹子，蒲桃
		树叶	Wl=0.243 2（D^2H）^0.835 3	DHF-04-S-03l	
		枝干	Wb=0.174 7（D^2H）^1.035 8	DHF-04-S-03b	
	九节	树根	Wr=0.359（D^2H）^0.640 1	DHF-04-S-04r	九节，杖藤，粗叶木，褐叶柄果木，橄榄，紫玉盘，禾串树，腺叶桂樱，山油柑，鼎湖血桐，山血丹，白叶瓜馥木，广东粗叶木，朱砂根，木荷，黄毛榕，狗骨柴，郎伞木
		树叶	Wl=0.012 6（D^2H）^1.276 4	DHF-04-S-04l	
		枝干	Wb=0.262 9（D^2H）^0.936 7	DHF-04-S-04b	
	罗伞树	树根	Wr=0.000 3（D^2H）^2.080 5	DHF-04-S-05r	罗伞树，薄叶红厚壳，黄叶树，柳叶杜茎山，土沉香，假苹婆，黄杞，红叶藤，猴耳环，三桠苦，箬叶竹，猪肚木
		树叶	Wl=0.055 5（D^2H）^1.132 8	DHF-04-S-05l	
		枝干	Wb=0.007 6（D^2H）^1.606 8	DHF-04-S-05b	
	锥	树根	Wr=0.015 4（D^2H）^0.949 9	DHF-04-T-01r	锥，黄杞，橄榄，乌榄
		树干	Ws=0.032 3（D^2H）^0.939 6	DHF-04-T-01S	
		树叶	Wl=0.055 6（D^2H）^0.615 8	DHF-04-T-01l	
		树枝	Wb=0.010 6（D^2H）^1.006 4	DHF-04-T-01b	
	木荷	树根	Wr=0.019 7（D^2H）^0.897 5	DHF-04-T-02r	木荷，华润楠，短序润楠，九丁榕，厚壳桂
		树干	Ws=0.068 3（D^2H）^0.850 4	DHF-04-T-02s	
		树叶	Wl=0.037 4（D^2H）^0.594 4	DHF-04-T-02l	
		树枝	Wb=0.022 7（D^2H）^0.851 6	DHF-04-T-02b	
	云南银柴	树根	Wr=0.024 2（D^2H）^0.843 2	DHF-04-T-03r	云南银柴，鼎湖钓樟，土沉香，黄叶树，小盘木，轮叶木姜子，锈叶新木姜子，禾串树，金叶树，黄果厚壳桂，山油柑
		树干	Ws=0.044 6（D^2H）^0.908 1	DHF-04-T-03s	
		树叶	Wl=0.017（D^2H）^0.689 3	DHF-04-T-03l	
		树枝	Wb=0.034 8（D^2H）^0.767 3	DHF-04-T-03b	
	香楠	树根	Wr=0.065（D^2H）^0.691 3	DHF-04-T-04r	香楠，鹅掌柴，肉实树，鱼骨木，猪肚木，笔罗子，球花脚骨脆，山牡荆，长花厚壳树，滇粤山胡椒，竹节树
		树干	Ws=0.081 6（D^2H）^0.843 7	DHF-04-T-04s	
		树叶	Wl=0.028 5（D^2H）^0.696 7	DHF-04-T-04l	
		树枝	Wb=0.009 8（D^2H）^1.097 9	DHF-04-T-04b	
	红枝蒲桃	树根	Wr=0.021 4（D^2H）^0.838 9	DHF-04-T-05r	红枝蒲桃，白颜树，谷木，山蒲桃，沙坝冬青，越南冬青，山杜英，狗骨柴，乌材
		树干	Ws=0.047 6（D^2H）^0.914 4	DHF-04-T-05s	
		树叶	Wl=0.242 2（D^2H）^0.322 9	DHF-04-T-05l	
		树枝	Wb=0.005 6（D^2H）^1.127 4	DHF-04-T-05b	
	肖蒲桃	树根	Wr=0.335 0（D^2H）^0.459 8	DHF-04-T-06r	肖蒲桃，广东金叶子，岭南山竹子，越南山矾，臀果木，二色波罗蜜，窄叶半枫荷
		树干	Ws=0.016 3（D^2H）^1.055 7	DHF-04-T-06s	
		树叶	Wl=0.215 6（D^2H）^0.359 5	DHF-04-T-06l	
		树枝	Wb=0.390 8（D^2H）^0.372 5	DHF-04-T-06b	

（续）

年份	名称	部位	模　型	模型编号	模型适用种
2004	光叶红豆	树根	$Wr=0.001\,3\ (D^2H)^{1.448\,3}$	DHF-04-T-07r	光叶红豆，罗伞树，褐叶柄果木，亮叶猴耳环，鱼尾葵，韶子，海红豆，软荚红豆，长刺楤木，大叶臭花椒
		树干	$Ws=0.009\,9\ (D^2H)^{1.255\,6}$	DHF-04-T-07s	
		树叶	$Wl=0.000\,6\ (D^2H)^{1.507\,6}$	DHF-04-T-07l	
		树枝	$Wb=0.000\,2\ (D^2H)^{1.668\,3}$	DHF-04-T-07b	
	九节	树根	$Wr=0.017\,7\ (D^2H)^{0.865\,8}$	DHF-04-T-08r	九节，鼎湖血桐，白楸，黄毛榕，水东哥，水同木，白花苦灯笼，卵苞血桐，粗叶木，薄叶红厚壳，三桠苦
		树干	$Ws=0.077\,4\ (D^2H)^{0.789\,9}$	DHF-04-T-08s	
		树叶	$Wl=0.064\,9\ (D^2H)^{0.332\,8}$	DHF-04-T-08l	
		树枝	$Wb=0.047\,4\ (D^2H)^{0.631\,8}$	DHF-04-T-08b	
	柏拉木	树根	$Wr=0.032\,9\ (D^2H)^{0.511\,4}$	DHF-04-T-09r	柏拉木，毛果算盘子，毛菍，日本五月茶，疏花卫矛，细轴荛花，白背算盘子，了哥王，毛果巴豆，褐毛秀柱花，艾胶算盘子，野牡丹
		树干	$Ws=0.072\,3\ (D^2H)^{0.759\,9}$	DHF-04-T-09s	
		树叶	$Wl=0.003\,5\ (D^2H)^{0.925\,5}$	DHF-04-T-09l	
		树枝	$Wb=0.006\,2\ (D^2H)^{0.966\,7}$	DHF-04-T-09b	

注：W 为生物量（kg），D 为胸径（cm），H 为树高（m），r 为树根，s 为树干，l 为树叶，b 为树枝。

4.1.3　乔木层植物种组成

4.1.3.1　季风林综合观测场

表 4-4　1999、2004 年季风林乔木层植物种组成及生物量（2 500m²）

年份	植物名称	总株数	平均胸径 (cm)	平均高度 (m)	树干干重 (kg)	树枝干重 (kg)	树叶干重 (kg)	地下部干重 (kg)
1999	艾胶算盘子	1	1.2	2.0	0.88	0.42	0.09	0.30
1999	白花苦灯笼	7	1.5	2.5	11.78	6.93	0.67	3.94
1999	白楸	7	5.2	4.4	315.90	80.37	16.65	174.29
1999	白颜树	20	11.6	6.4	679.24	237.99	66.80	531.71
1999	柏拉木	68	1.7	2.7	152.42	71.82	14.65	58.96
1999	笔罗子	9	5.6	6.0	420.79	121.77	22.61	251.45
1999	薄叶红厚壳	6	1.6	2.5	12.89	6.07	1.23	5.04
1999	长刺楤木	2	2.4	3.0	10.14	4.78	0.92	4.30
1999	长花厚壳树	1	10.2	11.0	156.14	38.41	8.38	102.18
1999	粗叶木	6	1.5	2.7	10.90	6.34	0.62	3.66
1999	大叶臭花椒	1	1.7	2.2	1.73	0.82	0.17	0.63
1999	滇粤山胡椒	1	1.4	2.6	1.42	0.90	0.08	0.52
1999	鼎湖钓樟	23	4.3	4.1	419.62	140.33	22.70	197.60
1999	鼎湖血桐	19	1.9	3.2	60.18	30.12	3.38	22.27
1999	短序润楠	1	21.4	16.0	163.13	46.81	10.73	117.19
1999	鹅掌柴	25	3.9	3.4	586.51	170.04	31.51	357.64
1999	二色波罗蜜	1	2.2	4.1	4.57	1.05	0.33	2.04
1999	橄榄	12	3.5	4.2	42.83	24.77	8.99	38.58
1999	谷木	10	7.1	5.6	136.93	56.04	18.23	114.72
1999	光叶红豆	67	2.5	3.1	495.09	233.05	41.01	243.90
1999	广东金叶子	12	4.9	4.4	280.34	70.77	16.74	157.46
1999	褐毛秀柱花	2	2.5	3.5	10.14	2.35	0.71	4.65

（续）

年份	植物名称	总株数	平均胸径(cm)	平均高度(m)	树干干重(kg)	树枝干重(kg)	树叶干重(kg)	地下部干重(kg)
1999	褐叶柄果木	17	2.4	3.0	129.43	48.95	6.96	67.74
1999	红枝蒲桃	35	6.4	5.6	658.27	226.23	65.01	508.35
1999	厚壳桂	1	2.0	2.2	2.25	0.50	0.17	0.93
1999	华润楠	4	19.3	13.8	669.62	179.13	39.16	465.45
1999	黄果厚壳桂	55	14.0	10.0	20 190.09	3 728.92	1 082.02	15 907.26
1999	黄毛榕	6	7.3	4.2	279.08	80.20	14.90	141.64
1999	黄杞	4	21.9	13.2	1 904.49	466.27	72.63	990.38
1999	黄叶树	13	2.9	3.8	113.29	45.14	6.23	47.93
1999	金叶树	1	8.2	8.5	71.33	20.26	3.81	36.21
1999	九丁榕	1	2.7	2.6	1.16	0.79	0.41	1.22
1999	九节	101	2.6	2.7	505.68	221.44	28.06	203.93
1999	亮叶猴耳环	5	3.1	3.8	43.83	20.64	3.76	20.25
1999	了哥王	1	1.1	3.0	0.99	0.47	0.10	0.34
1999	岭南山竹子	3	8.8	7.2	421.26	114.85	21.73	283.40
1999	锈叶新木姜子	2	3.0	3.6	14.26	3.36	0.97	6.81
1999	罗伞树	27	2.2	3.2	159.99	75.33	13.75	74.12
1999	毛果巴豆	2	1.2	2.4	2.11	1.00	0.22	0.73
1999	毛果算盘子	2	1.4	2.6	2.85	1.34	0.29	1.01
1999	毛荛	2	5.5	3.4	52.71	24.80	4.18	27.22
1999	木荷	7	35.1	18.0	3 418.19	772.09	144.09	2 205.29
1999	肉实树	27	4.8	4.1	597.47	198.49	32.13	330.73
1999	软荚红豆	1	1.9	2.0	1.93	0.91	0.19	0.71
1999	三桠苦	2	2.3	3.0	7.39	3.84	0.40	3.04
1999	沙坝冬青	2	14.0	11.3	119.87	41.03	11.07	93.07
1999	山杜英	5	7.8	6.7	101.13	37.38	11.22	80.86
1999	山蒲桃	6	3.8	4.8	25.01	13.04	5.28	23.32
1999	山油柑	2	10.8	7.5	56.23	21.97	6.70	46.28
1999	韶子	5	5.5	5.0	434.87	204.67	29.57	282.97
1999	水东哥	1	5.0	3.5	15.03	5.83	0.83	6.37
1999	土沉香	12	2.6	2.8	63.88	27.96	3.55	25.67
1999	臀果木	6	24.7	14.7	8 415.58	2 535.88	360.05	7 173.60
1999	乌材	1	1.5	2.5	1.55	0.96	0.08	0.57
1999	乌榄	3	4.8	4.1	73.52	22.17	3.95	42.95
1999	香楠	107	2.3	3.2	551.43	229.83	29.68	272.13
1999	小盘木	1	2.7	4.0	6.04	2.81	0.34	2.30
1999	肖蒲桃	23	10.6	7.0	5 250.67	1 506.82	247.48	3 999.93
1999	野牡丹	1	1.5	2.2	1.40	0.66	0.14	0.50
1999	鱼骨木	15	4.2	4.2	345.82	110.77	18.59	195.79
1999	鱼尾葵	1	7.1	4.5	36.30	17.08	2.91	18.34
1999	越南冬青	5	4.6	4.4	12.38	4.81	24.80	22.69
1999	越南山矾	1	7.7	9.5	84.39	22.05	4.71	51.31
1999	云南银柴	354	5.1	4.4	7 572.43	2 537.81	409.83	3 547.46
1999	窄叶半枫荷	1	1.5	2.5	1.54	0.94	0.09	0.50

（续）

年份	植物名称	总株数	平均胸径 (cm)	平均高度 (m)	树干干重 (kg)	树枝干重 (kg)	树叶干重 (kg)	地下部干重 (kg)
1999	猪肚木	6	4.7	4.2	193.71	56.55	10.41	115.90
1999	竹节树	1	1.3	2.7	1.19	0.26	0.09	0.46
1999	锥	6	73.1	18.7	11 712.20	2 249.19	274.91	5 216.64
2004	白背算盘子	1	2.1	3.0	0.51	0.08	0.04	0.12
2004	白花苦灯笼	1	2.0	3.0	0.55	0.23	0.15	0.15
2004	白楸	8	8.2	6.5	105.80	20.73	3.74	42.41
2004	白颜树	23	12.5	7.7	1 045.74	722.23	50.47	253.16
2004	柏拉木	58	2.1	2.9	29.80	4.64	2.32	6.85
2004	笔罗子	7	6.2	5.9	74.43	44.25	10.48	23.12
2004	长花厚壳树	1	10.5	10.0	30.10	21.45	3.75	8.24
2004	粗叶木	4	1.8	3.0	1.88	0.80	0.55	0.51
2004	鼎湖钓樟	29	4.8	4.3	111.25	39.00	12.40	41.60
2004	鼎湖血桐	68	3.5	4.3	121.96	36.82	14.72	39.68
2004	短序润楠	1	21.9	16.0	137.48	46.18	7.62	60.43
2004	鹅掌柴	30	4.2	3.9	197.57	146.96	25.67	56.53
2004	二色波罗蜜	1	2.9	4.8	0.81	1.55	0.81	1.83
2004	橄榄	14	5.3	5.8	74.37	36.49	19.17	37.72
2004	狗骨柴	1	2.4	3.2	0.68	0.15	0.62	0.25
2004	谷木	9	6.1	5.4	87.19	41.56	11.70	24.07
2004	光叶红豆	65	3.1	3.5	203.20	59.66	61.87	91.10
2004	广东金叶子	9	6.1	4.7	65.80	25.63	13.13	36.40
2004	海红豆	2	1.3	2.4	0.12	0.00	0.01	0.02
2004	禾串树	3	1.6	2.2	0.68	0.41	0.17	0.33
2004	褐叶柄果木	19	2.8	3.7	42.26	9.63	11.00	16.80
2004	红枝蒲桃	32	7.6	6.5	678.23	438.65	48.39	169.27
2004	华润楠	7	12.5	9.1	604.10	203.07	30.09	272.39
2004	黄果厚壳桂	8	1.5	2.5	1.85	1.10	0.46	0.88
2004	黄毛榕	7	8.7	5.8	81.06	17.03	3.32	31.24
2004	黄杞	4	28.7	19.0	1 617.36	1 066.72	97.24	858.66
2004	黄叶树	11	2.8	3.5	20.16	7.76	2.60	7.87
2004	金叶树	1	9.5	8.5	18.58	5.69	1.66	6.55
2004	九丁榕	2	5.0	2.3	4.28	1.43	0.83	1.49
2004	九节	79	2.8	2.8	82.80	27.91	13.72	25.56
2004	亮叶猴耳环	7	2.5	3.5	5.57	0.63	0.96	1.62
2004	岭南山竹子	5	6.1	5.5	94.41	14.76	7.46	23.07
2004	卵苞血桐	1	1.2	1.7	0.16	0.08	0.09	0.04
2004	锈叶新木姜子	1	1.3	2.0	0.13	0.09	0.04	0.07
2004	罗伞树	23	2.5	3.5	69.88	21.36	21.89	32.04
2004	毛果算盘子	2	1.4	2.6	0.47	0.06	0.03	0.15
2004	毛荗	1	9.0	6.0	7.96	2.45	1.07	0.78
2004	木荷	7	36.7	17.3	2 795.79	940.96	106.59	1 321.70
2004	球花脚骨脆	1	2.2	3.0	0.78	0.18	0.18	0.41
2004	日本五月茶	1	3.2	5.0	1.44	0.28	0.13	0.25

（续）

年份	植物名称	总株数	平均胸径 (cm)	平均高度 (m)	树干干重 (kg)	树枝干重 (kg)	树叶干重 (kg)	地下部干重 (kg)
2004	肉实树	22	6.1	5.0	187.74	109.39	27.14	59.95
2004	软荚红豆	1	2.0	2.0	0.13	0.01	0.01	0.03
2004	沙坝冬青	2	14.5	10.8	107.95	66.27	5.74	27.05
2004	山杜英	3	9.8	6.5	84.42	54.37	5.21	20.93
2004	山牡荆	1	1.4	2.2	0.28	0.05	0.08	0.18
2004	山蒲桃	7	4.0	4.7	25.29	9.15	6.80	7.68
2004	山油柑	2	11.3	7.5	46.96	13.77	3.92	16.23
2004	韶子	2	2.6	3.4	1.15	0.10	0.17	0.29
2004	疏花卫矛	1	1.8	4.0	0.51	0.07	0.04	0.12
2004	水东哥	3	4.3	3.6	6.80	2.03	0.76	2.21
2004	水同木	1	3.0	2.3	0.85	0.32	0.18	0.24
2004	土沉香	11	3.3	3.6	19.35	7.86	2.70	7.74
2004	臀果木	9	18.5	11.4	2 686.85	78.14	38.19	152.94
2004	乌榄	1	8.8	12.0	19.86	10.29	3.74	10.16
2004	细轴荛花	1	1.1	1.8	0.13	0.01	0.01	0.05
2004	香楠	188	2.3	3.1	190.58	62.92	39.47	88.38
2004	小盘木	3	2.6	3.2	2.79	1.25	0.45	1.17
2004	肖蒲桃	20	11.4	8.3	1 454.93	104.49	52.18	177.22
2004	鱼骨木	17	5.1	5.3	133.06	83.27	18.60	41.05
2004	鱼尾葵	1	18.7	5.8	140.62	65.81	58.07	80.10
2004	越南冬青	2	3.4	4.3	3.39	0.93	1.69	1.13
2004	越南山矾	1	8.1	8.0	12.13	4.03	2.05	5.97
2004	云南银柴	306	5.4	4.5	1 380.21	490.85	156.80	519.79
2004	猪肚木	7	5.1	3.6	42.64	24.59	6.21	13.73
2004	锥	6	78.7	21.5	15 924.53	11 996.24	501.52	8 629.33

4.1.3.2 其他观测场

表 4-5 1999、2004 年其他四个样地乔木层植物种组成（1 200m²）

年份	样地	植物名称	总株数	平均胸径 (cm)	平均高度 (m)	年份	样地	植物名称	总株数	平均胸径 (cm)	平均高度 (m)
1999	针阔Ⅱ号	变叶榕	35	1.9	2.1	1999	针阔Ⅱ号	毛冬青	3	1.4	1.9
1999		豺皮樟	31	2.0	2.5	1999		三桠苦	3	1.4	2.0
1999		粗叶榕	1	1.1	3.0	1999		山鸡椒	7	1.8	2.1
1999		鼎湖钓樟	1	5.5	3.5	1999		石斑木	2	1.9	3.8
1999		鹅掌柴	17	3.5	2.9	1999		桃金娘	2	1.1	1.9
1999		狗骨柴	1	1.8	3.0	1999		香楠	1	1.2	2.0
1999		黄牛木	7	3.1	2.8	1999		野牡丹	1	1.2	2.0
1999		九节	23	1.6	2.0	1999		野漆	17	2.2	2.6
1999		黧蒴锥	3	7.5	5.9	1999		银柴	2	4.0	2.4
1999		罗浮柿	28	2.8	2.7	1999		云南银柴	1	8.5	3.0
1999		罗伞树	23	1.7	2.4	1999		栀子	1	1.6	2.0
1999		马尾松	13	22.7	11.1	1999		锥	65	14.4	6.3
1999		木荷	78	8.1	5.4						

（续）

年份	样地	植物名称	总株数	平均胸径 (cm)	平均高度 (m)
2004	针阔Ⅱ号	变叶榕	38	1.9	2.6
2004		豺皮樟	36	2.0	2.9
2004		鼎湖钓樟	1	7.9	5.5
2004		鹅掌柴	22	3.0	3.2
2004		狗骨柴	1	4.0	5.6
2004		黄果厚壳桂	1	1.6	3.1
2004		黄牛木	6	3.8	4.9
2004		九节	28	2.0	2.5
2004		黧蒴锥	8	6.1	5.4
2004		罗浮柿	32	2.7	3.4
2004		罗伞树	35	1.8	2.8
2004		马尾松	11	25.7	12.9
2004		毛冬青	2	1.6	2.2
2004		毛菍	1	2.1	2.2
2004		木荷	76	9.3	6.5
2004		三桠苦	1	2.4	2.2
2004		山鸡椒	4	2.0	2.6
2004		桃叶石楠	2	2.1	3.1
2004		香楠	3	1.6	2.6
2004		野漆	11	1.7	2.8
2004		银柴	4	3.0	2.7
2004		云南银柴	1	8.5	6.5
2004		栀子	1	1.8	2.0
2004		锥	60	16.8	7.4
2004	针阔Ⅰ号	白背算盘子	2	3.2	4.3
2004		变叶榕	5	2.1	2.8
2004		薄叶红厚壳	1	1.7	3.0
2004		豺皮樟	3	7.4	5.7
2004		鼎湖钓樟	4	8.4	8.4
2004		短序润楠	3	5.0	4.3
2004		凤凰润楠	1	2.2	3.8
2004		橄榄	1	14.5	9.3
2004		狗骨柴	3	6.4	5.4
2004		广东金叶子	25	2.5	2.9
2004		红枝蒲桃	6	5.3	4.7
2004		厚壳桂	1	3.3	3.2
2004		黄果厚壳桂	74	4.5	4.8
2004		黄牛木	3	3.7	5.1
2004		九节	13	4.3	3.5
2004		黧蒴锥	83	3.5	3.9
2004		岭南山竹子	3	8.9	5.9
2004		龙船花	1	1.2	1.8
2004		罗浮柿	18	2.4	3.6
2004		罗伞树	150	9.5	6.1
2004		马尾松	19	23.6	11.8
2004		木荷	64	11.3	7.9
2004		破布叶	1	6.8	8.0
2004		绒毛润楠	2	2.1	3.4
2004		山蒲桃	1	2.9	3.5
2004		山石榴	1	7.2	5.8
2004		山油柑	9	6.7	6.8
2004		五月茶	2	2.4	2.5
2004		细轴荛花	1	11.1	13.0
2004		香楠	2	14.6	8.0
2004		肖蒲桃	2	1.8	3.5
2004		野漆	2	6.9	12.5
2004		银柴	2	8.7	4.3
2004		鱼骨木	4	10.9	8.5
2004		云南银柴	4	13.8	9.6
2004		锥	51	8.8	5.7
2004	马尾松林	白花灯笼	6	1.7	2.7
2004		白楸	5	3.7	4.2
2004		变叶榕	38	1.8	2.3
2004		豺皮樟	12	2.1	3.0
2004		长叶冻绿	1	1.4	2.5
2004		秤星树	3	1.8	1.8
2004		粗叶榕	2	1.1	1.8
2004		滇粤山胡椒	2	1.9	2.5
2004		鹅掌柴	2	3.2	3.5
2004		岗松	1	1.1	1.7
2004		黄牛木	14	3.2	3.2
2004		九节	5	1.7	1.8
2004		黧蒴锥	1	5.7	3.9
2004		龙船花	1	1.0	2.0
2004		马尾松	75	17.9	6.7
2004		毛冬青	1	1.8	2.1
2004		毛菍	2	5.1	3.6
2004		三桠苦	204	2.8	3.2
2004		石斑木	3	1.5	2.1
2004		桃金娘	20	1.5	2.1
2004		狭叶山黄麻	1	2.6	3.5
2004		野牡丹	5	2.4	2.1
2004		野漆	8	3.4	3.6
2004		云南银柴	1	2.3	3.2
2004		栀子	1	1.2	1.5
2004	山地林	变叶榕	1	3.9	5.6
2004		豺皮樟	4	5.8	6.9
2004		粗壮润楠	16	7.0	7.2
2004		人叶合欢	6	4.9	3.9
2004		滇粤山胡椒	20	4.2	3.5
2004		吊钟花	10	3.6	4.8

（续）

年份	样地	植物名称	总株数	平均胸径 (cm)	平均高度 (m)	年份	样地	植物名称	总株数	平均胸径 (cm)	平均高度 (m)
2004	山地林	鼎湖钓樟	1	4.1	5.0	2004	山地林	马银花	1	3.5	5.0
2004		短序润楠	61	7.7	6.1	2004		毛棉杜鹃花	36	6.8	5.9
2004		鹅掌柴	4	3.7	4.1	2004		美丽新木姜子	1	1.3	3.2
2004		二色波罗蜜	1	2.0	3.2	2004		密花树	36	4.7	4.8
2004		港柯	1	2.5	4.0	2004		日本五月茶	5	1.5	2.9
2004		光叶山矾	14	4.1	4.8	2004		绒毛润楠	1	8.5	11.0
2004		广东冬青	2	8.0	10.0	2004		榕叶冬青	1	1.6	2.5
2004		广东金叶子	5	3.2	2.9	2004		三花冬青	16	13.1	8.8
2004		广东蒲桃	2	12.3	11.0	2004		三桠苦	2	1.3	2.1
2004		广东润楠	2	1.3	2.2	2004		少叶黄杞	83	16.8	9.5
2004		广东山龙眼	2	3.4	5.5	2004		疏花卫矛	15	1.6	2.7
2004		黑柃	13	2.3	3.0	2004		鼠刺	1	5.9	5.5
2004		红枝蒲桃	17	11.2	8.1	2004		天料木	2	5.5	6.7
2004		厚皮香	1	3.2	2.0	2004		弯蒴杜鹃	45	4.2	4.6
2004		黄牛奶树	2	3.0	2.5	2004		网脉山龙眼	1	9.0	13.0
2004		黄叶树	1	11.7	8.0	2004		细轴荛花	1	1.1	1.8
2004		两广梭罗	1	2.4	2.5	2004		香楠	1	6.7	5.0
2004		亮叶猴耳环	5	1.8	3.5	2004		小叶五月茶	1	1.1	3.0
2004		柃叶连蕊茶	35	2.8	4.2	2004		鸭公树	12	1.4	2.3
2004		罗浮柿	1	12.7	13.0	2004		硬壳柯	2	1.3	2.0

4.1.4 灌木层植物种组成

4.1.4.1 季风林综合观测场

表 4-6 1999 年季风林灌木层植物种组成

植物种名	总株数	平均盖度 (%)	植物种名	总株数	平均盖度 (%)	植物种名	总株数	平均盖度 (%)
白背算盘子	2	0.7	广东金叶子	1	0.6	球花脚骨脆	2	1.2
白花苦灯笼	4	0.4	褐叶柄果木	4	0.7	箬叶竹	12	1.5
白颜树	1	2.0	红枝蒲桃	11	1.8	三桠苦	1	0.6
白叶瓜馥木	13	2.6	猴耳环	2	1.0	土茯苓	2	0.7
柏拉木	75	8.2	黄果厚壳桂	15	2.5	臀果木	3	0.9
笔罗子	3	0.5	黄毛榕	1	1.0	尾叶崖爬藤	1	4.0
薄叶红厚壳	24	1.5	黄杞	1	1.2	香花崖豆藤	2	0.7
草珊瑚	1	1.0	黄叶树	4	0.3	香楠	156	11.1
粗叶木	3	2.4	假苹婆	1	0.9	小叶五月茶	1	0.4
大青藤	2	0.2	九节	24	2.9	肖蒲桃	1	0.8
丁公藤	2	0.8	柳叶杜茎山	7	0.7	锈叶新木姜子	4	0.9
鼎湖钓樟	1	0.5	罗伞树	17	0.7	玉叶金花	1	1.2
鹅掌柴	3	2.7	马甲菝葜	1	0.6	云南银柴	2	3.1
橄榄	1	0.4	毛果算盘子	1	0.4	杖藤	5	29.7
狗骨柴	1	0.2	美丽新木姜子	1	0.2	朱砂根	1	0.8
谷木	3	1.4	木荷	1	0.8	猪肚木	3	2.4
光叶红豆	6	1.0	木竹子	1	0.4	竹节树	1	0.2
广东粗叶木	5	4.8	蒲桃	1	1.9	紫玉盘	1	1.0

注：10 个 5m×5m 样方的统计结果。

表 4－7 2004—2005 年季风林灌木层植物种组成和生物量

单位：g

年份	植物种名	总株（丛）数	平均高度（m）	平均基径（cm）	平均盖度（%）	枝干干重	叶干重	地下部总干重
2004	白花灯笼	1	0.5		0.2	20.64	7.05	12.57
2004	白叶瓜馥木	4	0.9		2.5	115.23	32.09	52.06
2004	柏拉木	44	1.0		5.2	2 103.82	497.85	731.30
2004	笔罗子	2	0.9		1.4	0.76	25.80	45.84
2004	薄叶红厚壳	12	0.7		0.9	82.68	59.53	36.99
2004	粗叶木	7	1.0		19.7	194.57	55.92	57.57
2004	鹅掌柴	1	1.7		1.0	0.40	16.26	31.33
2004	橄榄	2	1.0		3.8	61.88	21.29	15.47
2004	谷木	3	1.1		1.0	111.03	50.38	70.17
2004	光叶红豆	7	0.9		1.3	297.42	69.28	101.01
2004	广东金叶子	1	0.8		1.7	23.85	12.82	18.74
2004	禾串树	2	1.5		0.6	92.08	32.91	22.73
2004	褐叶柄果木	4	1.1		1.6	203.18	77.66	47.40
2004	红背山麻杆	3	1.4		3.1	268.92	53.86	70.00
2004	红枝蒲桃	6	0.8		1.0	81.75	45.48	67.54
2004	华润楠	2	0.1		0.8	0.15	0.24	0.50
2004	黄果厚壳桂	28	0.6		2.3	412.72	201.67	289.32
2004	黄杞	1	0.6		0.6	0.11	0.37	0.01
2004	黄叶树	3	1.4		1.7	163.92	77.71	101.38
2004	假苹婆	1	1.6		1.4	97.34	43.66	62.45
2004	九节	19	0.8		2.2	463.82	133.77	139.24
2004	郎伞木	1	0.8		0.2	2.45	2.05	3.45
2004	亮叶猴耳环	4	0.8		3.7	50.22	17.48	32.96
2004	岭南山竹子	7	0.8		3.8	2.36	56.43	86.22
2004	柳叶杜茎山	3	0.9		0.6	36.31	24.50	16.43
2004	罗伞树	14	0.9		2.0	318.60	168.28	192.38
2004	马甲菝葜	1	2.5		2.9	50.26	13.19	19.76
2004	毛果算盘子	1	0.8		0.8	17.72	6.33	11.63
2004	球花脚骨脆	2	1.3		2.1	0.79	33.32	69.03
2004	日本五月茶	1	1.2		0.5	0.35	9.35	14.45
2004	山蒲桃	1	1.3		1.2	39.44	19.23	27.25
2004	土沉香	1	1.3		6.2	125.27	52.16	86.57
2004	臀果木	4	1.3		2.5	110.85	31.29	51.42
2004	腺叶桂樱	1	1.0		0.2	5.36	0.77	2.82
2004	香楠	156	1.1		14.4	53.41	1 416.65	2 338.84
2004	小叶五月茶	1	0.6		0.4	0.27	3.07	3.05
2004	肖蒲桃	1	1.7		1.0	0.40	15.21	28.52
2004	锈叶新木姜子	3	1.2		1.4	1.07	31.75	54.51
2004	越南冬青	1	2.2		1.4	238.75	82.16	104.02
2004	云南银柴	2	0.6		1.8	23.45	13.95	21.13
2004	杖藤	4	2.4		37.0	1 146.13	722.02	167.58
2004	紫玉盘	1	1.8		8.4	102.45	42.72	21.16

（续）

年份	植物种名	总株（丛）数	平均高度（m）	平均基径（cm）	平均盖度（%）	枝干干重	叶干重	地下部总干重
2005	白花灯笼	6	0.7	0.6	3.0	55.58	24.08	50.17
2005	白颜树	2	0.7	1.1	1.5	46.27	23.26	33.43
2005	白叶瓜馥木	5	1.6	1.2	3.3	352.08	167.43	68.94
2005	柏拉木	31	1.2	0.9	4.9	1 086.26	308.01	491.52
2005	笔罗子	2	1.1	0.9	0.8	0.71	18.60	28.81
2005	薄叶红厚壳	3	0.8	0.8	1.0	12.72	14.38	3.24
2005	粗叶木	5	0.8	0.7	2.0	45.81	8.14	20.08
2005	滇粤山胡椒	1	0.6	0.4	0.5	1.82	1.61	2.76
2005	鼎湖血桐	3	0.8	1.0	2.0	47.81	10.15	17.80
2005	鹅掌柴	2	1.3	1.2	1.0	0.77	27.17	48.75
2005	谷木	6	0.8	1.0	1.1	102.02	58.31	87.01
2005	光叶红豆	11	1.0	1.0	1.5	356.59	103.80	168.43
2005	禾串树	2	1.8	1.3	1.0	101.87	33.32	26.13
2005	褐叶柄果木	1	1.0	1.2	1.0	27.64	7.17	8.64
2005	红叶藤	1	1.0	0.8	1.0	6.07	6.17	1.72
2005	红枝蒲桃	4	0.7	0.6	1.5	28.52	17.91	27.74
2005	华润楠	2	0.5	0.3	2.0	1.66	1.71	3.08
2005	黄果厚壳桂	32	0.8	0.7	3.8	271.56	173.79	269.56
2005	黄杞	2	0.9	0.8	2.0	10.24	10.95	2.76
2005	黄叶树	3	1.3	1.1	1.3	84.89	53.91	38.96
2005	假苹婆	1	1.1	1.3	2.0	33.66	20.65	15.79
2005	脚骨脆	1	0.6	0.7	0.5	10.67	4.43	8.98
2005	九节	24	0.8	1.1	2.6	425.62	97.87	150.43
2005	亮叶猴耳环	5	1.0	0.8	2.5	104.68	35.60	63.26
2005	岭南山竹子	1	1.6	1.2	1.0	0.40	14.82	27.53
2005	柳叶杜茎山	1	0.8	0.4	0.5	0.46	1.00	0.06
2005	罗伞树	5	0.7	0.7	0.9	16.03	17.53	4.56
2005	毛果算盘子	1	0.7	0.5	1.0	6.64	3.17	7.06
2005	肉实树	1	0.6	0.8	0.5	7.64	5.12	8.04
2005	山血丹	1	0.7	0.6	0.5	5.40	0.77	2.83
2005	山油柑	1	0.6	0.8	0.5	8.01	1.33	3.71
2005	天料木	1	1.2	1.1	0.5	0.38	12.21	21.00
2005	臀果木	6	0.7	0.6	0.9	58.59	23.82	48.70
2005	香楠	100	1.2	0.8	6.6	34.99	890.77	1 354.21
2005	肖蒲桃	3	0.8	0.6	1.5	0.95	18.77	26.22
2005	锈叶新木姜子	4	0.7	0.6	0.7	1.24	22.12	28.15
2005	云南银柴	1	0.5	0.6	1.0	3.49	2.72	4.48
2005	中华杜英	1	0.8	0.7	1.0	0.33	7.05	9.74
2005	紫玉盘	2	3.5	2.5	3.5	1 559.39	1 729.79	140.10

注：10 个 5m×5m 样方的统计结果。

4.1.4.2　其他观测场

表 4－8　1999 年针阔Ⅱ号灌木层植物种组成

植物种名	总株数	平均盖度（%）	植物种名	总株数	平均盖度（%）	植物种名	总株数	平均盖度（%）
白花灯笼	1	1.9	筐条菝葜	1	20.0	山血丹	2	4.0
变叶榕	9	1.1	黧蒴锥	3	2.2	桃金娘	28	3.6
豺皮樟	33	2.6	龙船花	5	0.9	香楠	2	1.2
粗叶榕	4	0.1	罗浮柿	3	3.1	野漆	3	0.3
鹅掌柴	4	0.5	罗伞树	32	3.2	银柴	3	2.7
岗松	1	0.4	马甲菝葜	1	1.0	玉叶金花	1	0.8
黄果厚壳桂	1	1.4	毛冬青	3	1.3	栀子	1	0.2
黄牛木	6	8.6	木荷	4	0.4	朱砂根	2	0.4
鸡眼藤	1	1.0	三椏苦	5	0.8	锥	5	4.2
九节	34	5.9	山鸡椒	1	1.9	紫玉盘	3	1.1

注：10 个 5m×5m 样方的统计结果。

表 4－9　2004 年其他四个样地灌木层植物种组成

样地名称	植物种名	总株数	平均高度（m）	平均盖度（%）	样地名称	植物种名	总株数	平均高度（m）	平均盖度（%）
针阔Ⅰ号	变叶榕	1	0.8	1.0	针阔Ⅱ号	白花灯笼	2	0.7	0.2
	薄叶红厚壳	1	0.7	1.0		变叶榕	7	0.9	0.2
	草珊瑚	1	0.7	1.0		豺皮樟	14	1.0	0.5
	豺皮樟	3	0.6	1.0		粗叶榕	5	1.3	0.2
	凤凰润楠	1	0.6	1.0		鹅掌柴	4	1.0	0.3
	红叶藤	22	0.9	4.5		红叶藤	1	0.6	0.2
	红枝蒲桃	2	1.6	1.5		黄果厚壳桂	1	0.6	0.3
	黄果厚壳桂	35	1.1	5.3		黄牛木	6	1.3	2.2
	假鹰爪	2	1.0	2.5		假鹰爪	2	1.0	0.2
	九节	6	1.1	1.8		九节	16	0.8	1.3
	黧蒴锥	8	1.1	2.5		黧蒴锥	9	0.7	1.0
	岭南山竹子	2	0.9	1.0		龙船花	5	1.1	0.4
	柳叶杜茎山	4	0.7	3.0		罗浮柿	4	0.7	0.9
	龙船花	11	1.3	3.0		罗伞树	27	1.0	0.7
	罗浮柿	3	0.9	1.3		毛冬青	2	1.0	0.5
	罗伞树	30	1.0	5.8		木荷	1	0.6	0.1
	毛冬青	1	0.8	1.0		三椏苦	4	0.9	0.3
	木荷	1	0.8	1.0		山血丹	5	0.8	0.7
	三椏苦	1	1.2	2.0		桃金娘	6	0.9	0.6
	山血丹	21	0.7	2.7		桃叶石楠	1	0.6	0.1
	山油柑	1	0.6	1.0		香楠	2	1.1	0.3
	土茯苓	3	0.7	1.7		野漆	1	0.7	0.3
	小叶买麻藤	1	1.1	4.0		银柴	3	0.7	0.6
	锥	4	1.1	2.0		鱼骨木	2	0.5	0.3
	紫玉盘	3	1.7	2.5		云南银柴	2	1.8	2.2
						紫玉盘	3	0.6	0.7

（续）

样地名称	植物种名	总株数	平均高度（m）	平均盖度（%）	样地名称	植物种名	总株数	平均高度（m）	平均盖度（%）
马尾松林	白花灯笼	19	1.2	0.6	山地林	黑柃	1	1.3	4.0
	白楸	4	1.2	0.3		红枝蒲桃	4	1.2	3.7
	变叶榕	4	1.5	1.3		厚叶素馨	1	0.8	3.0
	豺皮樟	5	0.9	0.2		假苹婆	2	1.3	1.0
	粗叶榕	5	1.2	0.5		九节	2	0.7	0.4
	岗松	11	1.1	1.9		亮叶猴耳环	20	1.1	4.9
	黄牛木	1	1.5	1.0		了哥王	1	0.6	1.0
	九节	7	0.8	0.4		柃叶连蕊茶	11	1.3	4.4
	龙船花	9	1.2	0.3		柳叶杜茎山	6	1.3	3.0
	毛果算盘子	5	1.0	1.1		龙船花	1	0.9	1.0
	三桠苦	45	1.0	4.8		马银花	1	0.7	0.2
	山鸡椒	1	1.5	1.0		毛果巴豆	7	0.7	0.5
	石斑木	4	0.9	0.3		毛棉杜鹃花	3	0.9	1.0
	酸藤子	1	2.5	1.0		密花树	1	0.8	0.6
	桃金娘	22	1.1	1.6		牛白藤	2	0.6	2.0
	野牡丹	2	1.2	0.1		日本五月茶	7	1.0	2.8
	野漆	2	1.4	0.3		三花冬青	4	0.7	1.2
	栀子	1	1.3	0.3		三桠苦	4	0.9	2.3
	樟	1	1.5	1.0		山杜英	1	0.8	0.8
山地林	白花苦灯笼	3	1.2	2.3		疏花卫矛	10	1.1	1.8
	北江荛花	1	1.1	4.0		鼠刺	7	1.1	1.5
	豺皮樟	3	0.6	0.3		天料木	1	0.7	0.4
	常绿荚迷	1	0.9	0.4		臀果木	1	1.2	3.2
	粗叶木	1	1.2	2.0		弯蒴杜鹃	1	0.7	1.0
	粗叶榕	1	1.4	0.6		微毛山矾	1	1.4	0.5
	粗壮润楠	4	1.2	4.0		细轴荛花	7	1.0	1.5
	大叶合欢	5	1.1	2.4		腺柄山矾	1	0.7	0.4
	滇粤山胡椒	1	0.7	0.6		香花崖豆藤	1	2.0	1.9
	短序润楠	5	1.4	1.6		小叶五月茶	3	1.1	1.8
	凤凰润楠	4	0.8	2.4		心叶毛蕊茶	3	0.7	0.7
	狗骨柴	1	0.6	0.4		鸭公树	13	1.0	3.5
	光叶海桐	2	0.9	0.7		野牡丹	1	0.5	1.0
	光叶山矾	2	1.1	1.0		杖藤	1	0.7	2.0
	广东金叶子	1	0.5	0.4		栀子	10	1.0	2.1
	广东润楠	1	1.2	2.0		秤星树	1	1.3	2.0

注：10个5m×5m样方的统计结果。

表 4-10　2005 年针阔Ⅱ号和马尾松林样地灌木层植物种组成

样地名称	植物种名	总株数	平均高度(m)	平均基径(cm)	平均盖度(%)	样地名称	植物种名	总株数	平均高度(m)	平均基径(cm)	平均盖度(%)
针阔Ⅱ号	变叶榕	8	1.2	0.9	1.8	马尾松林	白花灯笼	50	1.0	0.8	4.4
	豺皮樟	12	0.8	0.5	2.3		白楸	5	1.0	0.9	1.2
	长叶冻绿	1	1.1	1.0	1.0		变叶榕	10	1.4	1.1	1.5
	粗叶榕	1	0.6	0.4	1.0		豺皮樟	4	1.2	1.0	1.0
	鹅掌柴	3	0.8	1.1	1.5		粗叶榕	1	0.8	0.8	1.0
	广东金叶子	1	1.1	1.1	2.0		鹅掌柴	1	1.2	1.4	1.0
	黄果厚壳桂	1	1.0	1.2	3.0		红背山麻杆	3	1.1	0.3	2.0
	假鹰爪	1	0.8	0.5	2.0		黄牛木	3	1.3	2.2	3.0
	九节	14	1.2	1.6	4.3		九节	5	0.9	1.1	3.7
	黧蒴锥	5	0.9	0.7	4.0		龙船花	12	0.7	0.6	1.3
	龙船花	1	0.6	0.4	1.0		毛果算盘子	6	0.8	0.9	2.5
	罗浮柿	1	1.0	0.9	1.0		米碎花	3	1.3	1.4	3.0
	罗伞树	12	1.3	1.0	4.2		三桠苦	39	1.0	0.9	5.2
	毛冬青	6	1.0	0.7	1.8		山鸡椒	4	1.3	1.0	1.5
	木荷	3	1.2	1.6	1.3		山芝麻	1	0.5	0.4	1.0
	三桠苦	8	1.1	1.5	2.6		石斑木	2	1.0	0.4	1.0
	山血丹	4	1.0	0.6	2.0		桃金娘	28	1.1	1.0	4.3
	山油柑	1	0.6	0.5	1.0		野牡丹	4	1.1	1.1	1.5
	石斑木	1	0.8	1.3	1.0		野漆	5	1.1	1.0	1.7
	桃金娘	1	0.7	0.6	1.0		银柴	1	0.6	1.2	1.0
	野漆	1	1.3	1.0	1.0		栀子	1	0.8	0.9	1.0
	朱砂根	1	0.8	0.8	2.0						
	锥	2	1.1	1.2	3.0						

注：10 个 5m×5m 样方的统计结果。

4.1.5　草本层植物种组成

表 4-11　1999 年季风林和针阔Ⅱ号样地草本组成

样地名称	植物种名	总株（丛）数	平均盖度(%)	样地名称	植物种名	总株（丛）数	平均盖度(%)
季风林	薄叶红厚壳	1	1.2	针阔Ⅱ号	豺皮樟	6	1.3
	红枝蒲桃	3	0.4		淡竹叶	13	6.8
	黄果厚壳桂	145	14.0		多羽复叶耳蕨	1	1.0
	黄叶树	1	1.2		海金沙	2	30.0
	金毛狗	4	8.8		黑莎草	4	20.5
	九节	2	0.2		黄果厚壳桂	2	2.0
	宽药青藤	1	2.1		黄牛木	1	2.0
	罗伞树	5	2.1		九节	2	2.0
	马尾杉	1	9.0		黧蒴锥	1	2.0
	毛果算盘子	1	0.4		龙船花	1	16.0
	沙皮蕨	1	48.0		罗伞树	2	1.5
	臀果木	1	5.6		芒	2	2.0
	乌材	1	1.4		芒萁	5	5.8
	香楠	14	0.8		木荷	1	1.0
	锈叶新木姜子	3	3.0		扇叶铁线蕨	6	3.5
	云南银柴	33	5.5		桃金娘	1	4.0
	杖藤	1	21.8		异叶双唇蕨	5	2.0
					紫玉盘	2	3.0

注：10 个 1m×1m 样方的统计结果。

表 4-12 2004—2005 年五个样地草本组成

年份	样地名称	植物种名	总株数	平均高度（cm）	平均盖度（%）
2004	针阔Ⅰ号	豺皮樟	1	40.0	1.0
2004	针阔Ⅰ号	淡竹叶	5	46.0	1.8
2004	针阔Ⅰ号	黑莎草	3	53.3	3.0
2004	针阔Ⅰ号	黄果厚壳桂	3	36.7	3.0
2004	针阔Ⅰ号	假鹰爪	1	20.0	1.0
2004	针阔Ⅰ号	筐条菝葜	1	20.0	1.0
2004	针阔Ⅰ号	罗伞树	4	13.8	1.0
2004	针阔Ⅰ号	芒萁	1	20.0	4.0
2004	针阔Ⅰ号	木荷	1	20.0	1.0
2004	针阔Ⅰ号	山血丹	3	23.3	1.3
2004	针阔Ⅰ号	团叶陵齿蕨	1	20.0	1.0
2004	针阔Ⅱ号	菝葜	1	200.0	7.0
2004	针阔Ⅱ号	淡竹叶	25	34.6	15.0
2004	针阔Ⅱ号	海金沙	2	10.0	0.8
2004	针阔Ⅱ号	黑莎草	9	51.1	5.3
2004	针阔Ⅱ号	假鹰爪	1	10.0	1.0
2004	针阔Ⅱ号	九节	3	20.0	0.5
2004	针阔Ⅱ号	龙船花	2	10.0	1.0
2004	针阔Ⅱ号	罗伞树	9	19.4	5.5
2004	针阔Ⅱ号	芒	2	60.0	3.0
2004	针阔Ⅱ号	芒萁	25	35.0	22.5
2004	针阔Ⅱ号	毛冬青	1	15.0	0.5
2004	针阔Ⅱ号	山菅	9	65.0	15.0
2004	针阔Ⅱ号	山血丹	2	10.0	1.0
2004	针阔Ⅱ号	扇叶铁线蕨	1	25.0	0.5
2004	针阔Ⅱ号	鼠刺	1	15.0	0.5
2004	针阔Ⅱ号	双唇蕨	22	25.5	6.1
2004	针阔Ⅱ号	团叶陵齿蕨	7	29.3	2.0
2004	季风林	白楸	2	10.0	0.1
2004	季风林	白叶瓜馥木	6	90.0	1.0
2004	季风林	柏拉木	4	37.5	0.8
2004	季风林	笔罗子	1	25.0	0.1
2004	季风林	薄叶红厚壳	4	11.3	0.6
2004	季风林	长囊苔草	1	30.0	5.0
2004	季风林	多羽复叶耳蕨	15	43.7	17.8
2004	季风林	光叶红豆	2	40.0	15.0
2004	季风林	广东金叶子	2	20.0	0.1
2004	季风林	厚壳桂	3	25.0	0.2
2004	季风林	厚叶素馨	1	50.0	0.5
2004	季风林	华南毛蕨	2	50.0	2.0
2004	季风林	华润楠	2	20.0	1.0
2004	季风林	华山姜	24	120.0	12.8
2004	季风林	黄果厚壳桂	48	32.9	5.8
2004	季风林	黄叶树	2	35.0	0.2
2004	季风林	金毛狗	16	145.6	11.7
2004	季风林	金粟兰	1	40.0	0.2
2004	季风林	九节	5	30.0	0.3
2004	季风林	岭南山竹子	1	30.0	1.0
2004	季风林	罗伞树	3	30.0	5.0
2004	季风林	蒲桃	2	20.0	0.1
2004	季风林	箬叶竹	4	50.0	2.0
2004	季风林	沙皮蕨	35	59.4	35.5
2004	季风林	双盖蕨	30	38.7	15.7
2004	季风林	臀果木	2	30.0	5.5
2004	季风林	乌蔹梅	1	100.0	1.0
2004	季风林	香楠	15	36.0	1.3
2004	季风林	云南银柴	13	26.9	0.3
2004	季风林	杖藤	6	75.8	5.2
2004	季风林	锈叶新木姜子	3	20.0	15.0
2004	季风林	山蒟	1	20.0	0.1
2004	季风林	日本粗叶木	1	50.0	3.0
2004	马尾松林	菝葜	1	70.0	1.0
2004	马尾松林	白花灯笼	4	30.0	2.0
2004	马尾松林	豺皮樟	2	45.0	4.0
2004	马尾松林	淡竹叶	2	20.0	1.0
2004	马尾松林	多羽复叶耳蕨	3	30.0	2.0
2004	马尾松林	华南紫萁	3	30.0	3.0
2004	马尾松林	龙船花	7	40.0	2.7
2004	马尾松林	蔓九节	1	80.0	2.0
2004	马尾松林	芒	2	150.0	15.0
2004	马尾松林	芒萁	31	63.2	62.5
2004	马尾松林	木荷	1	10.0	3.0
2004	马尾松林	三桠苦	10	32.0	8.7
2004	马尾松林	山菅	2	50.0	26.0
2004	马尾松林	扇叶铁线蕨	2	20.0	1.0
2004	马尾松林	双唇蕨	3	20.0	3.0
2004	马尾松林	双盖蕨	2	40.0	3.0
2004	马尾松林	桃金娘	7	42.1	2.0
2004	马尾松林	乌毛蕨	1	130.0	60.0
2004	山地林	薄叶红厚壳	1	15.0	0.5
2004	山地林	大叶石上莲	1	10.0	10.0
2004	山地林	淡竹叶	2	20.0	15.0
2004	山地林	滇粤山胡椒	1	40.0	0.5
2004	山地林	鼎湖钓樟	1	20.0	10.0
2004	山地林	鼎湖耳草	4	30.0	25.0

（续）

年份	样地名称	植物种名	总株数	平均高度（cm）	平均盖度（%）
2004	山地林	多羽复叶耳蕨	7	34.3	25.0
2004		割鸡芒	1	60.0	2.0
2004		狗脊	1	50.0	3.0
2004		花葶苔草	4	30.0	40.0
2004		华山姜	22	80.0	44.3
2004		金毛狗	5	30.0	20.0
2004		金粟兰	1	2.0	0.3
2004		筋藤	2	30.0	10.0
2004		筐条菝葜	1	25.0	10.0
2004		亮叶猴耳环	1	20.0	20.0
2004		柃叶连蕊茶	1	20.0	2.0
2004		曲轴海金沙	1	25.0	15.0
2004		三花冬青	2	25.0	5.3
2004		山乌桕	1	10.0	0.5
2004		扇叶铁线蕨	1	10.0	10.0
2004		少叶黄杞	1	10.0	0.5
2004		深绿卷柏	1	5.0	0.5
2004		土茯苓	1	20.0	2.0
2004		香花崖豆藤	3	15.0	1.0
2004		小叶买麻藤	3	20.0	6.0
2004		鸭公树	2	20.0	5.5
2004		玉叶金花	3	100.0	25.0
2004		秤星树	1	30.0	10.0
2005	针阔Ⅱ号	白花灯笼	2	20.0	2.0
2005		变叶榕	1	20.0	1.0
2005		豺皮樟	7	20.7	1.6
2005		淡竹叶	23	28.3	4.7
2005		海金沙	2	11.0	5.0
2005		黑莎草	5	60.0	7.5
2005		九节	7	5.0	1.0
2005		筐条菝葜	2	10.0	2.0
2005		龙船花	1	20.0	3.0
2005		罗浮柿	1	30.0	3.0
2005		罗伞树	2	5.0	1.0
2005		芒萁	7	32.9	4.3
2005		木荷	1	30.0	4.0
2005		三桠苦	2	10.0	1.0
2005		山血丹	3	30.0	2.5
2005		桃金娘	1	10.0	1.0
2005		团叶陵齿蕨	2	40.0	5.0
2005		异叶双唇蕨	3	36.7	3.0
2005		锥	1	30.0	2.0
2005	季风林	淡竹叶	2	25.0	2.0
2005		狗脊	1	50.0	4.0
2005		谷木	4	10.0	0.8
2005		红枝蒲桃	1	10.0	1.0
2005		华润楠	1	30.0	1.0
2005		华山姜	2	80.0	27.0
2005		黄果厚壳桂	38	22.0	6.4
2005		金毛狗	1	30.0	4.0
2005		九节	3	10.0	1.5
2005		罗伞树	1	5.0	0.5
2005		沙皮蕨	11	37.3	6.0
2005		扇叶铁线蕨	1	15.0	1.0
2005		臀果木	1	30.0	1.0
2005		锡叶藤	1	15.0	1.0
2005		香楠	6	23.3	2.0
2005		肖蒲桃	1	20.0	1.0
2005		隐穗苔草	2	25.0	4.0
2005		杖藤	4	17.5	1.1
2005		锥	1	5.0	0.5
2005		锈叶新木姜子	1	20.0	1.0
2005	马尾松林	白花灯笼	8	18.8	1.5
2005		白楸	7	22.9	2.7
2005		豺皮樟	2	30.0	1.5
2005		淡竹叶	7	54.3	6.0
2005		弓果黍	5	28.0	2.0
2005		黄牛木	1	5.0	1.0
2005		九节	2	35.0	2.0
2005		龙船花	8	25.0	3.5
2005		芒	1	100.0	4.0
2005		芒萁	77	54.5	24.5
2005		毛果算盘子	3	23.3	1.0
2005		毛轴碎米蕨	3	25.0	4.0
2005		米碎花	1	15.0	1.0
2005		三桠苦	17	18.8	2.7
2005		山菅	2	50.0	2.0
2005		扇叶铁线蕨	11	20.0	15.0
2005		双唇蕨	19	21.6	4.7
2005		桃金娘	6	31.7	2.8
2005		野牡丹	4	5.0	2.0
2005		野漆	1	20.0	1.0
2005		玉叶金花	3	26.7	1.7
2005		鹧鸪草	1	30.0	2.0
2005		栀子	4	30.0	5.0

注：6 个 1m×1m 样方的统计结果。

表 4-13　2004—2005 年季风林草本层生物量

年份	样方号	优势种	总盖度（%）	植物种数	密度（株或丛/m^2）	优势种平均高度（cm）	地上部总干重（g/m^2）	地下部总干重（g/m^2）
2004	5.1	沙皮蕨	95.0	2	49	60	65.79	64.90
2004	5.2	黄果厚壳桂	6.5	4	8	20	18.16	20.22
2004	7.1	罗伞树、香楠	11.0	6	9	30	40.43	29.08
2004	7.2	光叶红豆	22.0	5	9	40	50.03	27.31
2004	13.1	黄果厚壳桂	18.0	3	8	25	33.58	22.34
2004	13.2	黄果厚壳桂、多羽复叶耳蕨	95.0	4	12	45	55.85	20.93
2004	16.1	金毛狗、双盖蕨	24.6	8	41	100	76.41	48.94
2004	16.2	金毛狗、杖藤	47.7	17	68	150	154.89	51.07
2004	24.1	金毛狗、花葶苔草	22.3	13	42	160	103.83	43.62
2004	24.2	双盖蕨	55.0	3	12	40	63.74	40.79
2005	2	黄果厚壳桂	15.0	1	13	15	65.79	64.90
2005	4	黄果厚壳桂	8.0	4	8	20	40.43	29.08
2005	6	沙皮蕨	20.0	7	11	40	18.16	20.22
2005	8	沙皮蕨、黄果厚壳桂	15.0	4	8	50	50.03	27.31
2005	10	香楠	10.0	4	6	30	33.58	22.34
2005	12	黄果厚壳桂	15.0	6	11	20	55.85	20.93
2005	13	黄果厚壳桂	12.0	5	10	20	154.89	51.07
2005	16	黄果厚壳桂、沙皮蕨	10.0	6	10	35	76.41	48.94
2005	20	华山姜	50.0	3	3	80	103.83	43.62
2005	24	隐穗苔草	6.0	2	3	25	63.74	40.79

注：干重用全收割法测定了 10 个 1m×1m 样方数据。

4.1.6　树种更新状况

表 4-14　2004—2007 年五个样地林下层更新情况

年份	样地名称	树苗种名	实生苗株数	萌生苗株数	平均基径（cm）	平均高度（cm）	年份	样地名称	树苗种名	实生苗株数	萌生苗株数	平均基径（cm）	平均高度（cm）
2004	针阔Ⅰ号	豺皮樟	1	0	0.3	40.0	2004	季风林	白楸	2	0	0.1	10.0
2004	针阔Ⅰ号	黄果厚壳桂	3	0	0.3	36.7	2004	季风林	柏拉木	4	0	0.4	37.5
2004	针阔Ⅰ号	假鹰爪	1	0	0.2	20.0	2004	季风林	笔罗子	0	1	0.3	25.0
2004	针阔Ⅰ号	罗伞树	4	0	0.1	13.8	2004	季风林	薄叶红厚壳	4	0	0.1	11.3
2004	针阔Ⅰ号	木荷	1	0	0.2	20.0	2004	季风林	光叶红豆	2	0	0.4	40.0
2004	针阔Ⅰ号	山血丹	3	0	0.2	23.3	2004	季风林	广东金叶子	2	0	0.2	20.0
2004	针阔Ⅱ号	九节	3	0	0.2	20.0	2004	季风林	厚壳桂	3	0	0.2	25.0
2004	针阔Ⅱ号	龙船花	2	0	0.1	10.0	2004	季风林	华润楠	2	0	0.2	20.0
2004	针阔Ⅱ号	罗伞树	9	0	0.2	19.4	2004	季风林	黄果厚壳桂	48	0	0.3	32.1
2004	针阔Ⅱ号	毛冬青	1	0	0.1	15.0	2004	季风林	黄叶树	2	0	0.3	35.0
2004	针阔Ⅱ号	山血丹	2	0	0.1	10.0	2004	季风林	九节	5	0	0.3	30.0
2004	针阔Ⅱ号	鼠刺	1	0	0.2	15.0	2004	季风林	岭南山竹子	1	0	0.3	30.0

（续）

年份	样地名称	树苗种名	实生苗株数	萌生苗株数	平均基径（cm）	平均高度（cm）
2004	季风林	罗伞树	3	0	0.3	30.0
2004	季风林	蒲桃	2	0	0.3	20.0
2004	季风林	日本粗叶木	1	0	0.4	40.0
2004	季风林	臀果木	2	0	0.3	30.0
2004	季风林	香楠	15	0	0.3	32.7
2004	季风林	锈叶新木姜子	1	2	0.2	20.0
2004	季风林	云南银柴	12	1	0.3	26.9
2004	马尾松林	白花灯笼	4	0	0.3	30.0
2004	马尾松林	豺皮樟	1	1	0.3	45.0
2004	马尾松林	龙船花	7	0	0.3	40.0
2004	马尾松林	木荷	1	0	0.1	10.0
2004	马尾松林	三椏苦	10	0	0.3	32.0
2004	马尾松林	桃金娘	7	0	0.4	42.1
2004	山地林	薄叶红厚壳	1	0	0.2	15.0
2004	山地林	秤星树	1	0	0.2	30.0
2004	山地林	滇粤山胡椒	1	0	0.4	40.0
2004	山地林	鼎湖钓樟	1	0	0.2	20.0
2004	山地林	金粟兰	1	0	0.1	10.0
2004	山地林	亮叶猴耳环	1	0	0.2	20.0
2004	山地林	柃叶连蕊茶	1	0	0.1	20.0
2004	山地林	三花冬青	2	0	0.3	25.0
2004	山地林	山乌桕	1	0	0.1	10.0
2004	山地林	少叶黄杞	1	0	0.1	10.0
2004	山地林	鸭公树	2	0	0.2	20.0
2005	针阔Ⅱ号	白花灯笼	3	0	0.3	26.7
2005	针阔Ⅱ号	变叶榕	1	1	0.9	100.0
2005	针阔Ⅱ号	豺皮樟	9	2	0.3	43.2
2005	针阔Ⅱ号	鹅掌柴	1	0	0.6	60.0
2005	针阔Ⅱ号	广东金叶子	1	0	1.1	110.0
2005	针阔Ⅱ号	九节	7	1	0.2	20.6
2005	针阔Ⅱ号	龙船花	2	0	0.3	50.0
2005	针阔Ⅱ号	罗浮柿	1	0	0.3	30.0
2005	针阔Ⅱ号	罗伞树	2	1	0.3	50.0
2005	针阔Ⅱ号	毛冬青	1	0	1.3	120.0
2005	针阔Ⅱ号	木荷	2	0	1.3	95.0
2005	针阔Ⅱ号	三椏苦	3	1	0.5	47.5
2005	针阔Ⅱ号	山血丹	3	0	0.3	30.0
2005	针阔Ⅱ号	桃金娘	1	0	0.1	10.0
2005	针阔Ⅱ号	锥	1	0	0.3	30.0
2005	季风林	白颜树	1	0	1.5	90.0
2005	季风林	柏拉木	2	0	1.0	115.0
2005	季风林	笔罗子	1	0	0.9	120.0
2005	季风林	谷木	5	0	0.2	22.0
2005	季风林	光叶红豆	1	0	1.1	120.0
2005	季风林	红枝蒲桃	1	0	0.1	10.0
2005	季风林	华润楠	1	0	0.2	30.0
2005	季风林	黄果厚壳桂	42	0	0.3	30.8
2005	季风林	脚骨脆	0	1	0.7	60.0
2005	季风林	九节	3	0	0.5	33.3
2005	季风林	亮叶猴耳环	1	0	0.5	60.0
2005	季风林	罗伞树	1	0	0.1	5.0
2005	季风林	山油柑	1	0	0.8	60.0
2005	季风林	臀果木	3	0	0.6	43.3
2005	季风林	香楠	13	0	0.5	66.9
2005	季风林	肖蒲桃	1	0	0.1	20.0
2005	季风林	锈叶新木姜子	2	0	0.2	60.0
2005	季风林	锥	1	0	0.1	5.0
2005	马尾松林	白花灯笼	12	0	0.3	43.8
2005	马尾松林	白楸	10	0	0.3	27.5
2005	马尾松林	豺皮樟	3	0	0.2	33.3
2005	马尾松林	黄牛木	1	0	0.1	5.0
2005	马尾松林	九节	4	0	0.6	55.0
2005	马尾松林	龙船花	8	0	0.3	25.0
2005	马尾松林	毛果算盘子	6	0	0.6	50.0
2005	马尾松林	米碎花	1	0	0.1	15.0
2005	马尾松林	三椏苦	22	2	0.5	39.6
2005	马尾松林	桃金娘	7	3	0.6	59.0
2005	马尾松林	野牡丹	5	0	0.6	28.0
2005	马尾松林	野漆	3	0	0.4	63.3
2005	马尾松林	栀子	4	0	0.3	20.0
2006	针阔Ⅱ号	白花灯笼	2	0	0.4	50.0
2006	针阔Ⅱ号	变叶榕	4	1	0.4	62.0
2006	针阔Ⅱ号	豺皮樟	9	0	0.6	62.2
2006	针阔Ⅱ号	长叶冻绿	1	0	1.1	100.0
2006	针阔Ⅱ号	粗叶榕	1	0	0.8	100.0
2006	针阔Ⅱ号	鼎湖钓樟	1	0	0.1	10.0
2006	针阔Ⅱ号	鹅掌柴	2	0	1.4	105.0
2006	针阔Ⅱ号	广东润楠	2	0	0.5	40.0

（续）

年份	样地名称	树苗种名	实生苗株数	萌生苗株数	平均基径（cm）	平均高度（cm）
2006	针阔Ⅱ号	黄果厚壳桂	3	0	0.5	53.3
2006		九节	7	0	0.6	41.4
2006		黧蒴锥	2	0	0.5	60.0
2006		龙船花	3	0	1.0	100.0
2006		罗浮柿	5	0	0.8	88.0
2006		罗伞树	8	0	0.9	98.8
2006		毛冬青	1	0	1.1	120.0
2006		木荷	4	0	1.2	125.0
2006		三桠苦	1	0	1.8	170.0
2006		山鸡椒	1	0	1.3	200.0
2006		山血丹	3	0	0.4	33.3
2006		香楠	1	0	0.2	10.0
2006		银柴	1	0	1.5	100.0
2006		栀子	1	0	1.6	130.0
2006		锥	5	0	0.8	72.0
2006	针阔Ⅲ号	变叶榕	1	0	0.9	100.0
2006		薄叶红厚壳	11	0	0.4	27.3
2006		豺皮樟	6	0	0.2	23.3
2006		滇粤山胡椒	7	3	0.8	83.0
2006		鼎湖钓樟	7	0	0.3	30.0
2006		短序润楠	6	0	0.4	43.3
2006		二色波罗蜜	2	0	0.7	70.0
2006		狗骨柴	6	0	0.8	78.3
2006		谷木	8	0	0.3	32.5
2006		红枝蒲桃	9	0	0.7	65.6
2006		厚壳桂	3	0	1.1	60.0
2006		华润楠	2	0	0.3	25.0
2006		黄果厚壳桂	49	0	0.4	38.8
2006		脚骨脆	1	0	1.6	80.0
2006		金叶树	1	0	0.4	60.0
2006		岭南山竹子	1	0	0.3	20.0
2006		罗浮柿	1	0	0.1	10.0
2006		美丽新木姜子	1	0	0.2	30.0
2006		日本杜英	1	0	0.7	80.0
2006		榕叶冬青	2	0	0.9	85.0
2006		山鸡椒	3	0	0.3	23.3
2006		山乌桕	1	0	0.1	10.0
2006		山血丹	18	0	0.5	50.6
2006		香楠	3	0	1.1	123.3
2006		锈叶新木姜子	8	0	0.5	47.5
2006		竹节树	3	0	1.7	133.3
2006		锥	7	0	0.1	10.0
2006	季风林	柏拉木	14	0	1.0	105.0
2006		笔罗子	1	0	0.4	50.0
2006		薄叶红厚壳	2	0	0.5	60.0
2006		粗叶木	1	0	0.3	20.0
2006		鼎湖钓樟	1	0	0.2	20.0
2006		鹅掌柴	2	0	1.8	135.0
2006		谷木	10	0	0.3	21.0
2006		光叶红豆	4	0	1.4	127.5
2006		禾串树	1	0	1.5	120.0
2006		褐叶柄果木	1	0	1.5	170.0
2006		红枝蒲桃	7	0	0.5	35.7
2006		厚壳桂	2	0	0.2	10.0
2006		华润楠	1	0	0.4	30.0
2006		黄果厚壳桂	22	0	0.4	30.5
2006		黄叶树	3	0	1.1	103.3
2006		假苹婆	1	0	0.8	70.0
2006		脚骨脆	1	0	0.7	50.0
2006		九节	8	1	0.8	63.3
2006		亮叶猴耳环	1	0	1.0	130.0
2006		柳叶杜茎山	1	0	0.5	120.0
2006		罗伞树	7	0	0.6	45.7
2006		木荷	1	0	0.3	40.0
2006		臀果木	6	0	0.3	36.7
2006		香楠	49	0	0.7	91.8
2006		云南银柴	6	0	0.6	45.0
2006	马尾松林	白花灯笼	18	3	0.5	63.8
2006		白楸	9	1	0.6	52.0
2006		变叶榕	2	1	0.5	80.0
2006		豺皮樟	9	0	0.3	35.6
2006		粗叶榕	4	0	0.5	85.0
2006		黄牛木	2	0	2.3	135.0
2006		九节	4	0	1.3	90.0
2006		龙船花	14	0	0.2	21.4
2006		毛果算盘子	3	0	0.5	40.0
2006		毛菍	2	0	0.3	25.0
2006		三桠苦	25	2	0.4	40.4
2006		山鸡椒	4	0	0.6	90.0
2006		石斑木	9	0	0.2	27.8
2006		桃金娘	5	0	0.6	66.0
2006		野牡丹	3	0	0.1	10.0
2006		野漆	0	1	0.3	60.0
2006		银柴	1	0	1.3	120.0

（续）

年份	样地名称	树苗种名	实生苗株数	萌生苗株数	平均基径（cm）	平均高度（cm）
2007	针阔Ⅱ号	白花灯笼	1	0	0.3	20.0
2007	针阔Ⅱ号	变叶榕	8	0	0.7	48.8
2007	针阔Ⅱ号	豺皮樟	13	0	0.8	51.5
2007	针阔Ⅱ号	粗叶榕	2	0	0.6	25.0
2007	针阔Ⅱ号	华润楠	0	1	0.9	40.0
2007	针阔Ⅱ号	黄果厚壳桂	4	0	0.7	55.0
2007	针阔Ⅱ号	九节	4	0	1.0	87.5
2007	针阔Ⅱ号	龙船花	3	0	0.9	50.0
2007	针阔Ⅱ号	罗浮柿	4	0	0.8	67.5
2007	针阔Ⅱ号	罗伞树	6	0	0.8	55.0
2007	针阔Ⅱ号	毛冬青	1	0	0.5	30.0
2007	针阔Ⅱ号	木荷	1	0	0.8	50.0
2007	针阔Ⅱ号	三桠苦	3	0	0.9	66.7
2007	针阔Ⅱ号	山蒲桃	1	0	1.1	90.0
2007	针阔Ⅱ号	山血丹	8	0	0.2	15.0
2007	针阔Ⅱ号	山油柑	1	0	0.4	30.0
2007	针阔Ⅱ号	桃金娘	2	0	0.6	40.0
2007	针阔Ⅱ号	香楠	1	0	0.3	10.0
2007	针阔Ⅱ号	银柴	2	0	0.8	60.0
2007	针阔Ⅱ号	鱼骨木	1	0	1.3	70.0
2007	针阔Ⅱ号	锥	9	0	0.3	20.0
2007	针阔Ⅲ号	白花苦灯笼	1	0	0.7	40.0
2007	针阔Ⅲ号	变叶榕	1	0	0.4	20.0
2007	针阔Ⅲ号	薄叶红厚壳	7	0	0.3	21.4
2007	针阔Ⅲ号	滇粤山胡椒	6	3	0.6	37.8
2007	针阔Ⅲ号	鼎湖钓樟	2	0	0.8	60.0
2007	针阔Ⅲ号	短序润楠	4	0	0.1	10.0
2007	针阔Ⅲ号	狗骨柴	2	0	0.8	45.0
2007	针阔Ⅲ号	红枝蒲桃	3	0	0.8	43.3
2007	针阔Ⅲ号	厚壳桂	2	0	0.7	40.0
2007	针阔Ⅲ号	黄果厚壳桂	27	0	0.6	41.1
2007	针阔Ⅲ号	脚骨脆	1	0	1.3	90.0
2007	针阔Ⅲ号	九节	2	0	0.8	70.0
2007	针阔Ⅲ号	罗伞树	1	0	1.0	90.0
2007	针阔Ⅲ号	毛冬青	1	0	0.8	40.0
2007	针阔Ⅲ号	木荷	1	0	0.8	60.0
2007	针阔Ⅲ号	山血丹	17	0	0.6	37.6
2007	针阔Ⅲ号	香楠	2	0	0.8	55.0
2007	针阔Ⅲ号	锈叶新木姜子	3	0	0.4	40.0
2007	针阔Ⅲ号	银柴	1	0	1.4	110.0
2007	针阔Ⅲ号	中华杜英	1	0	1.4	90.0
2007	针阔Ⅲ号	竹节树	1	0	1.4	130.0
2007	季风林	白花灯笼	1	0	0.2	10.0
2007	季风林	柏拉木	17	0	0.9	69.4
2007	季风林	变叶榕	1	0	1.6	90.0
2007	季风林	薄叶红厚壳	2	0	0.5	30.0
2007	季风林	粗叶木	2	0	0.8	50.0
2007	季风林	谷木	1	0	1.1	60.0
2007	季风林	光叶红豆	3	0	0.6	46.7
2007	季风林	褐叶柄果木	1	0	1.3	100.0
2007	季风林	红枝蒲桃	5	0	0.2	10.0
2007	季风林	华润楠	5	0	0.3	18.0
2007	季风林	黄果厚壳桂	31	0	0.5	36.5
2007	季风林	黄叶树	2	0	0.7	40.0
2007	季风林	九丁榕	1	0	0.6	40.0
2007	季风林	九节	6	0	0.6	48.3
2007	季风林	亮叶猴耳环	1	0	1.2	50.0
2007	季风林	罗伞树	3	0	0.1	10.0
2007	季风林	毛菍	3	0	0.1	10.0
2007	季风林	木荷	1	0	0.4	20.0
2007	季风林	肉实树	1	0	0.4	20.0
2007	季风林	三桠苦	1	0	0.5	20.0
2007	季风林	山血丹	1	0	0.1	10.0
2007	季风林	臀果木	3	0	1.1	73.3
2007	季风林	香楠	48	0	0.8	59.8
2007	季风林	越南冬青	1	0	0.8	50.0
2007	季风林	云南银柴	3	0	0.6	43.3
2007	季风林	中华杜英	1	0	0.6	40.0
2007	季风林	锥	1	0	0.1	10.0
2007	马尾松林	白花灯笼	23	0	0.6	42.6
2007	马尾松林	白楸	2	0	1.1	60.0
2007	马尾松林	变叶榕	2	0	0.5	25.0
2007	马尾松林	豺皮樟	4	0	0.9	45.0
2007	马尾松林	粗叶榕	2	0	0.4	30.0
2007	马尾松林	地桃花	1	0	0.4	20.0
2007	马尾松林	黄牛木	5	0	0.9	70.0
2007	马尾松林	九节	4	0	1.0	82.5
2007	马尾松林	了哥王	1	0	0.8	70.0
2007	马尾松林	龙船花	4	0	0.3	17.5
2007	马尾松林	马樱丹	1	0	0.6	20.0
2007	马尾松林	毛果算盘子	4	0	0.3	20.0
2007	马尾松林	米碎花	1	0	0.2	10.0
2007	马尾松林	三桠苦	21	0	0.9	61.4
2007	马尾松林	山鸡椒	1	0	1.1	40.0
2007	马尾松林	山乌桕	1	0	0.6	20.0
2007	马尾松林	石斑木	1	0	0.7	20.0
2007	马尾松林	桃金娘	6	0	0.6	46.7
2007	马尾松林	野牡丹	3	0	0.9	53.3
2007	马尾松林	野牡丹	1	0	0.1	10.0
2007	马尾松林	野漆	3	0	0.8	63.3
2007	马尾松林	异色山黄麻	1	0	0.6	20.0
2007	马尾松林	栀子	2	0	0.4	20.0

注：每个样地调查 10 个 1m×1m 样方；2004 年只调查 H＜50cm 的幼苗，实生苗株数和萌生苗株数（株/样方）。2005—2007 年包括幼苗和幼树。

表 4-15 2008 年四个样地林下层幼苗更新情况

样地名称	树苗种名	实生幼苗株数（株/样方）	萌生幼苗株数（株/样方）	平均基径（cm）	平均高度（cm）
针阔Ⅱ号	变叶榕	1	0	0.1	15
针阔Ⅱ号	豺皮樟	2	1	0.1	15
针阔Ⅱ号	粗叶榕	0	1	0.1	40
针阔Ⅱ号	短序润楠	2	0	0.1	10
针阔Ⅱ号	华润楠	1	0	0.1	5
针阔Ⅱ号	黄果厚壳桂	1	0	0.7	30
针阔Ⅱ号	九节	1	0	0.5	35
针阔Ⅱ号	罗伞树	4	0	0.2	25
针阔Ⅱ号	山血丹	3	0	0.2	27
针阔Ⅱ号	桃金娘	1	0	0.3	25
针阔Ⅱ号	锥	2	0	0.1	5
针阔Ⅲ号	白花苦灯笼	1	0	0.1	10
针阔Ⅲ号	变叶榕	1	0	0.2	25
针阔Ⅲ号	薄叶红厚壳	11	0	0.2	23
针阔Ⅲ号	豺皮樟	1	0	0.1	20
针阔Ⅲ号	常绿荚蒾	1	0	0.1	20
针阔Ⅲ号	滇粤山胡椒	2	0	0.2	25
针阔Ⅲ号	短序润楠	2	0	0.2	14
针阔Ⅲ号	鹅掌柴	0	1	0.3	40
针阔Ⅲ号	二色波罗蜜	1	0	0.1	10
针阔Ⅲ号	狗骨柴	1	0	0.3	40
针阔Ⅲ号	谷木	10	0	0.2	13
针阔Ⅲ号	红枝蒲桃	2	0	0.2	20
针阔Ⅲ号	厚壳桂	1	0	0.2	20
针阔Ⅲ号	黄果厚壳桂	26	0	0.3	27
针阔Ⅲ号	九节	1	0	0.1	5
针阔Ⅲ号	了哥王	1	0	0.1	30
针阔Ⅲ号	罗浮柿	1	0	0.1	10
针阔Ⅲ号	毛冬青	1	0	0.2	25
针阔Ⅲ号	美丽新木姜子	3	0	0.2	17
针阔Ⅲ号	绒毛润楠	1	0	0.2	15
针阔Ⅲ号	山血丹	25	0	0.2	17
针阔Ⅲ号	锈叶新木姜子	3	0	0.1	20
针阔Ⅲ号	锥	2	0	0.1	8
季风林	白颜树	2	0	0.2	20
季风林	柏拉木	7	0	0.2	26
季风林	薄叶红厚壳	11	0	0.3	29
季风林	粗叶木	1	0	0.2	30
季风林	鼎湖血桐	1	0	0.4	40
季风林	谷木	1	0	0.2	10
季风林	光叶红豆	2	0	0.2	25
季风林	红枝蒲桃	7	0	0.2	20
季风林	厚壳桂	1	0	0.1	8

（续）

样地名称	树苗种名	实生幼苗株数（株/样方）	萌生幼苗株数（株/样方）	平均基径（cm）	平均高度（cm）
季风林	华润楠	7	0	0.2	14
季风林	黄果厚壳桂	73	0	0.2	28
季风林	黄叶树	3	0	0.3	23
季风林	九节	4	0	0.4	29
季风林	柳叶杜茎山	1	0	0.3	20
季风林	罗伞树	2	0	0.2	15
季风林	肉实树	5	0	0.2	14
季风林	三桠苦	1	0	0.4	40
季风林	疏花卫矛	1	0	0.1	10
季风林	臀果木	6	0	0.1	13
季风林	香楠	42	0	0.2	24
季风林	小盘木	1	0	0.2	20
季风林	肖蒲桃	2	0	0.2	12
季风林	锈叶新木姜子	1	0	0.2	20
季风林	云南银柴	13	0	0.1	6
季风林	窄叶半枫荷	1	0	0.3	12
马尾松林	白花灯笼	16	0	0.2	27
马尾松林	白楸	3	0	0.2	23
马尾松林	变叶榕	2	0	0.2	35
马尾松林	豺皮樟	8	0	0.2	30
马尾松林	粗叶榕	1	0	0.2	15
马尾松林	地桃花	1	0	0.1	8
马尾松林	九节	2	0	0.4	38
马尾松林	龙船花	8	0	0.2	20
马尾松林	三桠苦	34	0	0.2	21
马尾松林	山鸡椒	1	0	0.2	40
马尾松林	石斑木	6	0	0.2	30
马尾松林	桃金娘	1	1	0.2	35
马尾松林	野牡丹	4	0	0.1	14
马尾松林	栀子	1	0	0.2	30

注：样方大小 2m×2m，季风林调查 26 个，其他样地 12 个；调查 H<50cm 的乔木幼苗。

表 4-16　2008 年四个样地乔木层幼树更新情况

样地名称	树苗种名	实生幼树株数（株/样方）	萌生幼树株数（株/样方）	平均基径（cm）	平均高度（cm）
针阔Ⅱ号	变叶榕	16	1	0.9	135.9
针阔Ⅱ号	豺皮樟	13	3	0.7	102.5
针阔Ⅱ号	长叶冻绿	1	0	0.4	75.0
针阔Ⅱ号	粗叶榕	1	0	0.4	70.0
针阔Ⅱ号	短序润楠	1	0	0.4	65.0
针阔Ⅱ号	鹅掌柴	1	0	0.6	80.0
针阔Ⅱ号	广东金叶子	1	0	1.0	90.0
针阔Ⅱ号	黄果厚壳桂	3	0	0.8	86.7

（续）

样地名称	树苗种名	实生幼树株数（株/样方）	萌生幼树株数（株/样方）	平均基径（cm）	平均高度（cm）
针阔Ⅱ号	黄牛木	2	0	1.8	85.0
针阔Ⅱ号	九节	26	0	1.0	104.2
针阔Ⅱ号	黧蒴锥	7	0	0.6	85.7
针阔Ⅱ号	龙船花	5	0	0.7	98.0
针阔Ⅱ号	罗浮柿	16	2	0.8	95.6
针阔Ⅱ号	罗伞树	25	0	0.9	98.8
针阔Ⅱ号	毛冬青	5	0	1.3	132.0
针阔Ⅱ号	毛菍	1	0	1.1	120.0
针阔Ⅱ号	木荷	3	0	1.3	101.7
针阔Ⅱ号	三椏苦	3	0	1.2	91.7
针阔Ⅱ号	山鸡椒	3	0	0.6	106.7
针阔Ⅱ号	山血丹	6	0	0.5	70.0
针阔Ⅱ号	山油柑	1	0	1.4	130.0
针阔Ⅱ号	桃金娘	3	0	1.5	136.7
针阔Ⅱ号	银柴	1	0	3.0	100.0
针阔Ⅱ号	栀子	1	0	1.4	130.0
针阔Ⅱ号	锥	4	2	0.8	101.7
针阔Ⅲ号	白花苦灯笼	1	0	0.8	80.0
针阔Ⅲ号	变叶榕	6	0	0.7	95.0
针阔Ⅲ号	薄叶红厚壳	8	0	0.5	70.0
针阔Ⅲ号	草珊瑚	1	0	0.4	60.0
针阔Ⅲ号	豺皮樟	0	4	0.5	102.5
针阔Ⅲ号	大叶合欢	1	0	1.2	170.0
针阔Ⅲ号	滇粤山胡椒	12	12	0.7	97.1
针阔Ⅲ号	鼎湖钓樟	2	0	1.0	90.0
针阔Ⅲ号	短序润楠	5	2	0.8	98.6
针阔Ⅲ号	鹅掌柴	5	0	0.9	86.0
针阔Ⅲ号	二色波罗蜜	2	0	0.4	57.5
针阔Ⅲ号	橄榄	1	1	1.0	130.0
针阔Ⅲ号	狗骨柴	15	0	0.7	87.3
针阔Ⅲ号	谷木	5	0	0.6	84.0
针阔Ⅲ号	光叶红豆	2	0	1.1	135.0
针阔Ⅲ号	广东金叶子	2	0	0.5	60.0
针阔Ⅲ号	红枝蒲桃	15	0	0.5	79.3
针阔Ⅲ号	厚壳桂	10	1	1.5	103.6
针阔Ⅲ号	华润楠	3	2	0.8	112.0
针阔Ⅲ号	黄果厚壳桂	153	0	0.8	117.9
针阔Ⅲ号	金叶树	0	2	0.5	70.0
针阔Ⅲ号	九节	18	0	1.1	115.6
针阔Ⅲ号	了哥王	2	0	0.4	70.0
针阔Ⅲ号	柳叶杜茎山	7	0	0.4	85.7
针阔Ⅲ号	罗浮柿	6	0	0.7	103.3
针阔Ⅲ号	罗伞树	1	0	1.2	200.0

（续）

样地名称	树苗种名	实生幼树株数（株/样方）	萌生幼树株数（株/样方）	平均基径（cm）	平均高度（cm）
针阔Ⅲ号	毛冬青	1	0	1.2	90.0
针阔Ⅲ号	毛菍	0	1	0.8	120.0
针阔Ⅲ号	美丽新木姜子	16	0	0.5	73.8
针阔Ⅲ号	密花树	3	0	0.4	76.7
针阔Ⅲ号	木荷	2	0	1.1	120.0
针阔Ⅲ号	绒毛润楠	8	3	0.6	85.5
针阔Ⅲ号	肉实树	0	1	1.0	80.0
针阔Ⅲ号	三花冬青	7	0	0.5	88.6
针阔Ⅲ号	三桠苦	1	0	1.5	200.0
针阔Ⅲ号	沙坝冬青	1	0	0.6	70.0
针阔Ⅲ号	山鸡椒	2	0	0.3	60.0
针阔Ⅲ号	山血丹	70	0	0.4	75.3
针阔Ⅲ号	疏花卫矛	2	0	0.7	130.0
针阔Ⅲ号	臀果木	2	0	0.5	70.0
针阔Ⅲ号	乌材	1	0	0.6	50.0
针阔Ⅲ号	显脉杜英	2	0	1.0	135.0
针阔Ⅲ号	香楠	13	0	0.9	129.2
针阔Ⅲ号	锈叶新木姜子	22	0	0.6	88.6
针阔Ⅲ号	鱼骨木	2	0	0.4	90.0
针阔Ⅲ号	栀子	1	0	1.1	140.0
针阔Ⅲ号	竹节树	4	0	0.9	140.0
针阔Ⅲ号	子凌蒲桃	1	0	0.6	90.0
针阔Ⅲ号	木竹子	1	0	0.5	100.0
季风林	白叶算盘子	1	0	0.3	70.0
季风林	白花苦灯笼	2	0	0.5	80.0
季风林	白楸	9	0	0.5	82.2
季风林	白颜树	3	0	1.2	86.7
季风林	柏拉木	208	0	0.9	137.3
季风林	笔罗子	2	1	0.9	113.3
季风林	薄叶红厚壳	18	0	0.4	63.3
季风林	草珊瑚	2	0	0.6	60.0
季风林	粗叶木	31	0	0.6	96.5
季风林	大叶合欢	3	0	0.4	80.0
季风林	鼎湖钓樟	2	0	0.6	95.0
季风林	鼎湖血桐	126	0	0.8	107.6
季风林	鹅掌柴	6	0	0.8	88.3
季风林	橄榄	9	0	0.6	94.4
季风林	狗骨柴	1	0	0.7	70.0
季风林	谷木	12	0	0.7	106.7
季风林	光叶红豆	24	2	0.7	93.8
季风林	光叶山矾	0	1	0.4	140.0
季风林	广东金叶子	1	1	1.1	80.0
季风林	禾串树	4	0	0.8	130.0

（续）

样地名称	树苗种名	实生幼树株数（株/样方）	萌生幼树株数（株/样方）	平均基径（cm）	平均高度（cm）
季风林	褐叶柄果木	27	0	0.9	104.5
季风林	红枝蒲桃	24	0	0.7	100.8
季风林	厚壳桂	2	0	0.4	50.0
季风林	华润楠	8	0	0.3	58.1
季风林	黄果厚壳桂	204	0	0.8	82.7
季风林	黄毛榕	1	0	1.3	100.0
季风林	黄叶树	25	0	0.7	91.2
季风林	假苹婆	3	0	0.9	90.0
季风林	脚骨脆	1	0	0.4	80.0
季风林	金叶树	1	0	1.2	70.0
季风林	九节	55	0	0.8	78.4
季风林	黧蒴锥	0	1	0.8	160.0
季风林	岭南山竹子	12	0	0.8	97.5
季风林	柳叶杜茎山	13	0	0.5	76.2
季风林	卵苞血桐	4	0	0.8	77.5
季风林	罗伞树	22	0	0.6	80.0
季风林	毛果巴豆	1	0	0.3	80.0
季风林	毛菍	1	0	0.4	70.0
季风林	木荷	1	0	0.5	70.0
季风林	日本五月茶	3	0	0.4	113.3
季风林	肉实树	4	0	0.8	75.0
季风林	软荚红豆	2	0	0.3	60.0
季风林	三花冬青	1	0	0.8	180.0
季风林	三桠苦	2	0	0.5	105.0
季风林	山杜英	1	0	0.4	60.0
季风林	山鸡椒	1	0	0.4	60.0
季风林	山油柑	1	0	0.8	120.0
季风林	疏花卫矛	5	0	1.0	156.0
季风林	天料木	1	0	0.5	60.0
季风林	土沉香	3	0	2.5	80.0
季风林	臀果木	6	0	0.9	106.7
季风林	乌材	3	0	0.7	136.7
季风林	显脉杜英	2	0	0.4	85.0
季风林	香楠	442	0	0.7	115.1
季风林	肖蒲桃	3	0	0.5	93.3
季风林	锈叶新木姜子	17	0	0.7	100.0
季风林	鱼骨木	5	0	0.9	160.0
季风林	越南冬青	2	2	0.8	107.5
季风林	云南银柴	8	0	0.8	70.0
季风林	窄叶半枫荷	10	0	0.7	98.0
季风林	猪肚木	1	0	1.2	180.0
马尾松林	白花灯笼	82	0	0.4	68.7
马尾松林	白楸	11	0	0.8	132.7
马尾松林	变叶榕	11	1	0.6	79.2
马尾松林	豺皮樟	9	0	0.5	97.8
马尾松林	秤星树	2	0	1.2	135.0
马尾松林	粗叶榕	17	0	0.5	82.9
马尾松林	鹅掌柴	2	0	0.8	70.0

（续）

样地名称	树苗种名	实生幼树株数（株/样方）	萌生幼树株数（株/样方）	平均基径（cm）	平均高度（cm）
马尾松林	黄牛木	8	2	0.9	110.5
马尾松林	九节	14	0	0.9	67.9
马尾松林	龙船花	32	0	0.6	72.2
马尾松林	毛果算盘子	8	0	0.4	65.6
马尾松林	毛菍	1	0	0.3	60.0
马尾松林	米碎花	2	0	0.8	140.0
马尾松林	三桠苦	77	0	0.5	81.0
马尾松林	山鸡椒	1	0	1.1	150.0
马尾松林	山乌桕	1	0	0.5	80.0
马尾松林	石斑木	9	1	0.5	92.0
马尾松林	桃金娘	17	0	0.7	90.6
马尾松林	野牡丹	5	0	0.3	66.0
马尾松林	野漆	4	0	0.4	77.5
马尾松林	银柴	2	0	1.7	160.0
马尾松林	栀子	5	1	0.4	63.3
马尾松林	樟	1	0	0.3	80.0

注：样方大小 10m×10m，季风林调查 13 个，其他样地调查 6 个；调查 H≥50cm 的乔木幼树。

4.1.7 乔、灌、草各层叶面积指数

表 4-17 2004—2005 年三个林型各层叶面积指数

年份	月份	样地名称	乔木层	灌木层	草木层
2004	10	季风林	7.19	0.26	0.86
2005	1	季风林	4.00	0.82	0.84
2005	4	季风林	4.41	0.48	1.28
2005	8	季风林	3.75	0.51	1.57
2005	11	季风林	4.88	0.93	1.14
2004	10	针阔Ⅱ号	3.15	0.38	0.28
2005	1	针阔Ⅱ号	2.84	0.42	0.48
2005	4	针阔Ⅱ号	2.60	0.59	1.21
2005	8	针阔Ⅱ号	2.49	0.42	0.86
2005	11	针阔Ⅱ号	4.49	0.37	0.79
2004	10	马尾松林	2.87	0.42	1.42
2005	1	马尾松林	1.57	0.95	1.84
2005	4	马尾松林	1.98	0.99	1.29
2005	8	马尾松林	2.66	0.72	1.02
2005	11	马尾松林	2.73	0.58	0.96

注：每个样地每季度测量 10 个点，早上 8 时观测，观测仪器 LAI-2000。

4.1.8 凋落物回收量季节动态

表 4-18 2004—2008 年五个样地凋落物回收量

单位：g/m²

年份	月份	样地名称	枯枝干重	枯叶干重	花果干重	树皮干重	杂物干重
2004	1	季风林	2.2	15.4	9.6	0.0	0.0
2004	2	季风林	0.6	21.2	8.5	0.0	0.0
2004	3	季风林	2.5	40.9	38.5	0.0	0.0
2004	4	季风林	2.2	17.2	69.7	0.0	0.0
2004	5	季风林	4.3	18.3	31.0	0.0	0.0
2004	6	季风林	1.7	21.0	29.1	0.5	0.0
2004	7	季风林	11.4	13.5	28.1	0.0	0.0
2004	8	季风林	10.6	32.3	37.7	0.2	0.0
2004	9	季风林	1.0	20.0	17.1	0.0	0.0
2004	10	季风林	4.5	26.4	20.8	0.0	0.0
2004	11	季风林	2.7	13.2	13.0	0.2	0.0
2004	12	季风林	0.8	5.3	4.3	0.0	0.0
2005	1	季风林	1.2	10.1	1.7	0.0	0.0
2005	2	季风林	0.8	20.4	3.8	0.0	0.0
2005	3	季风林	1.4	20.8	3.5	0.1	0.0
2005	4	季风林	2.8	32.4	21.5	0.0	0.0
2005	5	季风林	19.1	39.0	24.3	0.0	0.0
2005	6	季风林	2.8	42.7	11.8	0.1	0.0
2005	7	季风林	2.7	28.3	11.9	0.0	0.0
2005	8	季风林	10.8	37.1	10.8	1.8	0.0
2005	9	季风林	4.3	41.1	10.1	0.0	0.0
2005	10	季风林	7.9	25.6	8.6	0.1	0.0
2005	11	季风林	2.5	30.6	4.0	0.0	0.0
2005	12	季风林	2.4	9.5	5.6	0.0	0.0
2006	1	季风林	0.9	15.9	4.8	0.0	0.6
2006	2	季风林	0.8	23.1	8.3	0.0	1.0
2006	3	季风林	1.5	23.8	8.7	0.0	1.9
2006	4	季风林	2.5	36.5	20.9	0.1	3.5
2006	5	季风林	6.2	37.0	13.4	0.0	3.4
2006	6	季风林	6.1	39.1	9.7	0.0	5.3
2006	7	季风林	3.9	33.6	4.6	0.0	5.3
2006	8	季风林	86.3	93.0	7.4	1.4	9.2
2006	9	季风林	7.1	46.4	7.9	0.5	3.3
2006	10	季风林	5.1	43.8	5.6	0.0	1.9
2006	11	季风林	4.3	32.0	13.9	0.2	1.1
2006	12	季风林	3.1	8.3	7.5	0.0	0.5
2007	1	季风林	2.3	7.6	3.3	0.0	0.6
2007	2	季风林	2.3	20.0	5.9	0.0	0.5
2007	3	季风林	1.5	23.8	13.5	0.0	0.4
2007	4	季风林	7.9	63.4	21.2	0.0	0.6
2007	5	季风林	1.4	34.3	9.1	0.0	0.5

（续）

年份	月份	样地名称	枯枝干重	枯叶干重	花果干重	树皮干重	杂物干重
2007	6	季风林	1.4	28.8	9.5	0.0	1.1
2007	7	季风林	3.6	34.8	12.1	0.0	0.7
2007	8	季风林	7.6	52.3	12.6	0.8	0.7
2007	9	季风林	2.9	42.3	13.7	0.1	0.6
2007	10	季风林	2.1	19.6	6.2	0.0	0.4
2007	11	季风林	1.1	29.4	6.2	0.0	0.4
2007	12	季风林	1.7	16.1	5.4	0.0	0.3
2008	1	季风林	1.8	11.4	3.1	0.1	0.3
2008	2	季风林	1.9	16.9	3.3	0.0	0.2
2008	3	季风林	1.4	44.8	10.6	0.0	0.3
2008	4	季风林	5.3	71.2	28.6	0.1	0.5
2008	5	季风林	2.9	36.0	9.8	0.0	0.3
2008	6	季风林	3.3	24.9	10.9	0.6	0.9
2008	7	季风林	4.9	34.3	11.9	0.0	1.1
2008	8	季风林	74.6	80.8	17.0	2.9	1.3
2008	9	季风林	7.3	43.8	9.2	0.1	0.4
2008	10	季风林	62.2	65.8	12.3	1.7	0.7
2008	11	季风林	4.3	27.3	4.6	0.1	0.4
2008	12	季风林	3.3	10.6	3.1	0.1	0.2
2004	1	针阔Ⅰ号	1.4	19.9	10.7	1.6	0.0
2004	2	针阔Ⅰ号	0.3	44.7	5.8	0.5	0.0
2004	3	针阔Ⅰ号	10.0	44.3	34.0	1.7	0.0
2004	4	针阔Ⅰ号	1.9	16.7	59.5	0.5	0.0
2004	5	针阔Ⅰ号	2.2	17.5	23.3	1.0	0.0
2004	6	针阔Ⅰ号	10.3	54.4	32.1	2.5	0.0
2004	7	针阔Ⅰ号	9.7	31.2	27.0	8.1	0.0
2004	8	针阔Ⅰ号	9.3	53.9	22.9	2.3	0.0
2004	9	针阔Ⅰ号	3.7	35.8	17.0	0.9	0.0
2004	10	针阔Ⅰ号	3.4	32.4	16.5	0.7	0.0
2004	11	针阔Ⅰ号	1.6	21.3	18.8	0.6	0.0
2004	12	针阔Ⅰ号	1.2	15.3	8.9	0.4	0.0
2005	1	针阔Ⅰ号	1.8	23.9	2.0	0.7	0.0
2005	2	针阔Ⅰ号	0.7	43.7	2.7	0.2	0.0
2005	3	针阔Ⅰ号	0.5	36.1	5.7	0.8	0.0
2005	4	针阔Ⅰ号	2.9	38.0	17.0	1.4	0.0
2005	5	针阔Ⅰ号	9.1	58.0	16.8	2.2	0.0
2005	6	针阔Ⅰ号	10.8	60.1	22.6	2.7	0.0
2005	7	针阔Ⅰ号	7.1	41.8	13.2	0.8	0.0
2005	8	针阔Ⅰ号	11.2	60.0	8.5	2.5	0.0
2005	9	针阔Ⅰ号	7.8	57.9	6.1	1.8	0.0
2005	10	针阔Ⅰ号	23.8	40.2	9.5	2.8	0.0
2005	11	针阔Ⅰ号	2.0	31.8	8.6	0.6	0.0
2005	12	针阔Ⅰ号	5.5	24.8	16.7	1.2	0.0

（续）

年份	月份	样地名称	枯枝干重	枯叶干重	花果干重	树皮干重	杂物干重
2006	1	针阔Ⅰ号	7.0	22.2	13.1	0.9	2.3
2006	2	针阔Ⅰ号	2.2	51.2	5.2	1.2	1.7
2006	3	针阔Ⅰ号	2.4	36.3	3.7	1.0	2.6
2006	4	针阔Ⅰ号	5.6	75.5	14.9	6.3	5.0
2006	5	针阔Ⅰ号	18.7	51.2	11.8	8.1	5.4
2006	6	针阔Ⅰ号	21.0	43.1	3.8	5.1	12.1
2006	7	针阔Ⅰ号	16.7	49.3	3.6	2.2	6.9
2006	8	针阔Ⅰ号	113.8	96.6	3.3	23.0	15.3
2006	9	针阔Ⅰ号	4.7	66.1	2.6	0.6	3.5
2006	10	针阔Ⅰ号	1.1	45.1	4.9	0.3	1.1
2006	11	针阔Ⅰ号	3.8	27.8	13.6	0.6	0.6
2006	12	针阔Ⅰ号	1.3	19.8	16.5	0.5	0.5
2007	1	针阔Ⅰ号	4.9	12.4	4.5	0.4	0.5
2007	2	针阔Ⅰ号	2.0	52.3	3.5	0.4	0.5
2007	3	针阔Ⅰ号	2.1	31.6	4.2	0.0	0.3
2007	4	针阔Ⅰ号	13.8	108.2	20.6	1.9	0.6
2007	5	针阔Ⅰ号	1.9	42.6	12.4	1.2	0.4
2007	6	针阔Ⅰ号	12.5	40.3	10.5	3.8	1.3
2007	7	针阔Ⅰ号	12.8	55.8	8.6	1.0	0.7
2007	8	针阔Ⅰ号	9.8	52.1	6.0	2.6	0.7
2007	9	针阔Ⅰ号	3.4	75.0	7.0	0.8	0.6
2007	10	针阔Ⅰ号	3.7	24.2	9.0	1.3	1.0
2007	11	针阔Ⅰ号	1.8	28.6	11.5	0.7	0.4
2007	12	针阔Ⅰ号	1.8	19.4	4.4	0.3	0.3
2008	1	针阔Ⅰ号	2.5	37.0	3.3	1.1	0.3
2008	2	针阔Ⅰ号	1.6	28.7	1.7	1.0	0.2
2008	3	针阔Ⅰ号	1.9	75.8	9.1	0.9	0.3
2008	4	针阔Ⅰ号	8.9	97.9	20.5	1.3	0.4
2008	5	针阔Ⅰ号	6.8	42.5	21.7	2.1	0.9
2008	6	针阔Ⅰ号	5.3	50.6	16.0	2.3	1.5
2008	7	针阔Ⅰ号	6.7	35.5	12.0	2.2	2.3
2008	8	针阔Ⅰ号	121.8	76.3	16.6	6.3	1.2
2008	9	针阔Ⅰ号	11.4	70.4	12.2	2.0	0.6
2008	10	针阔Ⅰ号	98.3	65.4	21.5	13.1	0.9
2008	11	针阔Ⅰ号	9.0	46.4	18.9	0.7	0.5
2008	12	针阔Ⅰ号	3.1	17.2	11.2	0.7	0.2
2004	1	针阔Ⅱ号	5.7	26.6	23.0	0.3	0.0
2004	2	针阔Ⅱ号	1.4	13.4	3.6	0.3	0.0
2004	3	针阔Ⅱ号	1.0	69.7	8.6	0.6	0.0
2004	4	针阔Ⅱ号	5.5	42.4	30.0	1.3	0.0
2004	5	针阔Ⅱ号	5.4	29.9	14.2	0.6	0.0
2004	6	针阔Ⅱ号	11.2	52.7	19.2	0.7	0.0
2004	7	针阔Ⅱ号	36.9	20.3	11.1	4.8	0.0
2004	8	针阔Ⅱ号	12.3	56.1	17.4	1.3	0.0
2004	9	针阔Ⅱ号	1.2	52.3	9.9	0.2	0.0
2004	10	针阔Ⅱ号	2.5	59.2	7.5	0.0	0.0
2004	11	针阔Ⅱ号	2.5	42.0	6.8	0.1	0.0
2004	12	针阔Ⅱ号	2.8	19.3	5.9	0.1	0.0

（续）

年份	月份	样地名称	枯枝干重	枯叶干重	花果干重	树皮干重	杂物干重
2005	1	针阔Ⅱ号	2.5	15.3	6.0	0.2	0.0
2005	2	针阔Ⅱ号	1.4	20.2	1.8	4.6	0.0
2005	3	针阔Ⅱ号	1.6	41.9	2.9	0.4	0.0
2005	4	针阔Ⅱ号	12.5	44.7	37.8	1.7	0.0
2005	5	针阔Ⅱ号	13.0	40.4	9.6	2.9	0.0
2005	6	针阔Ⅱ号	8.3	51.5	7.3	2.3	0.0
2005	7	针阔Ⅱ号	13.6	16.6	6.0	10.0	0.0
2005	8	针阔Ⅱ号	16.7	29.4	5.6	0.3	0.0
2005	9	针阔Ⅱ号	6.2	75.8	4.8	0.1	0.0
2005	10	针阔Ⅱ号	1.2	23.2	2.7	0.3	0.0
2005	11	针阔Ⅱ号	1.5	35.8	1.6	0.1	0.0
2005	12	针阔Ⅱ号	0.8	12.5	1.1	0.0	0.0
2006	1	针阔Ⅱ号	1.3	11.3	0.7	0.1	0.0
2006	2	针阔Ⅱ号	0.8	19.4	0.3	0.7	0.5
2006	3	针阔Ⅱ号	0.4	37.5	0.4	0.8	1.0
2006	4	针阔Ⅱ号	12.8	63.3	10.5	1.8	3.5
2006	5	针阔Ⅱ号	12.4	38.0	3.0	0.9	2.4
2006	6	针阔Ⅱ号	42.2	36.4	1.8	15.1	3.3
2006	7	针阔Ⅱ号	50.3	43.1	1.0	1.1	4.1
2006	8	针阔Ⅱ号	22.9	45.5	3.5	0.6	2.2
2006	9	针阔Ⅱ号	29.9	90.6	7.9	0.1	1.1
2006	10	针阔Ⅱ号	25.1	70.6	8.0	0.1	1.0
2006	11	针阔Ⅱ号	14.4	29.0	6.2	5.0	0.3
2006	12	针阔Ⅱ号	23.4	17.6	54.9	0.6	1.2
2007	1	针阔Ⅱ号	5.6	9.0	24.7	0.2	0.4
2007	2	针阔Ⅱ号	2.7	19.5	7.3	0.4	0.3
2007	3	针阔Ⅱ号	7.9	47.6	6.5	0.5	0.4
2007	4	针阔Ⅱ号	15.8	156.6	27.2	0.5	0.5
2007	5	针阔Ⅱ号	27.6	49.3	7.6	0.6	0.5
2007	6	针阔Ⅱ号	52.8	22.9	6.7	0.8	1.0
2007	7	针阔Ⅱ号	34.3	26.3	2.7	0.5	0.9
2007	8	针阔Ⅱ号	9.4	43.6	3.5	0.1	0.5
2007	9	针阔Ⅱ号	24.8	36.1	6.4	0.2	0.6
2007	10	针阔Ⅱ号	3.1	35.0	5.9	0.7	0.6
2007	11	针阔Ⅱ号	0.7	29.6	1.9	0.1	0.5
2007	12	针阔Ⅱ号	2.3	26.6	33.3	0.0	0.5
2008	1	针阔Ⅱ号	4.9	22.2	33.2	0.1	0.2
2008	2	针阔Ⅱ号	2.1	11.6	3.9	0.7	0.2
2008	3	针阔Ⅱ号	1.6	75.3	2.7	0.6	0.3
2008	4	针阔Ⅱ号	19.8	147.2	30.6	0.6	0.4
2008	5	针阔Ⅱ号	1.6	22.9	5.1	0.2	0.4
2008	6	针阔Ⅱ号	36.5	34.6	6.2	0.8	0.6
2008	7	针阔Ⅱ号	30.8	29.0	5.0	0.6	0.8
2008	8	针阔Ⅱ号	43.8	70.4	6.9	0.7	0.7
2008	9	针阔Ⅱ号	15.8	25.5	8.1	0.2	0.3
2008	10	针阔Ⅱ号	11.7	37.6	8.7	0.2	0.4
2008	11	针阔Ⅱ号	4.8	39.8	9.4	0.1	0.4
2008	12	针阔Ⅱ号	5.5	13.9	32.9	0.0	0.2

（续）

年份	月份	样地名称	枯枝干重	枯叶干重	花果干重	树皮干重	杂物干重
2006	1	针阔Ⅲ号	3.6	28.2	9.1	0.1	1.5
2006	2	针阔Ⅲ号	2.9	42.1	2.0	0.9	1.3
2006	3	针阔Ⅲ号	1.5	77.4	2.5	0.1	2.4
2006	4	针阔Ⅲ号	24.0	99.7	7.8	0.5	6.9
2006	5	针阔Ⅲ号	37.0	29.4	3.7	2.2	2.8
2006	6	针阔Ⅲ号	57.2	29.7	0.8	1.6	3.1
2006	7	针阔Ⅲ号	16.8	24.0	1.1	1.4	3.4
2006	8	针阔Ⅲ号	243.5	87.8	4.7	11.8	12.1
2006	9	针阔Ⅲ号	4.7	60.3	3.5	0.1	2.3
2006	10	针阔Ⅲ号	1.8	46.1	2.2	0.1	0.9
2006	11	针阔Ⅲ号	1.8	33.7	2.8	0.2	0.5
2006	12	针阔Ⅲ号	1.7	23.7	5.7	0.6	0.5
2007	1	针阔Ⅲ号	1.5	16.3	1.6	0.5	0.4
2007	2	针阔Ⅲ号	14.7	37.5	1.1	0.2	0.4
2007	3	针阔Ⅲ号	0.7	75.6	7.7	0.3	0.5
2007	4	针阔Ⅲ号	9.5	115.2	17.2	0.8	0.5
2007	5	针阔Ⅲ号	3.9	29.8	6.7	0.4	0.4
2007	6	针阔Ⅲ号	13.8	23.4	9.4	2.3	0.5
2007	7	针阔Ⅲ号	11.3	23.8	4.3	0.9	0.7
2007	8	针阔Ⅲ号	8.6	35.5	3.0	0.8	0.7
2007	9	针阔Ⅲ号	3.1	62.1	3.5	0.6	0.5
2007	10	针阔Ⅲ号	13.1	59.9	4.6	0.3	0.7
2007	11	针阔Ⅲ号	1.3	28.6	2.6	1.0	0.4
2007	12	针阔Ⅲ号	2.3	36.8	15.1	0.1	0.3
2008	1	针阔Ⅲ号	2.5	44.8	10.2	0.6	0.3
2008	2	针阔Ⅲ号	1.4	12.4	1.6	0.5	0.2
2008	3	针阔Ⅲ号	3.3	131.9	3.0	0.1	0.3
2008	4	针阔Ⅲ号	12.1	129.1	14.4	0.5	0.4
2008	5	针阔Ⅲ号	5.4	31.4	9.4	1.2	0.4
2008	6	针阔Ⅲ号	54.8	23.3	6.6	2.7	1.4
2008	7	针阔Ⅲ号	8.3	24.4	6.4	2.0	2.2
2008	8	针阔Ⅲ号	62.6	59.8	9.2	6.2	1.0
2008	9	针阔Ⅲ号	19.3	39.5	7.3	1.1	0.5
2008	10	针阔Ⅲ号	290.3	83.8	14.5	11.1	0.9
2008	11	针阔Ⅲ号	3.0	49.3	5.6	0.6	0.5
2008	12	针阔Ⅲ号	1.0	20.8	2.8	0.2	0.2
2004	1	马尾松林	0.9	27.7	12.2	1.4	0.0
2004	2	马尾松林	0.5	7.9	3.5	1.1	0.0
2004	3	马尾松林	0.2	8.5	7.2	2.9	0.0
2004	4	马尾松林	0.3	13.5	17.4	2.8	0.0
2004	5	马尾松林	7.0	11.9	14.6	2.7	0.0
2004	6	马尾松林	4.0	28.3	30.9	6.3	0.0
2004	7	马尾松林	9.1	34.5	17.1	7.9	0.0
2004	8	马尾松林	9.9	43.9	26.2	6.7	0.0
2004	9	马尾松林	1.6	31.6	22.5	1.8	0.0
2004	10	马尾松林	1.8	21.7	30.8	1.0	0.0
2004	11	马尾松林	6.7	54.6	16.8	0.7	0.0
2004	12	马尾松林	0.2	26.6	5.4	0.6	0.0

（续）

年份	月份	样地名称	枯枝干重	枯叶干重	花果干重	树皮干重	杂物干重
2005	1	马尾松林	1.0	18.1	1.3	0.3	0.0
2005	2	马尾松林	0.8	50.6	2.1	3.2	0.0
2005	3	马尾松林	1.5	17.4	5.6	1.7	0.0
2005	4	马尾松林	1.9	21.6	12.0	3.6	0.0
2005	5	马尾松林	4.2	21.0	10.6	4.3	0.0
2005	6	马尾松林	3.1	26.7	8.8	1.7	0.0
2005	7	马尾松林	1.5	27.8	3.6	0.4	0.0
2005	8	马尾松林	1.4	63.0	10.8	3.1	0.0
2005	9	马尾松林	3.2	48.7	5.6	1.6	0.0
2005	10	马尾松林	3.0	51.0	6.1	2.3	0.0
2005	11	马尾松林	1.1	69.6	4.4	0.8	0.0
2005	12	马尾松林	2.8	46.1	2.4	1.0	0.0
2006	1	马尾松林	1.8	31.6	0.9	2.2	0.1
2006	2	马尾松林	0.7	26.0	0.8	1.8	1.1
2006	3	马尾松林	0.4	14.3	5.5	1.4	0.8
2006	4	马尾松林	2.0	38.4	9.7	7.0	2.8
2006	5	马尾松林	6.7	21.3	5.9	4.0	2.9
2006	6	马尾松林	6.8	33.7	6.1	6.9	5.2
2006	7	马尾松林	2.8	40.4	1.7	2.4	3.3
2006	8	马尾松林	25.0	102.6	3.0	13.0	9.4
2006	9	马尾松林	1.7	40.9	4.6	1.4	2.3
2006	10	马尾松林	1.1	63.7	5.1	1.3	0.6
2006	11	马尾松林	1.9	60.1	4.9	2.3	0.8
2006	12	马尾松林	1.5	21.2	1.3	1.0	0.5
2007	1	马尾松林	1.0	21.7	0.4	1.1	0.9
2007	2	马尾松林	0.7	37.7	1.2	1.6	0.4
2007	3	马尾松林	1.8	13.5	4.3	1.0	0.4
2007	4	马尾松林	2.0	31.2	15.4	4.5	0.4
2007	5	马尾松林	0.8	15.8	15.5	1.4	0.4
2007	6	马尾松林	6.2	34.2	12.0	8.1	0.8
2007	7	马尾松林	4.6	67.2	7.3	3.3	0.9
2007	8	马尾松林	3.1	92.6	7.6	5.5	0.5
2007	9	马尾松林	1.3	32.7	3.7	0.6	0.5
2007	10	马尾松林	3.6	49.8	4.6	1.3	0.4
2007	11	马尾松林	1.7	30.5	4.9	1.0	0.4
2007	12	马尾松林	0.5	36.1	2.3	0.6	0.3
2008	1	马尾松林	4.8	59.5	1.8	2.0	0.3
2008	2	马尾松林	0.5	16.5	2.3	1.5	0.3
2008	3	马尾松林	0.5	15.9	5.5	3.1	0.3
2008	4	马尾松林	2.7	36.5	16.3	3.7	0.3
2008	5	马尾松林	2.4	13.0	17.9	2.7	0.3
2008	6	马尾松林	7.8	29.9	10.0	10.7	9.0
2008	7	马尾松林	13.1	46.3	7.8	7.3	0.9
2008	8	马尾松林	20.7	93.0	12.5	11.6	0.8
2008	9	马尾松林	12.8	66.9	7.4	3.4	0.4
2008	10	马尾松林	10.7	83.9	16.4	8.7	0.4
2008	11	马尾松林	2.5	31.5	11.8	1.4	0.3
2008	12	马尾松林	4.1	30.2	5.3	1.6	0.2

注：季风林样地为 15 个 1m×1m 的平均值，其他样地为 10 个 1m×1m 的平均值。

4.1.9 凋落物现存量

表 4－19 2005—2008 年 12 月四个样地凋落物现存量

单位：g/m²

年份	样方面积（m×m）	样地名称	枯枝干重	枯叶干重	花果干重	树皮干重	杂物干重	总干重
2005	1×1	季风林	83.47	183.87				267.35
2006	1×1	季风林	125.80	165.72	9.48	0.97	0.07	302.03
2007	1×1	季风林	79.20	138.01	5.56	0.00	0.00	222.78
2008	1×1	季风林	130.97	174.18	0.53	32.22	0.03	337.94
2005	1×1	针阔Ⅱ号	102.35	242.42				344.77
2006	1×1	针阔Ⅱ号	69.00	197.60	14.14	0.42	0.05	281.21
2007	1×1	针阔Ⅱ号	87.85	235.23	5.20	0.66	0.05	328.99
2008	1×1	针阔Ⅱ号	172.44	305.26	34.10	22.09	0.00	533.89
2006	1×1	针阔Ⅲ号	245.70	221.47	7.30	1.39	0.00	475.87
2007	1×1	针阔Ⅲ号	165.60	326.04	10.47	0.00	0.00	502.11
2008	1×1	针阔Ⅲ号	255.37	330.89	0.60	9.26	0.00	596.13
2005	1×1	马尾松林	92.99	315.06				408.05
2006	1×1	马尾松林	113.63	465.86	2.29	3.16	0.00	584.95
2007	1×1	马尾松林	118.34	637.64	6.45	0.00	0.00	762.43
2008	1×1	马尾松林	122.09	316.22	1.82	37.38	0.00	477.51

注：季风林是 15 个样方的平均值，其他林是 10 个样方的平均值。

4.1.10 乔、灌木植物物候观测

表 4－20 2004—2008 年季风林乔灌木植物物候（月-日）

年份	植物种名	出芽期	展叶期	首花期	盛花期	结果期	落叶期
2004	柏拉木	02－10	03－10	05－10	05－20	06－05	04－15
	红枝蒲桃	07－10	08－20	08－05	08－10	10－05	02－20
	厚壳桂	03－05	03－20	05－10	05－20	06－20	04－10
	九节	02－20	03－10	04－10	04－20	05－05	01－20
	木荷	02－05	03－01	04－20	05－05	06－05	01－20
	香楠	03－20	04－05	02－28	03－05	05－20	01－15
	肖蒲桃	02－10	03－05	04－05	04－20	05－30	04－20
	云南银柴	02－20	04－10	02－18	02－25	04－02	05－20
	锥	02－20	03－10	02－28	03－10	08－10	12－20
2005	柏拉木	03－20	04－30	05－25	06－30	07－05	09－20
	红枝蒲桃	07－20	08－05	09－05	09－30	10－05	10－15
	厚壳桂	03－20	04－05	03－30	04－30	05－25	03－25
	九节	04－05	04－20	05－15	06－10	06－30	05－10
	木荷	02－10	03－01	04－05	05－10	07－20	03－01
	香楠	05－15	05－30	03－15	04－20	06－25	06－05
	肖蒲桃	03－05	03－25	08－30	09－25	10－25	04－05
	云南银柴	05－10	05－25	02－15	03－20	06－05	05－10
	锥	02－25	03－15	03－20	04－20	07－30	09－15

（续）

年份	植物种名	出芽期	展叶期	首花期	盛花期	结果期	落叶期
2006	柏拉木	04－10	04－25	05－20	06－10	06－30	11－20
	红枝蒲桃	09－05	10－10	09－10	09－20	10－30	10－10
	厚壳桂	03－30	05－10	04－20	06－20	06－30	03－20
	九节	04－15	05－05	04－20	06－20	06－30	04－05
	木荷	02－20	03－15	04－15	05－10	06－30	02－20
	香楠	03－25	06－05	04－05	05－10	06－20	05－05
	肖蒲桃	05－25	06－15	07－25	08－15	09－05	04－05
	云南银柴	05－10	05－30	02－05	03－10	06－10	06－10
	锥	02－26	03－10	03－15	04－20	06－25	04－10
2007	柏拉木	02－20	03－25	05－10	06－01	06－30	10－20
	红枝蒲桃	07－25	08－10	09－01	09－20	10－10	10－20
	厚壳桂	03－10	03－30	04－10	05－05	06－01	03－05
	木荷	02－01	03－05	04－05	04－25	06－25	02－25
	香楠	03－15	04－05	03－25	04－10	05－20	05－15
	肖蒲桃	03－15	04－15	07－15	08－10	09－01	04－10
	云南银柴	05－08	05－20	01－25	02－10	05－15	06－10
	锥	02－20	03－10	03－05	03－25	07－25	04－20
2008	柏拉木	03－10	03－30	04－30	05－20	06－20	10－10
	红枝蒲桃	04－20	05－10	09－15	10－10	10－30	09－20
	厚壳桂	03－10	03－30	04－20	04－30	06－10	08－20
	木荷	01－15	02－20	03－15	04－30	06－10	02－15
	香楠	05－10	05－30	03－10	04－20	04－30	05－20
	肖蒲桃	04－20	04－30	08－20	09－30	10－20	06－20
	云南银柴	04－10	04－30	02－01	03－10	05－30	06－20
	锥	02－20	03－10	03－20	04－10	07－30	04－20

注：常绿植物，无完全落叶期，表中落叶期为换叶期。

4.1.11　草本植物物候观测

表 4－21　2004—2008 年季风林草本植物物候观测（月-日）

年份	植物种名	萌动期	开花期	果实成熟期	种子散布期	黄枯期
2004	华山姜	03－10	05－10	07－05	11－20	01－20
	沙皮蕨	04－10	06－05	07－10	11－10	07－10
2005	华山姜	03－25	05－05	06－20	12－05	12－30
	沙皮蕨	06－05	05－15	06－25	11－20	01－10
	双唇蕨	05－05	06－10	07－20	12－10	01－20
2006	华山姜	04－10	04－30	06－10	11－05	11－30
	沙皮蕨	05－05	06－05	06－20	10－20	12－30
	双唇蕨	04－30	06－20	07－20	11－30	12－30
2007	华山姜	03－15	03－30	05－10	11－01	12－05
	沙皮蕨	04－05	05－20	06－10	10－20	01－10
	双唇蕨	04－25	05－20	07－15	11－25	12－20
2008	华山姜	04－10	05－20	06－10	11－10	12－10
	沙皮蕨	04－20	04－30	05－10	10－20	12－20

注：多年生常绿草本，无明显枯黄现象，表中黄枯期为换叶期。

4.1.12 各层优势植物和凋落物的矿质元素含量与能值

表 4-22 2005 年三个林型各层优势植物和凋落物的矿质元素含量与能值

样地	植物种名	部位	全碳 (g/kg)	全氮 (g/kg)	全磷 (g/kg)	全钾 (g/kg)	全硫 (g/kg)	全钙 (g/kg)	全镁 (g/kg)	热值 (MJ/kg)	灰分 (%)
针阔Ⅱ号	淡竹叶	叶	467.424	24.481	1.053	16.807	5.221	1.270	1.519	18.707	5.851
	淡竹叶	根	424.135	21.173	0.677	9.060	4.437	0.504	0.726	17.153	1.653
	凋落物	叶	504.538	14.141	0.379	2.515	3.399	3.020	0.878	20.717	2.403
	凋落物	枝	497.153	10.512	0.292	0.363	2.442	4.802	0.268	20.327	3.394
	黑莎草	叶	454.503	9.794	0.276	5.778	2.215	0.704	0.533	18.564	5.314
	黑莎草	根	465.177	9.095	0.295	3.860	2.276	0.772	0.364	18.665	7.710
	九节	根	488.373	6.960	0.284	2.322	1.823	2.931	1.730	19.189	5.170
	九节	叶	484.882	19.646	0.641	11.918	2.434	8.542	2.603	19.774	8.612
	九节	枝	478.625	7.535	0.263	3.543	1.795	3.286	0.812	19.123	15.332
	罗伞树	根	476.280	8.087	0.309	2.665	2.006	1.613	0.391	19.718	2.367
	罗伞树	叶	467.319	22.394	0.703	12.357	2.128	8.610	3.532	19.612	5.525
	罗伞树	枝	458.622	7.254	0.273	2.695	1.870	5.825	0.327	18.848	1.590
	马尾松	干	503.704	1.322	0.156	0.381	0.875	0.802	0.120	20.109	0.831
	马尾松	根	509.053	4.672	0.233	1.014	1.225	1.323	0.205	21.016	0.635
	马尾松	皮	522.614	2.373	0.167	0.984	1.176	1.077	0.187	20.912	0.668
	马尾松	叶	539.557	15.622	0.660	3.573	2.378	1.887	0.502	21.980	1.243
	马尾松	枝	507.575	4.505	0.371	1.462	1.515	2.342	0.325	20.764	1.325
	木荷	干	486.641	0.921	0.155	0.651	1.851	2.220	0.110	18.661	0.905
	木荷	根	489.124	4.926	0.221	2.098	1.686	3.171	0.890	19.705	2.192
	木荷	皮	478.303	5.743	0.275	3.531	2.577	3.760	0.594	19.453	3.732
	木荷	叶	482.565	18.595	0.568	6.230	2.305	4.086	1.279	20.456	3.002
	木荷	枝	444.674	5.429	0.263	2.428	2.719	6.731	0.487	18.916	2.093
	锥	干	434.920	3.648	0.137	0.661	1.310	2.468	0.168	18.786	2.037
	锥	根	457.182	8.990	0.273	1.887	1.900	5.169	0.300	18.630	2.446
	锥	皮	423.220	10.175	0.313	2.387	1.792	6.827	0.343	20.279	3.311
	锥	叶	394.465	19.817	0.694	6.074	2.445	2.757	1.134	20.228	2.308
	锥	枝	434.379	9.843	0.326	2.114	1.350	8.866	0.743	19.323	3.116
季风林	柏拉木	根	442.325	6.488	0.319	3.043	1.498	0.802	0.602	17.666	7.972
	柏拉木	叶	406.391	19.637	0.889	10.379	3.211	7.460	2.525	17.195	5.831
	柏拉木	枝	445.230	5.357	0.338	3.958	2.390	1.214	0.654	18.512	1.158
	凋落物	叶	481.913	19.047	0.695	1.694	2.405	6.139	0.642	20.814	3.796
	凋落物	枝	471.442	14.381	0.391	0.670	1.581	7.134	0.241	19.699	2.906
	红枝蒲桃	干	448.579	1.917	0.285	0.858	1.185	1.099	0.399	18.994	0.738
	红枝蒲桃	根	451.513	4.235	0.287	1.071	1.419	3.367	0.760	18.945	2.254
	红枝蒲桃	皮	433.011	4.075	0.342	1.951	2.228	14.056	1.371	17.838	6.677
	红枝蒲桃	叶	460.336	13.342	0.659	7.739	3.504	3.565	1.430	19.759	3.920
	红枝蒲桃	枝	447.041	4.614	0.386	2.198	1.960	3.870	0.422	18.986	2.410
	厚壳桂	干	484.029	3.480	0.164	0.895	0.910	0.704	0.107	19.455	0.480
	厚壳桂	根	495.977	13.172	0.320	1.741	1.497	2.734	0.283	20.315	1.796
	厚壳桂	皮	493.417	12.469	0.262	2.392	1.660	5.526	0.286	19.830	1.476
	厚壳桂	叶	532.251	20.386	0.738	5.193	3.084	2.624	0.666	21.529	2.378
	厚壳桂	枝	501.127	10.696	0.339	2.060	1.455	2.646	0.249	20.715	1.220
	华山姜	叶	438.894	14.592	0.972	15.671	2.465	3.929	1.313	18.664	6.121
	华山姜	根	408.722	8.819	1.075	15.532	1.603	2.278	1.925	16.789	11.937
	黄果厚壳桂	根	466.541	9.541	0.376	2.607	1.348	1.709	0.273	19.368	1.743

（续）

样地	植物种名	部位	全碳 (g/kg)	全氮 (g/kg)	全磷 (g/kg)	全钾 (g/kg)	全硫 (g/kg)	全钙 (g/kg)	全镁 (g/kg)	热值 (MJ/kg)	灰分 (%)
季风林	黄果厚壳桂	叶	510.761	22.291	0.865	7.267	3.548	4.160	0.997	21.734	4.136
	黄果厚壳桂	枝	455.056	11.175	0.415	2.941	1.485	3.855	0.268	19.281	1.293
	九节	根	452.573	5.294	0.473	3.755	1.697	3.771	1.165	18.463	5.793
	九节	叶	436.684	19.569	0.810	15.112	1.806	10.182	3.518	17.890	8.366
	九节	枝	452.208	6.918	0.466	7.760	1.691	5.731	0.794	18.345	4.839
	木荷	干	471.462	0.840	0.197	0.571	0.932	2.225	0.116	19.127	0.995
	木荷	根	483.401	4.503	0.313	1.960	1.461	2.518	0.764	19.396	2.173
	木荷	皮	489.496	3.622	0.289	2.002	1.331	4.472	0.464	20.799	3.492
	木荷	叶	470.204	15.450	0.619	4.854	2.225	6.179	1.564	18.904	3.002
	木荷	枝	455.887	5.115	0.357	2.435	1.418	8.503	0.653	18.823	2.006
	沙皮蕨	叶	428.113	20.378	0.754	13.344	4.745	4.817	2.455	17.778	12.524
	沙皮蕨	根	410.130	18.904	0.757	4.156	2.362	2.594	1.015	17.490	16.630
	香楠	干	487.797	2.520	0.200	0.751	1.051	0.662	0.338	19.347	1.533
	香楠	根	479.951	9.727	0.341	2.418	0.910	3.819	0.665	19.250	3.341
	香楠	皮	446.201	18.885	0.421	6.335	1.134	7.726	1.603	18.879	5.130
	香楠	叶	443.062	23.522	0.726	11.322	2.498	6.720	3.373	19.654	7.362
	香楠	枝	467.632	7.510	0.337	2.076	2.728	2.092	0.726	19.457	2.337
	云南银柴	干	457.283	1.694	0.304	1.726	1.032	2.213	0.494	18.650	3.746
	云南银柴	根	446.546	4.900	0.408	1.811	1.711	2.132	0.526	17.772	4.366
	云南银柴	皮	311.887	7.127	0.640	2.905	2.973	8.680	0.381	12.858	4.507
	云南银柴	叶	343.450	17.595	1.029	4.669	3.760	9.151	1.364	14.934	5.705
	云南银柴	枝	426.378	5.231	0.494	2.413	2.481	5.998	0.594	17.624	5.009
	锥	干	484.007	3.138	0.177	1.700	0.496	1.533	0.151	19.225	1.738
	锥	根	447.599	7.909	0.400	1.202	1.179	3.765	0.507	18.732	2.375
	锥	皮	473.722	9.595	0.345	1.883	1.280	4.452	0.332	20.441	3.347
	锥	叶	454.566	19.533	0.629	5.718	2.000	2.137	1.105	19.476	2.343
	锥	枝	466.982	9.178	0.297	1.899	1.072	4.356	0.404	19.980	2.480
马尾松林	白花灯笼	根	397.736	17.070	0.496	2.680	1.825	6.364	0.748	19.110	2.846
	白花灯笼	叶	414.827	42.155	1.556	10.335	3.414	9.151	2.533	20.142	5.610
	白花灯笼	枝	424.703	9.799	0.353	2.471	1.846	4.893	0.679	19.354	1.063
	凋落物	叶	439.255	14.160	0.356	1.925	3.526	5.874	1.037	20.682	3.001
	凋落物	枝	459.278	6.019	0.267	0.566	1.776	3.910	0.185	20.690	2.119
	马尾松	干	497.933	1.268	0.376	0.451	1.879	1.013	0.117	20.193	0.944
	马尾松	根	492.028	4.491	0.485	1.487	3.431	1.416	0.213	20.661	0.721
	马尾松	皮	487.039	2.688	0.451	1.010	2.583	3.218	0.261	20.804	0.679
	马尾松	叶	488.533	14.778	0.873	4.948	2.601	2.136	0.597	21.330	1.329
	马尾松	枝	484.727	3.701	0.552	1.633	2.801	4.464	0.311	19.963	1.319
	芒萁	叶	436.364	12.865	0.392	4.784	2.376	1.127	0.763	19.941	2.325
	芒萁	根	424.007	5.965	0.244	2.794	2.171	0.434	0.411	19.132	2.155
	三桠苦	根	430.488	9.953	0.622	4.660	3.990	1.609	0.785	19.034	2.277
	三桠苦	叶	411.735	29.824	1.210	10.956	2.710	6.542	2.115	19.687	5.935
	三桠苦	枝	446.909	8.829	0.620	5.016	2.832	2.386	0.542	18.748	2.501
	桃金娘	根	421.854	5.764	0.419	1.984	1.586	4.708	0.310	19.195	2.012
	桃金娘	叶	431.257	13.391	0.739	6.734	2.071	5.693	1.333	20.478	3.132
	桃金娘	枝	436.838	4.291	0.374	2.129	2.225	3.319	0.235	19.377	2.436

4.1.13 鸟类种类与数量

表 4－23 2004 年三个样地鸟类种类与数量

样地名称	动物种名	数量
季风林	灰眶雀鹛	54
季风林	灰喉山椒鸟	50
季风林	粟背短脚鹎	29
季风林	苍眉蝗莺	21
季风林	白鹇	14
季风林	暗绿绣眼鸟	10
季风林	大山雀	9
季风林	灰胸竹鸡	6
季风林	绿翅短脚鹎	6
季风林	黄颊山雀	4
季风林	叉尾太阳鸟	3
季风林	大嘴乌鸦	2
季风林	红嘴蓝鹊	2
季风林	白额燕鸥	1
季风林	斑头拟啄木鸟	1
季风林	大拟啄木鸟	1
季风林	黑眉拟啄木鸟	1
季风林	黄嘴粟啄木鸟	1
季风林	灰树鹊	1
季风林	领鸺留鸟	1
季风林	棕颈钩嘴鹛	1
针阔Ⅱ号	灰眶雀鹛	72
针阔Ⅱ号	粟背短脚鹎	49
针阔Ⅱ号	金腰燕	30
针阔Ⅱ号	灰喉山椒鸟	22
针阔Ⅱ号	白腹凤鹛	15
针阔Ⅱ号	黄眉柳莺	13
针阔Ⅱ号	大山雀	11
针阔Ⅱ号	棕颈钩嘴鹛	9
针阔Ⅱ号	暗绿绣眼鸟	7
针阔Ⅱ号	绿翅短脚鹎	6
针阔Ⅱ号	叉尾太阳鸟	5
针阔Ⅱ号	红头长尾山雀	4
针阔Ⅱ号	白额燕鸥	3
针阔Ⅱ号	灰树鹊	3
针阔Ⅱ号	长尾缝叶莺	2
针阔Ⅱ号	大嘴乌鸦	2
针阔Ⅱ号	褐顶雀鹛	2
针阔Ⅱ号	红喉鹨	2
针阔Ⅱ号	黄颊山雀	2
针阔Ⅱ号	八声杜鹃	1
针阔Ⅱ号	白鹇	1
针阔Ⅱ号	凤头鹰	1
针阔Ⅱ号	黑眉拟啄木鸟	1
针阔Ⅱ号	红头穗鹛	1
针阔Ⅱ号	黄腹鹪莺	1
针阔Ⅱ号	黄嘴粟啄木鸟	1
松林	暗绿绣眼鸟	59
马尾松林	灰眶雀鹛	28
马尾松林	金腰燕	20
马尾松林	大山雀	15
马尾松林	黄眉柳莺	12
马尾松林	粟背短脚鹎	10
马尾松林	红头长尾山雀	5
马尾松林	白头鹎	4
马尾松林	长尾缝叶莺	4
马尾松林	红嘴相思鸟	4
马尾松林	画眉	4
马尾松林	叉尾太阳鸟	3
马尾松林	棕颈钩嘴鹛	3
马尾松林	黄颊山雀	2
马尾松林	灰喉山椒鸟	2
马尾松林	灰林即鸟	2
马尾松林	鹊鸲	2
马尾松林	白脊鸟令鸟	1
马尾松林	褐头鹪莺	1
马尾松林	黑眉拟啄木鸟	1
马尾松林	红头穗鹛	1
马尾松林	黄腹鹪莺	1
马尾松林	普通翠鸟	1
马尾松林	蛇雕	1
马尾松林	棕背伯劳	1

4.1.14 大型野生动物种类与数量

表 4－24 2005 年三个林型大型野生动物种类与数量

样地名称	调查面积 (m^2)	动物类别	动物种名	数量（只）	备 注
季风林	5 000	大型兽类	野猪	+++	有大量活动痕迹
季风林	5 000	小型兽类	豹猫	+	偶见活动痕迹
季风林	5 000	小型兽类	白腹巨鼠	1	
季风林	5 000	小型兽类	社鼠	4	
季风林	5 000	小型兽类	针毛鼠	1	
针阔Ⅱ号	5 000	大型兽类	野猪	++	活动痕迹较多
针阔Ⅱ号	5 000	小型兽类	白腹巨鼠	1	
针阔Ⅱ号	5 000	小型兽类	社鼠	3	
马尾松林	5 000	大型兽类	野猪	+	偶见活动痕迹
马尾松林	5 000	小型兽类	白腹巨鼠	1	
马尾松林	5 000	小型兽类	社鼠	1	

（续）

样地名称	调查面积（m^2）	动物类别	动物种名	数量（只）	备　注
季风林	625	昆虫	弹尾目	3	
季风林	625	昆虫	蜚蠊目	9	
季风林	625	昆虫	竹节虫目	1	
季风林	625	昆虫	半翅目	4	
季风林	625	昆虫	同翅目	18	
季风林	625	昆虫	鳞翅目	13	
季风林	625	昆虫	鞘翅目	16	
季风林	625	昆虫	双翅目	33	
季风林	625	昆虫	膜翅目	31	
季风林	625	昆虫	蜘蛛目	74	
季风林	625	昆虫	裂盾目	1	
季风林	625	昆虫	等足目	2	
季风林	625	昆虫	综合目	1	
季风林	625	昆虫	直翅目	6	
针阔Ⅱ号	625	昆虫	弹尾目	1	
针阔Ⅱ号	625	昆虫	蜚蠊目	6	
针阔Ⅱ号	625	昆虫	竹节虫目	3	
针阔Ⅱ号	625	昆虫	半翅目	4	
针阔Ⅱ号	625	昆虫	同翅目	50	
针阔Ⅱ号	625	昆虫	鳞翅目	3	
针阔Ⅱ号	625	昆虫	鞘翅目	4	
针阔Ⅱ号	625	昆虫	双翅目	19	
针阔Ⅱ号	625	昆虫	膜翅目	29	
针阔Ⅱ号	625	昆虫	蜘蛛目	58	
针阔Ⅱ号	625	昆虫	裂盾目	2	
针阔Ⅱ号	625	昆虫	螳螂目	1	
针阔Ⅱ号	625	昆虫	缨翅目	4	
针阔Ⅱ号	625	昆虫	伪蝎目	2	
针阔Ⅱ号	625	昆虫	石蜈蚣目	1	
针阔Ⅱ号	625	昆虫	直翅目	6	

注：采用样线法调查。

4.1.15　土壤微生物生物量碳季节动态

表 4-25　2004—2005 年三个林型土壤微生物生物量碳季节动态

年份	月份	样地名称	含水量（%）	生物量碳（g/kg）	年份	月份	样地名称	含水量（%）	生物量碳（g/kg）
2004	4	针阔Ⅱ号	45.5	0.62	2005	1	针阔Ⅱ号	15.3	0.13
	4	季风林	51.9	0.65		1	季风林	21.9	0.45
	4	马尾松林	19.3	0.23		1	马尾松林	8.1	0.09
	7	针阔Ⅱ号	43.6	0.52		5	针阔Ⅱ号	33.7	1.07
	7	季风林	41.7	0.56		5	季风林	40.1	1.93
	7	马尾松林	21.3	0.24		5	马尾松林	22.8	0.61
	10	针阔Ⅱ号	16.8	0.21		8	针阔Ⅱ号	39.1	1.04
	10	季风林	24.0	0.25		8	季风林	39.6	1.35
	10	马尾松林	9.1	0.15		8	马尾松林	22.5	0.61
						10	针阔Ⅱ号	16.7	2.15
						10	季风林	24.8	2.13
						10	马尾松林	8.0	1.42

4.1.16 层间附（寄）生植物

表 4-26 2004 年三个林型层间附（寄）生植物

样地名称	Ⅱ级样方	植物种名	株数（株或丛/样方）	附（寄）主种名
季风林	1	眼树莲	2	岩石
季风林	2	蔓九节	2	木荷
季风林	4	眼树莲	2	锥
季风林	6	蔓九节	3	岩石
季风林	7	石柑子	1	岭南山竹子
季风林	11	蔓九节	2	岩石
季风林	12	眼树莲	2	锥
季风林	13	石柑子	2	木荷
季风林	14	蔓九节	2	云南银柴
季风林	15	蔓九节	1	木荷
季风林	15	眼树莲	2	岩石
季风林	16	眼树莲	1	木荷
季风林	17	眼树莲	1	锥
季风林	20	石柑子	1	岩石
季风林	20	眼树莲	1	锥
季风林	25	蔓九节	1	岩石
季风林	25	石柑子	2	岩石
马尾松林	4	蔓九节	1	马尾松
针阔Ⅱ号	2	蔓九节	1	木荷

注：样方面积为 10m×10m。

4.1.17 层间藤本植物

表 4-27 2004 年三个林型层间藤本植物

样地名称	Ⅱ级样方号	植物种名	株数（株或丛/样方）	平均基径（cm）	1.3m 处的平均粗度（cm）	平均长度（m）
季风林	1	白叶瓜馥木	2	3.0	0.8	5.0
季风林	1	杖藤	2	1.8	0.5	2.0
季风林	2	杖藤	8	3.0	1.8	3.5
季风林	3	杖藤	4	2.5	1.0	2.5
季风林	3	薯莨	2	0.5	0.3	5.0
季风林	4	杖藤	5	4.5	3.0	7.0
季风林	5	白叶瓜馥木	2	0.4	0.2	1.2
季风林	5	杖藤	6	5.0	3.0	5.0
季风林	6	杖藤	4	5.0	2.5	5.0
季风林	6	薯莨	2	1.8	1.0	3.5
季风林	7	杖藤	5	2.0	0.8	2.0
季风林	7	山蒟	2	0.3	0.2	4.0
季风林	7	乌蔹梅	1	0.1	0.1	2.5
季风林	8	杖藤	4	3.0	1.0	2.0

（续）

样地名称	Ⅱ级样方号	植物种名	株数（株或丛/样方）	平均基径（cm）	1.3m 处的平均粗度（cm）	平均长度（m）
季风林	9	丁公藤	1	0.3	0.1	2.0
季风林	9	杖藤	6	4.5	3.6	8.0
季风林	10	白叶瓜馥木	2	4.0	2.0	6.0
季风林	10	丁公藤	1	4.0	3.0	8.0
季风林	10	土茯苓	1	0.8	0.2	3.0
季风林	10	紫玉盘	1	1.8	0.4	4.5
季风林	10	杖藤	2	5.0	4.0	7.0
季风林	11	白叶瓜馥木	3	2.5	1.0	4.0
季风林	11	宽药青藤	1	0.2	0.1	2.5
季风林	11	杖藤	3	4.0	2.0	3.5
季风林	12	白叶瓜馥木	2	0.4	0.1	1.5
季风林	12	杖藤	6	3.5	1.2	4.0
季风林	12	紫玉盘	1	0.6	0.3	2.5
季风林	12	乌蔹梅	1	1.0	0.1	3.5
季风林	12	厚叶素馨	1	1.0	0.2	3.0
季风林	13	宽药青藤	2	2.5	1.3	5.0
季风林	13	杖藤	6	6.0	2.5	8.0
季风林	14	杖藤	6	6.0	3.5	7.0
季风林	15	杖藤	8	2.0	0.8	2.0
季风林	15	紫玉盘	1	2.0	0.6	6.0
季风林	16	白叶瓜馥木	2	2.5	1.0	2.5
季风林	16	杖藤	5	1.5	0.3	1.3
季风林	17	杖藤	6	5.0	2.5	6.0
季风林	18	宽药青藤	1	2.0	1.2	8.0
季风林	18	杖藤	4	2.0	0.8	2.5
季风林	18	薯莨	1	0.5	0.3	4.5
季风林	19	扁担藤	3	0.8	0.3	3.0
季风林	19	杖藤	8	3.0	1.5	4.0
季风林	20	白叶瓜馥木	1	2.0	0.4	6.0
季风林	20	宽药青藤	2	1.0	0.2	8.0
季风林	20	杖藤	3	3.0	1.5	2.0
季风林	20	山蒟	2	0.2	0.1	8.0
季风林	20	厚叶素馨	2	1.0	0.2	5.0
季风林	21	丁公藤	1	0.3	0.2	4.0
季风林	21	杖藤	7	1.2	0.1	1.2
季风林	21	独行千里	1	0.4	0.2	4.0
季风林	22	白叶瓜馥木	2	0.8	0.2	2.0
季风林	22	宽药青藤	1	2.5	1.8	8.0
季风林	22	杖藤	12	2.0	1.0	2.0
季风林	23	宽药青藤	7	0.4	0.2	4.0
季风林	23	杖藤	6	4.5	3.0	3.0
季风林	24	宽药青藤	1	0.6	0.3	8.0
季风林	24	杖藤	7	5.5	3.5	5.0
季风林	25	白叶瓜馥木	1	0.7	0.2	1.5
季风林	25	杖藤	5	3.5	2.5	3.5
季风林	25	锡叶藤	1	0.5	0.2	4.0
马尾松林	4	酸藤子	1	1.1	0.3	2.0
马尾松林	6	菝葜	1	0.3	0.1	3.5
针阔Ⅱ号	3	红叶藤	1	1.3	0.3	2.0

注：样方面积为 10m×10m。

4.1.18 大型土壤动物种类与数量

表 4-28 2004 年三个林型大型土壤动物种类与数量

样地名称	动物种名	拉 丁 名	数量（只）
季风林	等节跳虫科	*Isotomidae*	274
季风林	球角跳虫科	*Hypogastruridae*	38
季风林	拟亚跳虫科	*Pseudachorutinae*	6
季风林	疣跳虫科	*Neanridae*	178
季风林	长角跳虫科	*Entomobryidae*	143
季风林	驼跳虫科	*Cyphoderidae*	3
季风林	圆跳虫科	*Sminthuridae*	14
季风林	古虫元科	*Eosentomidae*	3
季风林	檗虫元科	*Berberentomidae*	1
季风林	虫蜀虫戋科	*Pauropodidae*	3
季风林	短虫蜀虫戋科	*Brachypauropodidae*	2
季风林	广虫蜀虫戋科	*Eurypauropodidae*	4
季风林	康虫八科	*Campodeidae*	3
季风林	铗虫八科	*Japygidae*	1
季风林	幺蚣科	*Scolopendrellidae*	3
季风林	幺蚰科	*Scutigerellidae*	12
季风林	蜚蠊科	*Blattidae*	1
季风林	蜑科	*Termitidae*	1
季风林	革地蜈蚣科	*HimantarⅡdae*	1
季风林	地蜈蚣科	*Geophilidae*	1
季风林	蜈蚣目	*Scolopendromorpha*	1
季风林	球马陆科	*Glomeridae*	1
季风林	螨类	*mites*	895
季风林	卷甲虫科	*ArmadillidⅡdae*	1
季风林	气肢虫科	*Rtrachelipidae*	1
季风林	长奇盲蛛科	*PhalangⅡdae*	1
季风林	土伪蝎科	*Chthonidae*	4
季风林	木伪蝎科	*NeobisⅡdae*	1
季风林	跳蛛科	*Salticidae*	1
季风林	逍遥蛛科	*Philodromidae*	1
季风林	蟹蛛科	*Thomisidae*	3
季风林	巨蟹蛛科	*Heteropodidae*	2
季风林	平腹蛛科	*Gnaphosidae*	1
季风林	球蛛科	*TheridⅡdae*	1
季风林	幽灵蛛科	*Pholcidae*	1
季风林	弱蛛科	*Leptonetidae*	1
季风林	隐石蛛科	*Titanoecidae*	1
季风林	六纺蛛科	*Hexathelidae*	1
季风林	线蚓科	*Enchytraeidae*	1
季风林	哈氏盾科	*HubbardⅡdae*	1
季风林	步甲科	*Carabidae*	1

（续）

样地名称	动物种名	拉 丁 名	数量（只）
季风林	象甲科	*Curculionidae*	2
季风林	长角象甲科	*Anthribidae*	2
季风林	小蠹科	*Scolytidae*	1
季风林	隐翅甲科	*Staphylinidae*	5
季风林	蚁甲科	*Pselaphidae*	1
季风林	葬甲科	*Silphidae*	2
季风林	苔甲科	*Scydmaenidae*	1
季风林	伪瓢甲科	*Endomychidae*	1
季风林	蚁科	*Formicidae*	124
季风林	蛛蟋科	*Phalangopsidae*	1
季风林	虱虫齿科	*Liposcelididae*	1
季风林	沼虫齿科	*Elipsocidae*	2
季风林	蓟马科	*Thripidae*	1
季风林	纹蓟马科	*Aeolothripidae*	3
季风林	叶颚猛水蚤科	*Phyllognathopodidae*	2
季风林	鞘翅目幼虫	*Coleoptera larvae*	9
季风林	鳞翅目幼虫	*Lepidoptera larvae*	3
季风林	双翅目幼虫	*Diptera larvae*	58
季风林	同翅目幼虫	*Homoptera larvae*	8
季风林	驼蝽科	*Microphysidae*	1
针阔Ⅱ号	等节跳虫科	*Isotomidae*	760
针阔Ⅱ号	球角跳虫科	*Hypogastruridae*	61
针阔Ⅱ号	拟亚跳虫科	*Pseudachorutinae*	13
针阔Ⅱ号	疣跳虫科	*Neanridae*	35
针阔Ⅱ号	长角跳虫科	*Entomobryidae*	82
针阔Ⅱ号	驼跳虫科	*Cyphoderidae*	4
针阔Ⅱ号	圆跳虫科	*Sminthuridae*	8
针阔Ⅱ号	古虫元科	*Eosentomidae*	17
针阔Ⅱ号	檗虫元科	*Berberentomidae*	23
针阔Ⅱ号	虫蜀虫戋科	*Pauropodidae*	12
针阔Ⅱ号	短虫蜀虫戋科	*Brachypauropodidae*	15
针阔Ⅱ号	广虫蜀虫戋科	*Eurypauropodidae*	2
针阔Ⅱ号	康虫八科	*Campodeidae*	5
针阔Ⅱ号	幺蚣科	*Scolopendrellidae*	1
针阔Ⅱ号	幺蚰科	*Scutigerellidae*	13
针阔Ⅱ号	蜚蠊科	*Blattidae*	1
针阔Ⅱ号	白蚁科	*Termitidae*	1
针阔Ⅱ号	鼻白蚁科	*Rhinotermitidae*	1
针阔Ⅱ号	地蜈蚣科	*Geophilidae*	1
针阔Ⅱ号	蜈蚣目	*Scolopendromorpha*	1
针阔Ⅱ号	石蜈蚣目	*Lithobiomorpha*	1
针阔Ⅱ号	山蛩科	*Spirobolidae*	1
针阔Ⅱ号	球马陆科	*Glomeridae*	6
针阔Ⅱ号	毛马陆科	*Polyxenidae*	1

（续）

样地名称	动物种名	拉　丁　名	数量（只）
针阔Ⅱ号	螨类	*mites*	1 215
针阔Ⅱ号	长奇盲蛛科	*Phalangiidae*	12
针阔Ⅱ号	土伪蝎科	*Chthonidae*	3
针阔Ⅱ号	木伪蝎科	*Neobisiidae*	1
针阔Ⅱ号	跳蛛科	*Salticidae*	1
针阔Ⅱ号	逍遥蛛科	*Philodromidae*	6
针阔Ⅱ号	蟹蛛科	*Thomisidae*	4
针阔Ⅱ号	巨蟹蛛科	*Heteropodidae*	4
针阔Ⅱ号	漏斗蛛科	*Agelenidae*	1
针阔Ⅱ号	平腹蛛科	*Gnaphosidae*	1
针阔Ⅱ号	拟态蛛科	*Mimetidae*	1
针阔Ⅱ号	弱蛛科	*Leptonetidae*	1
针阔Ⅱ号	类石蛛科	*Segestriidae*	1
针阔Ⅱ号	逸蛛科	*Zoropsidae*	1
针阔Ⅱ号	六纺蛛科	*Hexathelidae*	1
针阔Ⅱ号	线蚓科	*Enchytraeidae*	2
针阔Ⅱ号	哈氏盾科	*Hubbardiidae*	2
针阔Ⅱ号	象甲科	*Curculionidae*	2
针阔Ⅱ号	长角象甲科	*Anthribidae*	1
针阔Ⅱ号	隐翅甲科	*Staphylinidae*	13
针阔Ⅱ号	蚁甲科	*Pselaphidae*	2
针阔Ⅱ号	葬甲科	*Silphidae*	9
针阔Ⅱ号	苔甲科	*Scydmaenidae*	1
针阔Ⅱ号	毛蕈甲科	*Biphyllidae*	1
针阔Ⅱ号	蚁科	*Formicidae*	235
针阔Ⅱ号	虱虫齿科	*Liposcelididae*	1
针阔Ⅱ号	沼虫齿科	*Elipsocidae*	3
针阔Ⅱ号	球虫齿科	*Sphaeropsocidae*	1
针阔Ⅱ号	管蓟马科	*Phlaeothripidae*	48
针阔Ⅱ号	蓟马科	*Thripidae*	3
针阔Ⅱ号	纹蓟马科	*Aeolothripidae*	4
针阔Ⅱ号	鞘翅目幼虫	*Coleoptera larvae*	15
针阔Ⅱ号	鳞翅目幼虫	*Lepidoptera larvae*	3
针阔Ⅱ号	双翅目幼虫	*Diptera larvae*	26
针阔Ⅱ号	同翅目幼虫	*Homoptera larvae*	60
针阔Ⅱ号	驼蝽科	*Microphysidae*	3
马尾松林	等节跳虫科	*Isotomidae*	204
马尾松林	球角跳虫科	*Hypogastruridae*	41
马尾松林	拟亚跳虫科	*Pseudachorutinae*	2
马尾松林	疣跳虫科	*Neanridae*	34
马尾松林	长角跳虫科	*Entomobryidae*	68
马尾松林	驼跳虫科	*Cyphoderidae*	4
马尾松林	圆跳虫科	*Sminthuridae*	12
马尾松林	古虫元科	*Eosentomidae*	8

（续）

样地名称	动物种名	拉　丁　名	数量（只）
马尾松林	蠼虫元科	*Berberentomidae*	2
马尾松林	虫蜀虫戋科	*Pauropodidae*	7
马尾松林	短虫蜀虫戋科	*Brachypauropodidae*	2
马尾松林	广虫蜀虫戋科	*Eurypauropodidae*	1
马尾松林	康虫八科	*Campodeidae*	22
马尾松林	铗虫八科	*Japygidae*	6
马尾松林	幺蚣科	*Scolopendrellidae*	3
马尾松林	幺蚰科	*Scutigerellidae*	4
马尾松林	蜚蠊科	*Blattidae*	2
马尾松林	姬蠊科	*Blattellidae*	1
马尾松林	硕蠊科	*Blaberidae*	1
马尾松林	革地蜈蚣科	*Himantariidae*	1
马尾松林	地蜈蚣科	*Geophilidae*	1
马尾松林	蜈蚣目	*Scolopendromorpha*	1
马尾松林	石蜈蚣目	*Lithobiomorpha*	1
马尾松林	球马陆科	*Glomeridae*	15
马尾松林	毛马陆科	*Polyxenidae*	11
马尾松林	螨类	*mites*	1 285
马尾松林	鼠妇科	*Porcellionidae*	1
马尾松林	长奇盲蛛科	*Phalangiidae*	8
马尾松林	土伪蝎科	*Chthonidae*	1
马尾松林	跳蛛科	*Salticidae*	1
马尾松林	逍遥蛛科	*Philodromidae*	2
马尾松林	蟹蛛科	*Thomisidae*	7
马尾松林	巨蟹蛛科	*Heteropodidae*	1
马尾松林	园颚蛛科	*Corinnidae*	1
马尾松林	拟态蛛科	*Mimetidae*	1
马尾松林	隐石蛛科	*Titanoecidae*	1
马尾松林	逸蛛科	*Zoropsidae*	1
马尾松林	线蚓科	*Enchytraeidae*	1
马尾松林	象甲科	*Curculionidae*	1
马尾松林	长角象甲科	*Anthribidae*	1
马尾松林	金龟甲科	*Scarabaeidae*	1
马尾松林	隐翅甲科	*Staphylinidae*	3
马尾松林	蚁甲科	*Pselaphidae*	2
马尾松林	葬甲科	*Silphidae*	1
马尾松林	阎甲科	*Histeridae*	1
马尾松林	毛蕈甲科	*Biphyllidae*	1
马尾松林	伪瓢甲科	*Endomychidae*	1
马尾松林	蚁科	*Formicidae*	146
马尾松林	沼虫齿科	*Elipsocidae*	1
马尾松林	管蓟马科	*Phlaeothripidae*	16
马尾松林	纹蓟马科	*Aeolothripidae*	1
马尾松林	鞘翅目幼虫	*Coleoptera larvae*	2
马尾松林	鳞翅目幼虫	*Lepidoptera larvae*	2
马尾松林	双翅目幼虫	*Diptera larvae*	24
马尾松林	同翅目幼虫	*Homoptera larvae*	11
马尾松林	驼蝽科	*Microphysidae*	3
马尾松林	栉蝽科	*Ceratocombidae*	1

注：样线法调查，面积 0.028m^2，数量为 10 个重复的平均值。

4.1.19 生物矿质元素含量分析方法

表 4-29 生物矿质元素含量分析方法表

分析项目	表代码	分析方法名称	分析方法引用文献	分析方法引用标准
全碳	FA15	重铬酸钾—硫酸氧化法	CERN 陆地生态系统生物监测规范（试行本，2005）	无
全氮	FA15	硫酸—高氯酸消煮法	CERN 陆地生态系统生物监测规范（试行本，2005）	GB 7888—87
全磷	FA15	硫酸—高氯酸消煮法	CERN 陆地生态系统生物监测规范（试行本，2005）	GB 7888—87
全钾	FA15	硫酸—高氯酸消煮法	CERN 陆地生态系统生物监测规范（试行本，2005）	GB 7888—87
全硫	FA15	氧瓶燃烧—氯化钡滴定法	余叔文主编：大气污染生物测定方法，中山大学出版社，1993	因比浊法结果不理想，改用此法
全钙	FA15	硫酸—高氯酸消煮法	CERN 陆地生态系统生物监测规范（试行本，2005）	GB 7888—87
全镁	FA15	硫酸—高氯酸消煮法	CERN 陆地生态系统生物监测规范（试行本，2005）	GB 7888—87
干重热值	FA15	氧弹法（美国 PARR 公司 1281 型氧弹热值仪）	CERN 陆地生态系统生物监测规范（试行本，2005）	无
灰分	FA15	燃烧法	CERN 陆地生态系统生物监测规范（试行本，2005）	GB 7885—87
土壤微生物生物量碳	FA18	氯仿熏蒸浸提法（FE）	CERN 陆地生态系统生物监测规范（试行本，2005）	无

注：FA15 森林植物群落各层优势植物和凋落物的元素含量与能值；FA18 森林土壤微生物生物量碳季节动态。

4.2 土壤监测数据

4.2.1 土壤交换量

表 4-30 五个样地土壤交换量

林型	年份	月份	采样深度 (cm)	交换性盐基总量 (mmol/kg)	交换性酸总量 [mmol H^+/kg+mmol/kg (1/3Al^{3+})]	交换性钙离子 [mmol/kg (1/2Ca^{2+})]	交换性镁离子 [mmol/kg (1/2mg^{2+})]	交换性钾离子 [mmol/kg (K^+)]	交换性钠离子 [mmol/kg (Na^+)]	交换性铝离子 [mmol/kg (1/3Al^{3+})]	交换性氢 [mmol/kg (H^+)]	阳离子交换量 [mmol/kg (+)]
季风林	1998	10	0~10	17.28	78.70	9.74	1.22	3.24	3.08			232.1
	1998	10	20~30	15.89	80.70	7.41	0.66	1.69	6.13			163.7
	1998	10	40~50	20.41	83.20	8.71	0.50	1.67	9.53			162.7
	1998	10	70~80	24.40	81.60	10.62	0.48	1.33	11.97			167.4
	1999	7	0~20			3.92	1.47					
	2001	11	0~10	10.74		5.13	2.24	2.21	1.16			164.0
	2001	11	10~37	5.72		2.06	0.99	1.58	1.09			114.9
	2001	11	37~75	4.93		1.62	0.80	1.78	0.72			91.7
	2001	11	75~85	7.10		1.63	0.78	3.62	1.08			80.9
	2005	2	0~20	8.01	108.87	2.99	0.93	2.24	1.85	61.97	46.90	140.5
	2005	5	0~20	7.45	103.12	3.47	0.70	1.42	1.85	26.74	76.38	134.8
	2005	8	0~20	7.62	110.44	2.53	0.74	2.18	2.17	40.87	69.58	140.8
	2005	10	0~20	8.77	105.38	3.97	0.65	2.03	2.11	30.01	75.37	159.4
	2006	10	0~20	9.36		4.82	0.70	1.72	2.12			
	2008	3	0~20	21.60		16.08	1.33	2.80	1.39			
	2008	6	0~20	20.03		11.57	2.57	4.32	1.57			
	2008	9	0~20	22.14		12.93	2.84	4.78	1.59			

（续）

林型	年份	月份	采样深度 (cm)	交换性盐基总量 (mmol/kg)	交换性酸总量 [mmol H^+/kg+mmol/kg ($1/3Al^{3+}$)]	交换性钙离子 [mmol/kg ($1/2Ca^{2+}$)]	交换性镁离子 [mmol/kg ($1/2mg^{2+}$)]	交换性钾离子 [mmol/kg (K^+)]	交换性钠离子 [mmol/kg (Na^+)]	交换性铝离子 [mmol/kg ($1/3Al^{3+}$)]	交换性氢 [mmol/kg (H^+)]	阳离子交换量 [mmol/kg (+)]
针阔Ⅱ号	2001	11	1～5	9.62		4.48	1.76	1.72	1.66			156.3
	2001	11	16～32	3.72		1.47	0.55	0.87	0.83			124.5
	2001	11	5～16	6.73		2.81	0.84	1.07	2.01			186.0
	2001	11	54～70	7.18		2.23	0.50	3.60	0.85			118.6
	2005	2	0～20	6.72	85.77	2.52	0.60	1.70	1.90	47.84	37.93	123.1
	2005	5	0～20	6.81	84.20	2.92	0.62	1.41	1.87	22.79	61.42	118.8
	2005	8	0～20	6.88	81.82	2.01	0.64	1.96	2.27	42.98	38.85	124.3
	2005	10	0～20	7.65	80.40	3.43	0.54	1.48	2.19	18.90	61.49	119.9
	2006	10	0～20	8.37		4.47	0.58	1.28	2.03			
	2008	3	0～20	19.95		14.80	1.19	2.58	1.37			
	2008	6	0～20	18.32		11.11	2.49	3.08	1.64			
	2008	9	0～20	18.96		11.60	2.49	3.22	1.65			
松林	1998	10	0～5	21.73	76.90	11.75	0.87	1.75	7.36			88.9
	1998	10	10～15	16.73	68.70	6.17	0.38	1.37	8.81			65.6
	1998	10	20～30	18.86	62.30	7.16	0.38	1.13	10.19			72.7
	1998	10	50～60	16.23	58.20	6.40	0.49	2.17	7.17			76.5
	1999	7	0～20			5.24	1.08					
	2001	11	2～4	19.03		11.34	2.18	2.01	3.50			144.4
	2001	11	4～45	13.55		3.87	1.39	2.85	5.45			62.4
	2001	11	45～55	10.98		4.16	1.92	1.87	3.03			81.4
	2005	2	0～20	7.78	51.22	4.62	0.46	0.92	1.79	13.11	38.11	76.1
	2005	5	0～20	8.92	50.12	5.40	0.49	1.13	1.90	5.18	44.94	71.5
	2005	8	0～20	9.40	52.82	5.40	0.53	1.30	2.17	15.69	37.14	85.5
	2005	10	0～20	9.17	46.23	5.31	0.46	1.12	2.29	3.22	43.01	78.2
	2006	10	0～20	8.02		4.57	0.43	1.04	1.98			
	2008	3	0～20	19.63		14.69	1.00	2.41	1.53			
	2008	6	0～20	14.84		10.37	1.69	1.75	1.03			
	2008	9	0～20	16.19		11.42	1.74	1.77	1.25			
针阔Ⅰ号	1998	10	0～5	16.95	81.10	9.37	1.38	2.50	3.70			164.5
	1998	10	10～20	11.84	99.99	4.54	0.48	1.64	5.18			79.0
	1998	10	30～40	12.68	65.40	4.42	0.37	1.42	6.47			76.7
	1998	10	70～80	14.67	64.90	5.29	0.41	2.36	6.61			81.7
	1999	7	0～20			4.36	1.22					
针阔Ⅲ	2008	6	0～20	19.92		11.63	2.88	3.23	2.19			

4.2.2 土壤养分

表 4-31　五个样地土壤养分

单位：mg/kg

林型	年份	月份	采样深度 (cm)	土壤有机质 (g/kg)	全氮 (N g/kg)	全磷 (P g/kg)	全钾 (K g/kg)	硝态氮 (NO_3-N)	铵态氮 (NH_4^+-N)	速效氮 (水解氮 N)	有效磷 (P)	速效钾 (K)	缓效钾 (K)	pH (H_2O)
季风林	1998	10	0～10	65.00	2.63	0.55	22.45							3.98
	1998	10	20～30	25.88	1.22	0.46	24.51							4.00
	1998	10	40～50	10.90	0.98	0.38	25.38							4.10
	1998	10	70～80	10.26	1.05	0.44	26.58							4.18
	1999	7	0～20	33.61					15.59		2.45	61.45		4.24
	2000	7	0～20	40.28					13.18		1.29	51.62		3.97
	2001	7	0～20	37.51					9.93		1.31	57.09		3.80

（续）

林型	年份	月份	采样深度 (cm)	土壤有机质 (g/kg)	全氮 (N g/kg)	全磷 (P g/kg)	全钾 (K g/kg)	硝态氮 (NO_3-N)	铵态氮 (NH_4^+-N)	速效氮 (水解氮 N)	有效磷 (P)	速效钾 (K)	缓效钾 (K)	pH (H_2O)
季风林	2001	11	0～10	50.62	1.42	0.30	25.87		7.55		3.80	124.96		3.87
	2001	11	10～37	28.28	0.76	0.22	28.62		17.19		1.70	66.71		4.06
	2001	11	37～75	15.62	0.49	0.20	30.95		16.28		1.58	26.69		4.04
	2001	11	75～85	10.21	0.40	0.20	32.37		15.55		1.57	43.46		4.17
	2002	7	0～20	41.63					10.16		1.13	90.52		3.75
	2003	7	0～20	40.17					5.08		1.29	71.61		3.80
	2004	10	0～20	33.70				7.03	4.97	86.54	1.45	52.80	114.41	3.75
	2005	10	0～20					3.73	4.95	118.21	1.00	49.47	100.23	3.69
	2005	10	0～10	54.14	1.02	0.28	31.44							
	2005	10	10～20	20.49	0.42	0.22	37.79							
	2005	10	20～40	17.60	0.38	0.21	39.01							
	2005	10	40～60	8.94	0.22	0.16	47.07							
	2005	10	60～80	8.88	0.21	0.19	49.92							
	2006	10	0～20	32.96				8.69	5.59	125.08	1.41	42.50	116.65	3.51
	2007	10	0～20	40.09				2.28	5.27	133.46	1.36	60.38		3.85
	2008	9	0～20	41.50	1.64					162.53	2.67	73.89		3.72
针阔Ⅱ号	2001	11	1～5	57.22	1.10	0.27	20.16		12.19		2.68	69.09		3.68
	2001	11	16～32	10.09	0.26	0.29	12.73		12.73		1.09	21.79		3.96
	2001	11	5～16	43.13	0.82	0.31	11.39		13.93		1.47	28.18		3.94
	2001	11	54～70	7.13	0.18	0.27	12.43		16.71		1.09	15.56		4.21
	2004	10	0～20	29.43				6.97	5.80	69.21	1.27	30.81	111.34	3.83
	2005	10	0～10	49.15	0.84	0.34	20.38							
	2005	10	0～20					2.34	6.17	94.48	0.74	29.20	76.62	3.70
	2005	10	10～20	21.59	0.46	0.29	23.59							
	2005	10	20～40	13.92	0.32	0.30	24.77							
	2005	10	40～60	10.35	0.24	0.31	27.98							
	2006	10	0～20	35.13				4.87	6.59	104.09	1.55	34.34	91.58	3.62
	2007	10	0～20	39.12				3.29	6.17	115.88	1.37	42.03		3.87
	2008	9	0～20	36.14	1.11					148.78	1.69	46.87		3.86
松林	1998	10	0～5	25.50	1.04	0.24	16.10							4.06
	1998	10	10～15	8.23	0.33	0.23	20.15							4.28
	1998	10	20～30	4.06	0.48	0.27	22.29							4.18
	1998	10	50～60	4.91	0.36	0.36	25.76							4.66
	1999	7	0～20	13.99					7.33		1.93	39.83		4.34
	2000	7	0～20	21.60					23.54		2.34	25.56		4.07
	2001	7	0～20	15.90					13.56		2.25	21.38		4.01
	2001	11	2～4	62.34	1.20	0.22	11.31		9.00		4.30	49.71		3.65
	2001	11	4～45	9.22	0.21	0.16	15.33		15.43		1.20	28.06		4.18
	2001	11	45～55	7.20	0.23	0.21	24.05		12.59		1.08	26.95		4.31
	2002	7	0～20	19.80					9.64		0.50	48.14		4.02
	2003	7	0～20	19.33					6.11		1.52	39.25		4.02
	2004	10	0～20	13.19				6.13	5.96	43.62	1.22	22.77	81.47	4.30
	2005	10	0～20					0.48	5.03	56.83	0.77	22.78	53.80	3.91

（续）

林型	年份	月份	采样深度 (cm)	土壤有机质 (g/kg)	全氮 (N g/kg)	全磷 (P g/kg)	全钾 (K g/kg)	硝态氮 (NO_3^-—N)	铵态氮 (NH_4^+—N)	速效氮 (水解氮 N)	有效磷 (P)	速效钾 (K)	缓效钾 (K)	pH (H_2O)
松林	2005	10	0～10	25.63	0.44	0.19	13.77							
	2005	10	10～20	10.83	0.23	0.17	14.89							
	2005	10	20～40	8.93	0.20	0.21	19.19							
	2005	10	40～60	7.81	0.18	0.24	25.96							
	2005	10	60～80	7.21	0.17	0.28	29.22							
	2006	10	0～20	15.45				0.85	5.51	49.53	1.59	23.37	65.20	3.79
	2007	10	0～20	24.51				0.49	5.79	87.86	1.51	31.80		4.08
	2008	9	0～20	22.76	0.58					87.06	1.95	27.83		3.80
针阔Ⅰ号	1998	10	0～5	49.56	1.81	0.56	17.23							3.83
	1998	10	10～20	9.70	0.71	0.62	26.73							4.06
	1998	10	30～40	15.47	0.69	0.42	20.85							4.09
	1998	10	70～80	7.51	0.63	0.42	23.82							4.21
	1999	7	0～20	19.26					6.17		2.46	35.85		4.07
	2000	7	0～20	24.82					17.58		1.32	38.57		3.58
	2001	7	0～20	19.94					9.99		1.39	29.80		3.97
	2002	7	0～20	22.98					4.59		0.75	55.64		3.82
	2003	7	0～20	21.75					4.90		1.41	37.44		3.92
针阔Ⅲ	2008	6	0～20	43.89	1.43					188.98	1.72	48.88		3.87

4.2.3　土壤矿质全量

表 4－32　四个样地土壤矿质全量

林型	年份	采样深度 (cm)	SiO_2 (%)	Fe_2O_3 (%)	MnO (%)	TiO_2 (%)	Al_2O_3 (%)	CaO (%)	MgO (%)	K_2O (%)	Na_2O (%)	P_2O_5 (%)	S (g/kg)
季风林	1998	0～10	40.940	11.611	0.022	0.628		0.295	1.132			0.180	
	1998	20～30	39.805	11.411	0.019	0.756		0.000	0.436			0.090	
	1998	40～50	38.233	11.911	0.018	0.719		0.299	1.147			0.080	
	1998	70～80	30.220	10.384	0.016	0.608		0.244	1.004			0.064	
	2005	0～10	42.966	4.964	0.004	0.903	15.281	0.049	0.552	3.350	0.100	0.065	0.419
	2005	10～20	42.464	5.171	0.004	0.952	15.895	0.022	0.595	3.737	0.098	0.051	0.228
	2005	20～40	44.085	5.355	0.005	0.956	16.647	0.030	0.612	4.110	0.106	0.048	0.217
	2005	40～60	37.427	5.606	0.004	0.920	17.588	0.035	0.647	4.466	0.104	0.038	0.184
	2005	60～80	37.603	5.971	0.004	0.861	16.763	0.048	0.665	4.496	0.102	0.044	0.183
针阔Ⅱ号	2005	0～10	37.808	3.383	0.008	0.845	14.264	0.150	0.485	2.754	0.398	0.077	0.322
	2005	10～20	42.318	3.732	0.004	0.842	15.414	0.059	0.469	2.835	0.171	0.067	0.203
	2005	20～40	40.959	4.074	0.007	0.839	16.627	0.064	0.483	3.364	0.214	0.069	0.201
	2005	40～60	43.269	4.521	0.008	0.838	17.735	0.069	0.527	3.186	0.213	0.071	0.188
松林	1998	0～5	44.963	9.103	0.021	0.416		0.223	1.191			0.147	
	1998	10～15	44.082	10.071	0.019	0.495		0.174	1.220			0.076	
	1998	20～30	44.446	9.180	0.018	0.289		0.189	1.220			0.070	
	1998	50～60	43.809	8.870	0.018	0.247		0.189	1.146			0.077	
	2005	0～10	44.511	3.835	0.004	0.854	11.093	0.321	0.413	2.125	0.458	0.044	0.169

（续）

林型	年份	采样深度（cm）	SiO_2（%）	Fe_2O_3（%）	MnO（%）	TiO_2（%）	Al_2O_3（%）	CaO（%）	MgO（%）	K_2O（%）	Na_2O（%）	P_2O_5（%）	S（g/kg）
松林	2005	10～20	36.949	4.377	0.004	0.844	12.754	0.117	0.445	2.357	0.340	0.040	0.167
	2005	20～40	38.825	4.683	0.007	0.901	14.038	0.111	0.563	2.838	0.390	0.047	0.148
	2005	40～60	41.565	4.468	0.010	0.924	16.758	0.113	0.596	3.363	0.428	0.054	0.143
	2005	60～80	42.040	5.607	0.013	0.964	17.848	0.112	0.669	3.783	0.422	0.064	0.115
针阔Ⅰ号	1998	0～5	46.230	8.503	0.024	0.645		0.205	1.152			0.193	
	1998	10～20	43.717	9.703	0.028	0.725		0.226	1.161			0.114	
	1998	30～40	44.036	10.311	0.030	0.682		0.206	1.195			0.110	
	1998	70～80	42.937	10.313	0.028	0.604		0.246	1.181			0.123	

4.2.4 土壤微量元素和重金属元素

表 4-33 四个样地土壤微量元素和重金属元素

单位：mg/kg

林型	年份	采样深度（cm）	全硼（B）	全钼（Mo）	全锰（Mn）	全锌（Zn）	全铜（Cu）	全铁（Fe）	钴（Co）	镉（Cd）	铅（Pb）	铬（Cr）	镍（Ni）	汞（Hg）	砷（As）
季风林	1998	0～10				89.77	1.81	33 466.14	12.50		14.43	98.98	15.58		
	1998	20～30				69.41	1.53	39 803.26	14.88		7.63	117.49	17.74		
	1998	40～50				86.06	2.52	43 635.65	17.24		5.48	124.71	20.13		
	1998	70～80				86.67	3.56	43 824.95	17.19		5.81	126.80	21.05		
	2005	0～10	155.83	1.28	31.36	44.04	9.53	29 669.27		0.58	16.97	79.11	7.43	0.40	28.44
	2005	10～20	153.59	1.43	33.15	46.93	9.28	32 920.57		0.58	9.80	88.57	7.83	0.48	32.12
	2005	20～40	148.94	1.43	37.57	48.53	7.78	33 577.23		0.62	7.26	90.01	7.97	0.34	25.79
	2005	40～60	144.10	1.55	31.40	78.76	8.09	35 989.53		0.59	4.76	93.58	9.39	0.30	27.11
	2005	60～80	141.04	1.53	32.55	74.50	8.39	37 800.45		0.64	4.25	92.00	9.55	0.24	28.02
针阔Ⅱ号	2005	0～10	136.75	1.29	35.86	29.23	9.64	25 377.48		0.70	20.12	57.33	5.59	0.23	32.23
	2005	10～20	125.20	1.41	37.00	29.71	8.59	27 051.05		0.77	13.29	61.95	5.34	0.19	29.49
	2005	20～40	118.59	1.53	55.93	46.95	9.19	28 052.36		0.80	11.60	61.78	6.50	0.20	28.10
	2005	40～60	111.88	1.65	86.84	74.04	10.21	31 936.96		0.82	10.07	67.14	7.10	0.61	31.86
松林	1998	0～5				63.79	0.79	18 633.88	6.78		20.80	57.56	10.29		
	1998	10～15				55.74	0.87	22 701.03	8.84		29.23	79.40	12.14		
	1998	20～30				39.42	0.48	24 164.15	13.95		35.55	88.34	14.60		
	1998	50～60				65.43	1.07	29 072.37	13.74		42.96	102.97	17.21		
	2005	0～10	183.36	0.99	35.86	217.91	13.39	26 048.08		0.16	27.68	64.59	8.43	0.04	6.36
	2005	10～20	188.76	1.11	37.52	180.08	9.29	27 822.82		0.15	25.98	70.72	8.59	0.09	6.95
	2005	20～40	191.39	1.23	56.71	211.25	10.05	30 570.44		0.23	24.58	77.07	10.06	0.08	7.75
	2005	40～60	197.49	1.41	87.05	279.83	11.87	32 867.30		0.20	21.40	85.56	11.55	0.07	8.00
	2005	60～80	203.47	1.51	108.99	287.35	13.09	33 417.48		0.22	21.27	88.95	12.95	0.11	8.57
针阔Ⅰ号	1998	0～5				53.74	0.97	22 484.04	8.43		12.27	63.63	8.77		
	1998	10～20				76.74	2.61	35 989.33	12.46		14.59	103.22	16.52		
	1998	30～40				47.24	0.86	24 651.03	9.01		11.34	76.58	12.54		
	1998	70～80				61.96	1.46	30 390.07	13.33		9.96	92.21	15.49		

注：硒（Se）未检出。

4.2.5　速效养分季节动态

表 4-34　三个林型速效养分季节动态

单位：mg/kg

林型	年份	月份	有机质 (g/kg)	全氮 (N g/kg)	硝态氮 (NO_3-N)	铵态氮 (NH_4-N)	速效氮 (碱解氮 N)	有效磷 (P)	速效钾 (K)	缓效钾 (K)	水提 pH
季风林	2005	2			14.70	19.05	143.37	3.86	66.47	103.10	3.61
	2005	5			5.90	11.11	140.57	2.99	51.43	106.31	3.75
	2005	8			5.58	7.77	141.91	1.56	61.62	89.34	3.67
	2005	10			3.73	4.95	118.21	1.00	49.47	100.23	3.69
	2008	3	37.85	1.45			148.29	1.15	52.06		3.67
	2008	6	35.11	1.39			151.02	2.18	67.33		3.66
	2008	9	41.50	1.64			162.53	2.67	73.89		3.72
针阔Ⅱ号	2005	2			8.49	18.71	121.37	2.93	63.96	99.31	3.66
	2005	5			5.37	11.99	114.87	2.08	37.03	68.36	3.74
	2005	8			4.09	7.87	102.36	1.21	46.59	97.89	3.71
	2005	10			2.34	6.17	94.48	0.74	29.20	76.62	3.70
	2008	3	30.85	1.23			120.34	1.02	31.44		3.73
	2008	6	33.26	1.16			146.91	1.60	47.36		3.71
	2008	9	36.14	1.11			148.78	1.69	46.87		3.86
松林	2005	2			4.13	13.59	57.88	1.76	31.18	61.51	4.13
	2005	5			1.47	12.69	63.19	1.69	27.93	61.43	3.95
	2005	8			2.88	6.41	57.83	1.44	29.83	38.76	4.06
	2005	10			0.48	5.03	56.83	0.77	22.78	53.80	3.91
	2008	3	20.14	0.84			77.43	1.29	23.29		3.90
	2008	6	21.53	0.88			82.84	2.00	27.09		3.75
	2008	9	22.76	0.58			87.06	1.95	27.83		3.80

注：采样深度：0～20cm。

4.2.6　土壤速效微量元素

表 4-35　五个样地土壤速效微量元素

单位：mg/kg

林型	年份	月份	有效铁 (Fe)	有效铜 (Cu)	有效钼 (Mo)	有效硼 (B)	有效锰 (Mn)	有效锌 (Zn)	有效硫 (P)
季风林	1999	7	138.833	0.713	0.530	0.978	1.546	1.938	
	2000	7	128.919	0.761		0.899	0.744	0.993	
	2001	7	126.237	0.942		0.415	1.904	0.742	
	2002	7	167.608	0.773		0.448	1.164	2.052	
	2003	7	160.045	0.853		0.660	1.436	2.280	
	2005	2	181.002	0.723	2.152	0.875			80.186
	2005	5	151.541	0.677	2.366	1.002			72.149
	2005	8	247.881	0.773	1.942	0.791			63.878
	2005	10	235.191	0.693	1.602	0.794			63.444
	2006	10		1.230	1.287	0.697	1.053		62.701
	2007	10		0.906		0.820	0.915		49.921
	2008	3		3.191		1.541	1.680		
	2008	6		1.803		0.962	1.533		53.883
	2008	9		1.764		1.027	1.550		45.587

（续）

林型	年份	月份	有效铁 (Fe)	有效铜 (Cu)	有效钼 (Mo)	有效硼 (B)	有效锰 (Mn)	有效锌 (Zn)	有效硫 (P)
针阔Ⅱ号	2005	2	141.748	0.432	2.124	1.126			70.622
	2005	5	135.208	0.481	2.355	0.745			71.304
	2005	8	165.592	0.558	2.084	0.624			62.909
	2005	10	186.086	0.481	1.937	0.712			64.988
	2006	10		0.845	1.232	0.842	1.623		42.573
	2007	10		0.668		0.753	1.338		47.128
	2008	3		2.817		0.987	2.505		
	2008	6		1.598		0.807	3.337		62.431
	2008	9		1.408		1.038	2.767		49.917
马尾松林	1999	7	31.084	0.513	0.243	0.419	0.301	1.424	
	2000	7	29.404	0.599		0.380	0.096	1.263	
	2001	7	35.796	0.891		0.223	0.313	0.735	
	2002	7	42.972	0.453		0.407	0.186	1.200	
	2003	7	43.115	0.600		0.531	0.236	1.458	
	2005	2	37.878	0.353	1.611	0.346			54.744
	2005	5	57.951	0.407	1.648	0.383			48.890
	2005	8	70.409	0.401	1.505	0.283			49.394
	2005	10	83.422	0.355	1.351	0.340			50.181
	2006	10		0.652	0.934	0.347	0.806		50.227
	2007	10		0.618		0.420	1.793		46.599
	2008	3		2.814		1.046	2.688		
	2008	6		1.343		0.924	1.863		45.189
	2008	9		1.213		0.959	2.006		41.014
针阔Ⅰ号	1999	7	98.142	0.643	0.332	0.863	1.009	1.118	
	2000	7	104.299	0.695		0.544	1.177	1.190	
	2001	7	83.368	0.807		0.349	0.967	0.699	
	2002	7	132.832	0.672		0.545	1.290	1.431	
	2003	7	94.533	0.749		0.660	0.962	1.362	
针阔Ⅲ号	2008	6		1.288		1.270	1.082		39.966

注：采样深度：0～20cm。

4.2.7 土壤机械组成

表 4-36 2005 年三个林型土壤机械组成

林型	采样深度 (cm)	2～0.05mm (%)	0.05～0.002mm (%)	<0.002mm (%)	土壤质地名称
季风林	0～10	18.773	61.333	17.833	粉（砂）壤土
	10～20	15.626	63.000	19.333	粉（砂）壤土
	20～40	21.469	58.333	18.167	粉（砂）壤土
	40～60	22.475	57.500	18.000	粉（砂）壤土
	60～80	29.144	53.333	15.500	粉（砂）壤土

（续）

林型	采样深度（cm）	2～0.05mm（%）	0.05～0.002mm（%）	<0.002mm（%）	土壤质地名称
针阔Ⅱ号	0～10	12.445	65.833	19.667	粉（砂）壤土
	10～20	11.957	67.667	18.333	粉（砂）壤土
	20～40	9.963	68.667	19.333	粉（砂）壤土
	40～60	10.464	67.167	20.333	粉（砂）壤土
马尾松林	0～10	42.967	42.500	12.500	壤土
	10～20	35.304	48.333	14.333	壤土
	20～40	31.637	50.333	16.000	壤土
	40～60	28.302	52.333	17.333	粉（砂）壤土
	60～80	27.466	53.333	17.167	粉（砂）壤土

4.2.8　土壤容重

表 4-37　三个林型土壤容重

林型	年份	月份	采样深度（cm）	土壤容重平均值（g/cm³）	均方差
季风林	2004	5	0～15	0.913	0.01
	2004	5	15～30	1.229	0.01
	2004	5	30～60	1.277	0.01
	2004	5	60～90	1.364	0.00
	2005	10	0～10	0.936	0.15
	2005	10	10～20	1.276	0.12
	2005	10	20～40	1.269	0.15
	2005	10	40～60	1.563	0.09
	2005	10	60～80	1.288	0.16
针阔Ⅱ号	2004	5	0～15	1.053	0.02
	2004	5	15～30	1.424	0.00
	2004	5	30～60	1.460	0.03
	2004	5	60～90	1.504	0.02
	2005	10	0～10	1.146	0.06
	2005	10	10～20	1.316	0.07
	2005	10	20～40	1.176	0.07
	2005	10	40～60	1.402	0.15
马尾松林	2004	5	0～15	1.495	0.01
	2004	5	15～30	1.494	0.00
	2004	5	30～60	1.502	0.00
	2004	5	60～90	1.495	0.00
	2005	10	0～10	1.519	0.12
	2005	10	10～20	1.672	0.13
	2005	10	20～40	1.545	0.09
	2005	10	40～60	1.574	0.16
	2005	10	60～80	1.262	0.11

4.2.9 土壤剖面调查

表 4-38 三个林型土壤剖面调查

样地名称	年份	剖面点经度	剖面点纬度	层次名称	土层深度（cm）	土层间过渡明显程度	土层间过渡形式	形态描述
季风林	1999			O	3			枯枝落叶层
	1999			A	0～17	明显过渡	不规则过渡	灰黑，潮，多中根
	1999			AB	17～35	明显过渡	不规则过渡	浅灰，潮，多中根
	1999			B	35～100	明显过渡	不规则过渡	浅黄，潮，多中根
	1999			C	＜100	明显过渡	不规则过渡	浅黄，潮，多中根
	2001	112 32 23	23 10 12	A	0～10			枯枝落叶层
	2001	113 32 23	24 10 12	AB	10～37	明显过渡	平整过渡	棕红，中量细根和中根
	2001	114 32 23	25 10 12	B	37～75	逐渐过滤	不规则过渡	浅红，少粗根
	2001	115 32 23	26 10 12	C	75～85	明显过渡	不规则过渡	浅黄，少根
	2008	112 32 25	20 10 16	A	0～4	突然过渡	平直过渡	暗黑，潮，多细根
	2008	113 32 25	21 10 16	AB	4～24	模糊过渡	波状过渡	暗栗，润，多细根，少中根
	2008	114 32 25	22 10 16	B	24～40	模糊过渡	波状过渡	淡栗，润，多细根
	2008	115 32 25	23 10 16	C	＜40	模糊过渡	波状过渡	暗红，润，少细根
	2008	112 32 26	20 10 14	A	0～5	突然过渡	波状过渡	灰黑，润，多细根
	2008	113 32 26	21 10 14	AB	5～31	模糊过渡	波状过渡	暗栗，润，少细根
	2008	114 32 26	22 10 14	B	31～47	模糊过渡	波状过渡	淡栗，润，少细根
	2008	115 32 26	23 10 14	C	＜47	明显过渡	平直过渡	淡黄，润
马尾松林	1999			O	3			枯枝落叶层
	1999			A	0～5	突然过渡	波状过渡	灰黑，潮
	1999			AB	5～15	突然过渡	不规则过渡	灰黄，潮
	1999			B	15～45	突然过渡	不规则过渡	灰黄，潮
	1999			C	45～80	突然过渡	不规则过渡	灰黄，潮
	2001	111 33 26	22 9 58	O	2			枯枝落叶层
	2001	112 33 26	23 9 58	A	0～2	明显过渡	不规则过渡	灰红，多细根
	2001	113 33 26	24 9 58	B	2～43	明显过渡	不规则过渡	棕红，多细根
	2001	114 33 26	25 9 58	C	43～53	明显过渡	局部穿插型过渡	浅黄，少根
针阔Ⅱ号	2001	111 32 51	22 10 26	O	1			枯枝落叶层
	2001	112 32 51	23 10 26	A	0～4	突然过渡	平整过渡	灰红，多细根
	2001	113 32 51	24 10 26	AB	4～15	明显过渡	平整过渡	棕红，多中根
	2001	114 32 51	25 10 26	B	15～53	明显过渡	平整过渡	棕红，少粗根
	2001	115 32 51	26 10 26	C	53～69	模糊过滤	不规则过渡	黄色，少根
针阔Ⅰ号	1999			O	3			枯枝落叶层
	1999			A	0～5			灰黑，湿
	1999			AB	5～17			灰黄，湿
	1999			B	17～47			灰黄，湿
	1999			C	47～87			灰黄，润

注：土类：赤红壤；亚类：赤红壤；母质：砂页岩。

4.2.10　土壤理化分析方法

表 4-39　土壤理化分析方法

表名称	分析项目名称	分析方法名称	参照国标名称
土壤交换量	交换性盐基总量	加和法	
土壤交换量	交换性酸总量	氯化钾交换—中和滴定法	GB 7860—87
土壤交换量	交换性钙离子	乙酸铵交换—原子吸收法	GB 7865—87
土壤交换量	交换性镁离子	乙酸铵交换—原子吸收法	GB 7865—87
土壤交换量	交换性钾离子	乙酸铵交换—火焰光度法	GB 7866—87
土壤交换量	交换性钠离子	乙酸铵交换—火焰光度法	GB 7866—87
土壤交换量	阳离子交换量	乙酸铵交换法	GB 7863—87
土壤养分	土壤有机质	重铬酸钾氧化法	GB 7857—87
土壤养分	全氮	半微量凯式法	GB 7173—87
土壤养分	全磷	酸溶—钼锑抗色法	GB 7852—87
土壤养分	全钾	酸溶—火焰光度法	GB 7854—87
土壤养分	水解氮	碱扩散法	GB/T 7849—87
土壤养分	有效磷	盐酸—氟化铵浸提—钼锑抗比色法	GB7 853—87
土壤养分	速效钾	乙酸铵浸提—火焰光度法	GB 7856—87
土壤养分	缓效钾	硝酸煮沸浸提—火焰光度法	GB 7855—87
土壤养分	pH	电位法	GB 7859—87
矿质全量	Si	碳酸钠碱熔—盐酸提取法	GB 7873—87
矿质全量	Fe	碳酸钠碱熔—盐酸提取法	GB 7873—87
矿质全量	Mn	碳酸钠碱熔—盐酸提取法	GB 7873—87
矿质全量	Ti	碳酸钠碱熔—盐酸提取法	GB 7873—87
矿质全量	Al	碳酸钠碱熔—盐酸提取法	GB 7873—87
矿质全量	S	碳酸钠碱熔—盐酸提取法	GB 7873—87
矿质全量	Ca	碳酸钠碱熔—盐酸提取法	GB 7873—87
矿质全量	Mg	碳酸钠碱熔—盐酸提取法	GB 7873—87
矿质全量	K	碳酸钠碱熔—盐酸提取法	GB 7873—87
矿质全量	Na	碳酸钠碱熔—盐酸提取法	GB 7873—87
微量元素和重金属	全硼	酸溶—ICP 发射光谱分析法	
微量元素和重金属	全钼	酸溶—ICP 发射光谱分析法	
微量元素和重金属	全锰	酸溶—ICP 发射光谱分析法	
微量元素和重金属	全锌	酸溶—ICP 发射光谱分析法	
微量元素和重金属	全铜	酸溶—ICP 发射光谱分析法	
微量元素和重金属	全铁	酸溶—ICP 发射光谱分析法	
微量元素和重金属	硒	酸溶—ICP 发射光谱分析法	
微量元素和重金属	钴	酸溶—ICP 发射光谱分析法	
微量元素和重金属	镉	酸溶—ICP 发射光谱分析法	
微量元素和重金属	铅	酸溶—ICP 发射光谱分析法	
微量元素和重金属	铬	酸溶—ICP 发射光谱分析法	
微量元素和重金属	镍	酸溶—ICP 发射光谱分析法	
微量元素和重金属	汞	酸溶—ICP 发射光谱分析法	
微量元素和重金属	砷	酸溶—ICP 发射光谱分析法	
土壤养分	硝态氮	镀铜镉还原—重氮化偶合比色法	
土壤养分	铵态氮	氯化钾浸提—靛酚蓝比色法	
土壤速效微量元素	有效铁	盐酸浸提—原子吸收光度法	GB 7881—87
土壤速效微量元素	速效硫	磷酸盐浸提—硫酸钡比浊法	
土壤速效微量元素	速效钼	草酸—草酸铵浸提—石墨炉原子吸收光谱法	
土壤速效微量元素	速效硼	沸水浸提—甲亚胺—H—比色法	GB 7877—87

（续）

表名称	分析项目名称	分析方法名称	参照国标名称
土壤速效微量元素	速效锰	盐酸浸提—原子吸收光度法	GB 7883—87
土壤速效微量元素	速效锌	盐酸浸提—原子吸收光度法	GB 7880—87
土壤速效微量元素	有效铜	盐酸浸提—原子吸收光度法	GB 7879—87
机械组成	土壤机械组成	比重计法	GB 7845—87
容重	土壤容重	环刀法	

4.3 水分监测数据

4.3.1 土壤含水量（中子仪法）

表 4-40 土壤体积含水量

单位：%

林 型	年份	月份	15cm	30cm	45cm	60cm	75cm	90cm
季风林	1999	1	24.4	19.8	14.2	13.1	11.6	9.9
季风林	1999	2	25.2	20.5	14.8	13.6	11.9	9.9
季风林	1999	3	26.2	21.3	15.4	14.1	12.4	10.4
季风林	1999	4	26.4	21.5	15.5	14.2	12.6	10.5
季风林	1999	5	30.9	26.9	20.9	20.6	19.3	20.9
季风林	1999	6	36.0	28.3	23.0	22.4	22.1	24.3
季风林	1999	7	32.9	25.3	21.5	21.2	22.1	20.2
季风林	1999	8	32.3	24.8	21.5	21.7	21.7	19.7
季风林	1999	9	29.7	22.7	19.4	19.0	19.9	18.1
季风林	1999	10	29.1	22.3	19.0	19.0	19.7	17.4
季风林	1999	11	30.9	23.7	20.2	19.8	20.8	19.0
季风林	1999	12	39.0	31.5	28.1	24.7	18.1	16.2
季风林	2002	2	19.0	17.7	12.9	12.6	11.9	10.1
季风林	2002	3	27.3	23.5	17.2	15.8	13.4	11.2
季风林	2002	4	22.9	20.2	15.3	14.7	13.1	11.7
季风林	2002	5	24.7	21.2	15.5	14.4	13.0	11.5
季风林	2002	6	25.9	21.9	16.0	15.2	14.2	13.0
季风林	2002	7	29.7	24.6	18.8	18.4	17.5	16.6
季风林	2002	8	30.4	25.5	20.1	20.1	19.8	18.8
季风林	2002	9	28.5	24.3	19.3	19.2	18.7	17.8
季风林	2002	10	28.2	24.7	19.6	19.3	19.1	18.2
季风林	2002	11	26.8	23.3	18.4	18.1	18.0	17.2
季风林	2002	12	30.0	25.4	19.7	19.7	19.0	17.9
季风林	2003	1	28.6	24.6	19.1	18.9	18.4	17.3
季风林	2003	2	24.0	21.5	16.7	16.9	16.7	15.9
季风林	2003	3	32.2	27.0	20.2	19.3	17.9	15.5
季风林	2003	4	31.6	25.8	19.9	19.6	19.3	18.2
季风林	2003	5	27.0	22.5	17.2	17.2	17.0	16.4
季风林	2003	6	30.7	25.4	19.3	19.0	18.6	18.3
季风林	2003	7	24.3	21.3	16.7	16.5	16.4	15.9
季风林	2003	8	29.6	25.0	18.9	18.7	18.2	17.4
季风林	2003	9	30.1	25.2	19.9	19.6	19.2	18.4
季风林	2003	10	19.7	18.6	14.7	14.9	14.2	14.7
季风林	2003	11	18.2	17.6	12.8	12.8	12.1	12.2
季风林	2003	12	15.8	16.1	11.5	12.3	11.1	11.5

（续）

林 型	年份	月份	15cm	30cm	45cm	60cm	75cm	90cm
季风林	2004	1	23.6	21.4	14.3	12.7	10.8	9.7
季风林	2004	2	25.0	22.1	16.7	15.6	13.6	13.2
季风林	2004	3	23.2	20.4	15.4	14.8	13.1	13.1
季风林	2004	4	29.3	25.7	19.5	19.3	18.8	18.8
季风林	2004	5	29.9	25.1	19.7	19.7	18.5	18.5
季风林	2004	6	26.8	23.0	18.2	18.3	17.0	17.1
季风林	2004	7	30.2	24.8	19.3	18.7	17.5	18.0
季风林	2004	8	29.5	24.8	19.4	19.5	18.8	18.5
季风林	2004	9	25.9	22.1	17.6	17.7	16.7	17.1
季风林	2004	10	15.8	15.2	12.9	12.5	12.1	12.9
季风林	2004	11	13.8	14.0	10.9	11.0	10.2	10.4
季风林	2004	12	12.7	12.9	9.3	9.6	8.7	8.6
季风林	2005	1	12.9	13.0	9.6	9.5	8.4	8.2
季风林	2005	2	15.9	14.6	10.6	10.0	8.9	8.5
季风林	2005	3	26.4	21.9	15.5	13.4	10.7	9.5
季风林	2005	4	28.8	24.8	19.6	17.8	15.3	14.7
季风林	2005	5	31.2	26.3	20.8	20.5	19.4	18.8
季风林	2005	6	31.1	26.7	22.2	21.2	19.5	19.2
季风林	2005	7	27.7	23.6	19.1	17.9	16.4	17.4
季风林	2005	8	29.4	24.8	20.3	19.1	17.8	18.4
季风林	2005	9	31.8	26.4	21.9	21.9	20.9	21.5
季风林	2005	10	22.4	21.3	16.2	15.1	16.5	17.2
季风林	2005	11	14.9	14.7	10.4	11.4	10.9	11.7
季风林	2005	12	13.7	13.1	9.9	10.5	10.4	10.8
季风林	2006	1	15.0	13.3	11.3	11.3	11.3	12.0
季风林	2006	2	18.1	16.0	11.5	10.6	9.8	9.6
季风林	2006	3	26.8	22.7	16.5	14.9	13.7	13.4
季风林	2006	4	29.2	24.6	21.2	19.5	18.5	18.7
季风林	2006	5	29.5	24.1	19.5	19.9	19.2	18.8
季风林	2006	6	32.0	26.0	21.3	21.4	20.7	19.3
季风林	2006	7	29.2	23.3	18.7	19.2	17.9	18.4
季风林	2006	8	29.9	23.8	19.6	19.1	19.1	19.6
季风林	2006	9	28.8	23.0	18.8	18.7	17.8	17.9
季风林	2006	10	18.9	17.4	15.4	15.9	14.7	15.4
季风林	2006	11	22.1	20.4	16.9	16.2	15.6	16.0
季风林	2006	12	26.1	21.8	17.6	16.8	15.6	15.8
季风林	2007	1	24.7	21.2	16.7	16.5	15.2	14.9
季风林	2007	2	27.9	23.0	17.6	17.2	16.2	15.9
季风林	2007	3	27.1	25.9	20.5	18.7	17.3	16.4
季风林	2007	4	31.4	26.0	20.7	19.9	18.5	18.4
季风林	2007	5	28.8	24.4	19.6	18.7	17.6	18.4
季风林	2007	6	30.8	26.9	23.5	22.6	22.3	22.8
季风林	2007	7	26.3	23.3	21.7	19.4	19.1	19.9
季风林	2007	8	31.1	25.9	20.9	20.4	18.8	18.4
季风林	2007	9	31.2	27.2	21.2	20.8	19.5	18.6
季风林	2007	10	24.9	22.9	18.4	18.6	17.7	17.3
季风林	2007	11	18.2	19.5	15.9	15.2	14.8	13.9
季风林	2007	12	16.1	19.5	14.7	14.2	13.1	12.1

（续）

林　型	年份	月份	15cm	30cm	45cm	60cm	75cm	90cm
季风林	2008	1	16.6	19.3	14.7	13.4	12.5	11.6
季风林	2008	2	28.9	25.6	19.0	18.2	16.7	15.8
季风林	2008	3	27.8	24.9	21.3	19.7	18.3	16.7
季风林	2008	4	32.6	28.6	22.6	22.4	20.5	19.0
季风林	2008	5	34.5	30.1	23.5	23.9	22.2	20.2
季风林	2008	6	38.1	32.3	24.8	23.5	23.0	21.8
季风林	2008	7	32.9	27.6	26.6	23.9	23.6	27.4
季风林	2008	8	28.5	24.7	20.8	20.2	19.6	19.4
季风林	2008	9	29.0	24.7	21.7	21.5	19.5	18.5
季风林	2008	10	27.4	23.8	20.3	20.2	18.8	18.6
季风林	2008	11	27.5	23.4	20.6	21.0	20.2	18.9
季风林	2008	12	24.1	21.2	20.5	20.4	20.4	19.4
针阔Ⅰ号	1999	1	12.2	15.5	13.6	11.1	14.7	18.3
针阔Ⅰ号	1999	2	12.9	16.3	14.2	11.7	15.4	19.2
针阔Ⅰ号	1999	3	13.8	19.8	15.6	12.7	16.7	21.1
针阔Ⅰ号	1999	4	14.2	18.2	15.9	13.0	17.2	21.5
针阔Ⅰ号	1999	5	20.3	22.0	21.8	18.7	17.3	19.1
针阔Ⅰ号	1999	6	26.3	27.1	23.5	20.0	18.5	19.5
针阔Ⅰ号	1999	7	24.4	24.4	22.4	18.4	17.8	17.3
针阔Ⅰ号	1999	8	23.4	23.4	21.5	17.6	17.2	16.6
针阔Ⅰ号	1999	9	22.3	21.1	19.2	15.9	15.4	14.9
针阔Ⅰ号	1999	10	18.7	18.8	17.2	14.4	14.7	13.0
针阔Ⅰ号	1999	11	18.8	19.0	17.4	14.2	13.7	13.6
针阔Ⅰ号	1999	12	20.1	24.8	21.2	18.3	19.5	20.6
针阔Ⅰ号	2002	2	7.4	12.2	13.3	10.2	10.2	8.8
针阔Ⅰ号	2002	3	10.3	14.5	15.4	12.0	11.1	8.8
针阔Ⅰ号	2002	4	9.5	13.4	14.0	11.8	11.3	11.1
针阔Ⅰ号	2002	5	13.8	14.4	13.9	11.5	8.1	8.7
针阔Ⅰ号	2002	6	16.9	19.3	19.8	17.3	16.0	14.7
针阔Ⅰ号	2002	7	18.5	19.5	19.3	16.5	15.8	15.1
针阔Ⅰ号	2002	9	24.8	24.9	24.0	20.8	20.2	19.5
针阔Ⅰ号	2002	10	25.1	25.1	23.2	21.0	20.3	17.8
针阔Ⅰ号	2002	11	15.5	16.6	17.3	15.4	15.5	15.8
针阔Ⅰ号	2003	1	17.4	17.9	18.0	16.0	15.9	18.9
针阔Ⅰ号	2003	3	20.4	19.9	19.7	17.0	16.0	17.1
针阔Ⅰ号	2003	4	22.5	20.1	19.3	18.0	17.2	19.5
针阔Ⅰ号	2003	5	17.2	16.3	16.0	15.0	15.4	17.2
针阔Ⅰ号	2003	6	23.0	22.1	20.7	18.8	19.0	21.3
针阔Ⅰ号	2003	7	14.4	15.4	14.6	14.2	14.8	16.5
针阔Ⅰ号	2003	8	24.3	23.1	21.2	19.6	19.2	21.2
针阔Ⅰ号	2003	9	27.1	25.2	22.5	21.5	21.0	22.9
针阔Ⅰ号	2003	10	12.2	14.0	13.5	12.1	12.9	15.6
针阔Ⅰ号	2003	11	11.1	12.6	12.4	11.2	11.7	14.9
针阔Ⅰ号	2003	12	9.6	11.9	11.7	9.7	9.7	13.1
针阔Ⅰ号	2004	1	7.5	11.3	10.3	8.6	9.0	10.9
针阔Ⅰ号	2004	2	13.1	14.6	14.6	13.0	13.1	13.0
针阔Ⅰ号	2004	3	10.2	13.1	12.6	11.2	11.6	12.4
针阔Ⅰ号	2004	4	22.9	21.9	20.9	19.3	18.5	20.7

（续）

林 型	年份	月份	15cm	30cm	45cm	60cm	75cm	90cm
针阔Ⅰ号	2004	5	26.2	24.8	21.7	20.6	19.8	22.4
针阔Ⅰ号	2004	6	17.6	17.1	17.0	15.5	15.7	17.5
针阔Ⅰ号	2004	8	23.1	20.7	20.1	17.7	17.6	19.7
针阔Ⅰ号	2004	9	17.8	17.1	16.5	15.2	15.5	17.4
针阔Ⅰ号	2004	10	10.9	13.0	12.8	10.5	11.4	14.3
针阔Ⅰ号	2004	11	9.8	11.9	11.7	9.2	9.4	9.0
针阔Ⅰ号	2004	12	5.5	10.3	10.8	7.6	7.8	10.6
针阔Ⅰ号	2005	1	8.4	11.0	9.9	7.6	7.4	9.0
针阔Ⅰ号	2005	2	9.1	9.2	10.7	7.3	7.7	10.4
针阔Ⅰ号	2005	3	12.1	10.4	11.9	8.7	8.9	11.1
针阔Ⅰ号	2005	4	22.9	21.3	19.4	16.5	14.1	12.2
针阔Ⅰ号	2005	5	23.5	21.8	21.6	18.6	18.2	20.4
针阔Ⅰ号	2005	6	24.8	23.3	22.5	20.0	19.1	21.1
针阔Ⅰ号	2005	7	17.6	18.6	16.8	15.7	15.9	17.7
针阔Ⅰ号	2005	8	23.6	22.4	19.8	17.7	17.1	18.8
针阔Ⅰ号	2005	9	21.4	20.4	19.1	16.5	16.4	18.0
针阔Ⅰ号	2005	10	14.2	15.8	16.7	17.7	17.9	17.7
针阔Ⅰ号	2005	11	10.5	13.1	12.1	10.3	10.5	13.3
针阔Ⅰ号	2005	12	12.4	13.7	14.6	15.7	15.1	16.6
针阔Ⅰ号	2006	1	8.1	11.6	10.9	7.8	8.1	10.5
针阔Ⅰ号	2006	2	6.1	8.7	9.6	7.2	8.3	6.5
针阔Ⅰ号	2006	3	21.1	21.1	18.7	18.4	16.1	14.7
针阔Ⅰ号	2006	4	18.2	18.4	17.1	15.4	14.0	16.2
针阔Ⅰ号	2006	5	19.8	20.3	18.4	16.5	16.6	18.8
针阔Ⅰ号	2006	6	22.0	22.2	22.2	20.2	19.0	19.7
针阔Ⅰ号	2006	7	25.2	23.6	21.2	18.5	18.6	20.2
针阔Ⅰ号	2006	8	27.3	25.3	22.3	19.7	20.5	21.2
针阔Ⅰ号	2006	9	24.4	22.2	22.0	19.7	20.4	19.7
针阔Ⅰ号	2006	10	16.0	16.3	15.1	13.2	13.5	14.5
针阔Ⅰ号	2006	11	17.4	19.0	15.8	13.7	12.1	12.6
针阔Ⅰ号	2006	12	16.8	18.0	18.0	18.3	17.4	18.3
针阔Ⅰ号	2007	1	10.3	13.1	11.9	10.9	10.4	11.4
针阔Ⅰ号	2007	2	16.4	16.5	14.0	15.0	15.4	13.3
针阔Ⅰ号	2007	3	19.9	17.3	16.0	13.2	12.2	13.9
针阔Ⅰ号	2007	4	22.2	19.1	18.4	16.4	13.9	14.9
针阔Ⅰ号	2007	5	18.8	18.7	17.7	15.8	16.0	17.9
针阔Ⅰ号	2007	6	21.5	21.1	19.6	17.8	17.2	19.2
针阔Ⅰ号	2007	8	25.8	24.5	23.9	20.7	19.1	21.3
针阔Ⅰ号	2007	9	21.2	20.6	19.4	17.3	18.0	17.4
针阔Ⅰ号	2007	10	17.2	18.1	18.7	15.9	18.5	16.8
针阔Ⅰ号	2007	11	14.9	15.5	18.7	15.6	18.6	17.4
针阔Ⅰ号	2007	12	9.1	13.9	13.4	11.5	9.5	11.7
针阔Ⅰ号	2008	1	10.8	14.5	15.9	13.0	11.2	13.3
针阔Ⅰ号	2008	2	19.9	19.1	18.8	16.5	15.2	14.8
针阔Ⅰ号	2008	3	22.7	21.1	20.6	18.5	18.0	17.0
针阔Ⅰ号	2008	4	23.7	23.2	22.1	20.5	18.9	19.6
针阔Ⅰ号	2008	6	25.2	25.1	23.4	22.6	20.9	20.4
针阔Ⅰ号	2008	7	35.2	28.6	34.9	22.5	21.7	21.9

（续）

林　型	年份	月份	15cm	30cm	45cm	60cm	75cm	90cm
针阔Ⅰ号	2008	8	26.9	17.8	18.6	20.7	17.6	20.4
针阔Ⅰ号	2008	9	24.2	17.2	17.7	19.1	17.1	19.0
针阔Ⅰ号	2008	10	22.1	17.3	19.2	19.9	17.8	20.2
针阔Ⅰ号	2008	11	17.4	17.5	16.9	13.4	13.9	16.4
马尾松林	1999	1	11.2	11.1	9.3	7.2	4.4	4.9
马尾松林	1999	2	12.4	12.2	10.4	7.9	4.8	5.5
马尾松林	1999	3	13.0	12.9	10.8	8.1	4.9	5.8
马尾松林	1999	4	14.5	14.3	12.0	9.2	3.8	6.5
马尾松林	1999	5	20.7	19.4	19.2	18.7	13.0	10.7
马尾松林	1999	6	22.6	22.5	20.9	18.7	13.7	11.7
马尾松林	1999	7	20.2	21.5	21.0	19.5	14.5	18.3
马尾松林	1999	8	18.3	19.5	19.0	17.7	13.1	16.6
马尾松林	1999	9	17.2	18.1	17.9	16.6	12.3	15.6
马尾松林	1999	10	14.7	15.6	15.2	14.2	10.6	13.3
马尾松林	1999	11	14.7	15.8	15.2	14.4	10.6	13.0
马尾松林	1999	12	18.6	18.4	16.2	15.9	14.7	13.7
马尾松林	2002	2	5.7	8.6	10.3	9.2	5.9	8.1
马尾松林	2002	3	9.1	10.9	11.7	10.3	6.7	8.3
马尾松林	2002	4	8.6	11.3	12.7	11.1	7.3	8.8
马尾松林	2002	5	12.7	15.8	16.8	14.6	13.9	12.3
马尾松林	2002	6	18.5	18.7	17.3	14.4	9.4	8.7
马尾松林	2002	7	17.4	18.5	19.5	18.5	12.0	12.3
马尾松林	2002	9	18.1	19.2	19.8	19.5	14.7	13.9
马尾松林	2002	10	22.0	21.6	22.5	21.0	14.4	13.6
马尾松林	2002	11	14.1	15.1	16.3	15.4	11.4	14.7
马尾松林	2002	12	15.6	17.1	18.0	18.2	12.6	12.1
马尾松林	2003	1	14.5	16.6	18.0	17.5	12.5	11.6
马尾松林	2003	3	16.8	17.3	17.2	15.6	11.1	9.9
马尾松林	2003	4	13.1	15.1	16.7	16.8	12.6	15.1
马尾松林	2003	5	11.2	13.5	14.0	11.9	9.8	12.4
马尾松林	2003	6	19.2	19.7	21.3	19.7	16.7	17.3
马尾松林	2003	7	8.3	11.0	13.1	13.1	9.9	12.9
马尾松林	2003	8	19.3	19.7	20.4	19.6	13.7	17.3
马尾松林	2003	9	17.0	19.0	19.5	18.6	13.1	16.9
马尾松林	2003	10	6.7	9.6	11.8	11.4	8.3	10.9
马尾松林	2003	11	7.2	9.2	11.1	10.2	6.6	8.6
马尾松林	2003	12	5.3	8.1	9.7	8.8	7.3	7.7
马尾松林	2004	1	6.1	7.1	9.0	7.7	7.3	6.3
马尾松林	2004	2	13.2	15.7	15.3	14.2	9.5	10.2
马尾松林	2004	3	6.8	10.0	11.7	11.1	8.1	9.4
马尾松林	2004	4	16.7	18.0	19.2	18.7	13.7	16.3
马尾松林	2004	5	21.1	21.1	21.7	21.1	14.1	17.7
马尾松林	2004	6	8.6	11.8	13.5	13.7	10.5	13.3
马尾松林	2004	8	12.9	13.9	15.3	15.1	10.8	14.3
马尾松林	2004	9	9.3	11.7	14.0	13.4	10.3	13.6
马尾松林	2004	10	8.0	7.7	10.5	9.2	6.5	9.8

（续）

林 型	年份	月份	15cm	30cm	45cm	60cm	75cm	90cm
马尾松林	2004	11	4.3	6.9	8.8	8.4	7.8	6.8
马尾松林	2004	12	4.2	5.6	7.6	7.8	5.6	7.7
马尾松林	2005	1	5.2	6.1	7.8	7.2	4.0	5.0
马尾松林	2005	2	5.1	6.2	8.2	6.5	3.9	4.8
马尾松林	2005	3	7.7	8.6	9.6	9.6	6.2	7.5
马尾松林	2005	4	18.7	19.9	19.6	18.5	10.6	9.3
马尾松林	2005	5	18.3	18.2	18.9	18.6	13.7	15.6
马尾松林	2005	6	19.6	18.8	19.4	19.6	14.7	15.8
马尾松林	2005	7	10.0	12.6	14.4	14.2	10.4	13.8
马尾松林	2005	8	14.9	14.0	17.6	16.0	12.0	14.7
马尾松林	2005	9	18.8	17.0	16.8	16.2	14.9	14.9
马尾松林	2005	10	9.3	8.9	10.7	10.3	7.2	9.8
马尾松林	2005	11	6.8	8.1	10.0	10.9	7.9	10.4
马尾松林	2005	12	5.1	6.4	8.1	7.7	4.4	6.1
马尾松林	2006	1	6.3	6.2	6.0	9.3	6.1	7.3
马尾松林	2006	2	8.3	6.2	7.7	6.7	4.3	5.1
马尾松林	2006	3	12.9	15.0	18.0	17.9	13.6	13.1
马尾松林	2006	4	10.9	12.6	16.3	14.9	12.5	12.9
马尾松林	2006	5	16.2	17.1	18.6	17.0	12.8	15.3
马尾松林	2006	6	19.5	19.6	20.0	18.8	14.3	16.1
马尾松林	2006	7	16.7	17.7	19.0	18.4	13.2	15.1
马尾松林	2006	8	19.5	19.6	21.0	19.0	16.2	17.0
马尾松林	2006	9	16.9	17.5	19.2	18.2	13.1	15.4
马尾松林	2006	10	12.7	14.3	13.6	13.9	12.2	15.2
马尾松林	2006	11	15.8	16.9	17.6	15.8	10.3	8.5
马尾松林	2006	12	13.1	14.5	15.5	14.3	10.1	10.4
马尾松林	2007	1	11.3	12.3	13.4	13.2	10.3	10.8
马尾松林	2007	2	17.1	14.3	14.6	14.5	12.0	11.9
马尾松林	2007	3	15.7	15.5	14.9	12.8	9.0	9.8
马尾松林	2007	4	17.4	17.4	16.8	14.0	10.1	11.3
马尾松林	2007	5	13.0	14.7	16.4	15.8	12.4	13.6
马尾松林	2007	6	17.7	16.9	17.9	16.8	13.9	15.4
马尾松林	2007	8	20.2	19.8	20.4	21.0	16.1	16.1
马尾松林	2007	9	14.9	16.9	19.1	18.5	14.3	15.2
马尾松林	2007	10	6.3	11.2	14.6	13.4	11.7	12.4
马尾松林	2007	11	4.1	9.0	12.1	12.8	12.5	13.4
马尾松林	2007	12	9.9	6.1	11.2	9.4	7.7	7.7
马尾松林	2008	1	12.2	6.8	13.1	10.9	7.5	9.3
马尾松林	2008	2	16.2	16.7	18.2	17.0	15.1	13.2
马尾松林	2008	3	17.4	18.8	19.2	19.0	18.1	14.3
马尾松林	2008	4	17.8	20.8	20.7	19.7	15.0	16.8
马尾松林	2008	6	22.7	27.9	22.0	26.2	24.3	24.0
马尾松林	2008	7	21.7	26.7	21.9	24.8	24.9	25.1
马尾松林	2008	8	16.1	16.1	17.1	21.9	15.7	20.4
马尾松林	2008	9	14.0	15.2	16.1	20.1	16.8	20.7
马尾松林	2008	10	13.6	14.8	17.2	19.3	17.3	20.9
马尾松林	2008	11	12.1	13.7	15.7	15.7	13.0	12.1

4.3.2 地表水、地下水水质状况

表 4-41 2004—2008 年地表水、地下水水质状况

单位：mg/L

采样点	年份	月份	pH	钙离子含量	镁离子含量	钾离子含量	钠离子含量	重碳酸根离子含量	氯化物含量	硫酸根离子含量	磷酸根离子含量	硝酸根离子含量	矿化度	总氮	总磷
地下水位观测井	2004	7	6.39	46.70	4.26	6.05		22.63	0.14	47.89	0.09	2.63	28.40	8.77	0.03
	2005	1	6.11	4.35	0.62	2.76	1.76	22.76	0.10	27.98	0.02	2.95	256.00	9.25	0.39
	2005	7	5.78	20.50	1.06	3.14	2.38	37.66	0.14	80.73	0.20	1.10	374.00	5.30	0.13
	2006	1	5.66	36.09	2.09	4.51	3.54	122.33	0.55	64.96	0.01	0.45	203.00	7.56	0.03
	2006	7	5.53	37.80	3.41	6.12	4.06	62.40	0.50	100.00	0.02	0.24	146.00	10.19	0.03
	2007	1	6.32	39.41	1.92	3.45	2.24	115.78	0.32	34.37	0.04	0.11	203.00	3.18	0.03
	2007	7	5.74	43.04	1.93	6.98	3.47	107.11	0.39	95.78	0.01	0.55	192.00	9.15	0.04
	2008	1	7.17	14.42	0.94	3.49	2.36	57.55	0.33	89.80	0.00	0.41	105.00	1.05	0.06
	2008	7	6.70	20.59	0.83	4.49	2.55	6.62	0.34	95.51	0.00	0.48	141.00	0.47	0.07
静止地表水监测点	2004	7	4.26	1.30	0.38	0.03		16.18	0.09	17.36	0.09	3.86	7.83	6.43	0.03
	2005	1	4.12	0.28	0.10	0.38	0.42	2.55	0.09	8.57	0.04	1.26	52.00	2.39	0.07
	2005	7	4.04	0.83	0.42	0.46	0.58	13.94	0.12	59.24	0.13	1.41	54.67	3.06	0.11
	2006	1	4.34	1.55	0.31	0.36	0.73	16.64	0.26	65.24	0.02	0.33	68.33	5.52	0.03
	2006	7	4.00	2.54	0.40	0.47	0.91	5.94	0.42	85.70	0.01	1.71	20.67	7.77	0.03
	2007	1	5.08	1.20	0.22	0.27	0.33	6.56	0.10	26.86	0.03	0.62	21.83	2.50	0.02
	2007	7	4.06	1.75	0.27	0.30	0.53	6.45	0.37	75.70	0.01	1.05	63.83	6.25	0.04
	2008	7	5.67	1.13	0.22	0.18	0.60	6.95	0.11	67.99	0.00	1.15	14.33	1.12	0.06
流动地表水监测点	2004	7	4.17	1.61	0.40	0.00		8.11	0.09	16.96	0.08	4.50	7.30	6.96	0.02
	2005	1	4.75	0.45	0.12	0.39	0.61	1.60	0.14	8.31	0.02	3.25	54.00	0.91	0.29
	2005	7	5.17	0.81	0.44	0.45	0.54	10.09	0.12	59.27	0.19	1.66	10.00	1.54	0.12
	2006	1	4.12	2.55	0.36	0.37	0.79	24.42	0.28	57.15	0.00	0.43	49.00	3.58	0.03
	2006	7	3.92	2.90	0.44	0.39	0.96	5.18	0.41	85.33	0.01	1.46	45.00	3.48	0.03
	2007	1	4.93	2.01	0.26	0.38	0.41	9.26	0.14	20.84	0.03	0.83	49.00	1.07	0.03
	2007	7	4.37	2.90	0.33	0.49	0.66	5.95	0.30	80.22	0.03	1.45	63.00	4.73	0.04
	2008	1	5.01	2.74	0.34	0.57	1.14	7.28	0.21	74.66	0.00	0.81	234.00	0.95	0.06
	2008	7	5.56	2.28	0.30	0.41	0.93	5.95	0.16	72.66	0.00	1.49	51.00	0.82	0.06

注：碳酸根离子含量从未检出，所以在此省略。个别未检出的为空白，缺失的月份是因无雨

表 4-42 2000—2003 年雨水、季风林地表径流水水质状况

单位：mg/L

采样点	年份	月份	pH	钙离子含量	镁离子含量	钾离子含量	总氮	总磷	采样点	pH	钙离子含量	镁离子含量	钾离子含量	总氮	总磷
鼎湖山站气象观测场雨水采集装置	2000	8							鼎湖山站综合观测场季风林地表径流观测场		1.30	0.46	0.66	5.87	0.11
		9									2.46	0.70	2.51	2.35	0.11
		10		18.60	0.43	1.80	0.00	0.13			2.92	0.91	1.84	3.72	0.14
		11		12.96	0.20	0.82	2.96	0.17			1.71	0.92	1.49	3.54	0.13
		12		2.07	0.19	0.95	0.66	0.13							
	2001	1		2.22	0.26	1.57	6.09	0.20			2.06	0.98	1.67	5.28	0.14
		2		1.86	0.19	0.92	3.41	0.15			1.96	0.95	2.33	4.36	0.12
		3		1.14	0.07	0.57	5.64	0.13			1.84	0.88	1.58	3.20	0.12
		4		1.52	0.15	1.29	0.00	0.12			0.58	0.20	0.92	4.91	0.15
		5		0.88	0.06	0.23	0.00	0.11			1.52	0.76	1.18	4.88	0.12
		6									1.19	0.82	0.75	5.49	0.09
		7		0.52	0.07	0.39	0.00	0.12			1.22	0.69	0.90	5.18	0.11
		8		0.23	0.06	0.44	11.83	0.18			0.59	0.52	1.27	2.37	0.10

（续）

采样点	年份	月份	pH	钙离子含量	镁离子含量	钾离子含量	总氮	总磷	采样点	pH	钙离子含量	镁离子含量	钾离子含量	总氮	总磷
鼎湖山站气象观测场雨水采集装置	2001	9	4.35	0.23	0.45	1.58	5.26	0.12	鼎湖山站综合观测场季风林地表径流观测场	4.21	4.15	1.30	4.47	4.68	0.10
		12	4.50	0.45	0.68	1.79	0.57	0.09		4.25	0.79	0.64	0.50	105.36	0.06
	2002	1	4.36	2.22	0.26	1.57	6.09	0.20		4.21	1.14	0.88	1.42	9.42	0.13
		3	4.61	6.50	1.05	6.98	9.35	0.08		4.02	1.22	0.70	1.19	4.10	0.09
		4	4.78	0.96	0.96	1.27	10.63	0.12		4.21	2.25	1.27	3.45	4.93	0.08
		5	5.10	0.27	0.09	0.64	1.72	0.11		4.11	2.41	0.82	3.12	10.53	0.11
		6	5.34	1.02	0.99	0.73	6.94	0.10		4.44	1.19	0.82	0.75	5.49	0.09
		7	5.54	9.43	2.20	23.78	5.05	0.18		4.08	1.22	0.69	0.90	5.18	0.11
		8	5.61	3.47	0.82	7.24	4.93	0.11		4.12	2.12	0.87	1.25	22.77	0.12
		9	5.40	0.96	0.27	5.69	1.46	0.16		4.07	1.94	0.91	4.00	18.94	0.10
		10	4.20	1.34	0.36	3.17	2.12	0.11		4.15	1.37	0.85	1.00	18.72	0.12
		11	4.76	0.59	0.49	1.44	3.29	0.10		4.18	1.19	0.74	1.31	10.28	0.13
	2003	1	4.26	4.65	1.08	5.13	15.54	0.12		4.12	0.93	0.78	3.56	12.53	0.09
		2	4.55	0.87	0.38	1.67	5.65	0.09		4.21	1.36	0.65	1.39	10.26	0.06
		3	4.37	0.81	0.06	0.19	1.54	0.06		4.11	0.82	0.74	1.40	9.39	0.10
		4	4.87	0.38	0.29	0.65	2.87	0.10		4.16	2.17	0.84	0.95	8.13	0.09
		5	4.58	1.19	0.15	0.59	3.40	0.08		4.47	1.11	0.61	2.12	11.01	0.12
		6	5.54	0.92	0.09	0.48	53.47	0.11		4.80	0.65	0.68	1.56	8.27	0.08
		7	5.68	8.45	1.43	9.74	13.83	0.12		5.18	0.95	0.92	0.86	8.13	0.10
		8	5.24	5.47	0.47	4.17	6.59	0.10		5.22	1.77	0.85	0.76	5.12	0.07
		9	5.36	1.65	0.65	1.65	18.56	0.11		5.10	1.55	1.05	1.06	21.65	0.10
		10	4.50	0.87	0.27	0.99	6.32	0.11		4.15	0.88	0.77	1.35	9.65	0.11
		11	4.35	6.12	0.30	1.28	5.65	0.08		4.07	0.44	0.51	0.97	7.29	0.09

表 4-43 1999—2003 年季风林树干径流、穿透水水质状况

单位：mg/L

项目	年份	月份	pH	钙离子含量	镁离子含量	钾离子含量	总氮	总磷	项目	pH	钙离子含量	镁离子含量	钾离子含量	总氮	总磷
穿透降水	1999	1	5.45	1.92	0.45	4.66	1.07	0.09	树干径流	3.92	12.21	1.45	7.54	5.30	0.31
		2	5.30	1.37	0.22	3.77	1.14	0.09		4.28	2.97	0.60	4.11	5.45	0.23
		3	5.10	1.86	0.23	1.40	0.99	0.08		4.48	1.92	0.37	3.48	3.17	0.23
		4	6.40	0.84	0.57	1.27	1.00	0.08		4.46	1.41	0.32	2.73	3.22	0.12
		5	6.75	0.87	0.17	0.73	0.63	0.07		5.22	2.68	0.67	9.48	2.78	0.17
		6	6.30	0.69	0.14	0.64	0.82	0.05		5.52	2.72	0.58	11.33	2.15	0.08
		7	6.80	0.38	0.16	1.11	0.75	0.05		6.00	0.65	0.22	2.41	1.53	0.10
		8	5.54	0.41	0.37	0.94	0.32	0.02		6.10	1.38	0.38	5.64	1.18	0.15
		9	5.01	0.76	0.37	1.15	0.80	0.05		5.58	0.04	0.10	2.81	2.03	0.18
		10	5.55	1.09	0.26	2.01	0.93	0.07		4.94	2.53	0.52	9.23	3.24	0.18
		11	4.98	1.41	0.78	1.56	0.95	0.10		4.84	1.23	0.35	6.57	2.80	0.21
		12	4.86	1.54	0.25	2.30	0.94	0.11		4.38	3.37	0.82	14.32	3.54	0.12
	2000	1	5.75	1.14	0.37	2.21	1.53	0.11		4.28	0.88	0.22	5.45	5.10	0.26
		2	6.21	1.25	0.58	2.54	1.48	0.13		4.50	3.19	0.65	12.00	4.66	0.18
		3	5.10	0.73	0.23	1.31	0.70	0.08		4.78	1.10	0.19	9.79	4.55	0.15
		4	6.64	0.70	0.15	1.36	0.51	0.05							
		5	6.28	1.07	0.24	1.16	0.89	0.08							
		6	6.66	0.75	0.25	1.18	0.37	0.05							
		8	5.45	2.52	0.61	4.70	1.75	0.11		3.70	3.88	0.63	9.82	4.87	0.14
		9	5.30	4.55	1.03	7.73	4.86	0.18		4.10	15.03	2.29	26.79	15.55	0.20

（续）

项目	年份	月份	pH	钙离子含量	镁离子含量	钾离子含量	总氮	总磷	项目	pH	钙离子含量	镁离子含量	钾离子含量	总氮	总磷
穿透降水	2000	10	5.10	1.39	0.45	3.93	0.05	0.11	树干径流	4.40	5.77	1.03	11.37	9.01	0.17
		11	6.40	3.16	0.77	4.69	1.45	0.11		4.00	3.55	0.81	14.29	8.48	0.19
		12	6.75	0.51	0.09	1.11	1.12	0.14		4.60	2.32	0.27	4.43	2.02	0.64
	2001	1	6.30	0.65	0.15	1.92	1.22	0.12		5.40	0.87	0.21	14.81	5.28	0.21
		2	6.80	9.49	4.00	23.91	3.67	0.12		6.60	1.53	0.38	8.88	5.81	0.16
		3	5.54	10.05	2.33	18.70	4.86	0.14		6.50	8.25	1.55	14.11	8.90	0.18
		4	5.01	6.93	0.82	3.68	4.73	0.12		5.80	5.58	0.53	4.76	5.70	0.15
		5	5.55	3.86	1.06	6.05	6.11	0.16		4.80	3.96	0.64	7.70	4.37	0.21
		6	4.98	1.14	0.55	2.48	0.00	0.10		4.10	1.30	0.34	8.22	2.17	0.45
		7	4.86	0.80	0.43	3.08	0.00	0.13		4.60	0.79	0.20	6.70	2.88	0.72
		8	5.75	1.83	0.81	8.21	0.00	0.28		4.00	2.98	0.72	9.14	4.26	0.46
		9	6.05	4.55	1.03	7.73	1.03	0.18		4.58	15.03	2.29	26.79	15.54	0.20
		12	6.75	4.49	1.23	7.60	50.76	0.10		4.60	4.36	0.83	17.14	88.43	1.03
	2002	1	6.30	7.51	1.61	9.70	106.88	0.10		5.40	11.37	1.58	25.28	72.12	1.21
		3	5.54	3.03	0.94	6.68	4.70	0.08		6.60	3.92	0.62	11.91	6.85	0.46
		4	5.01	5.01	1.28	9.24	8.21	0.20		6.50	6.79	1.26	28.08	37.93	1.64
		5	5.55	0.58	0.23	1.35	1.50	0.13		5.80	5.44	0.95	27.91	34.75	3.73
		6	4.98	1.14	0.55	2.48	5.49	0.10		4.80	1.30	0.34	8.22	2.71	0.45
		7	4.86	0.80	0.43	3.08	5.18	0.13		4.10	2.37	0.59	12.23	14.37	0.88
		8	5.75	1.83	0.81	8.21	2.37	0.28		4.60	0.31	0.09	8.63	4.51	0.34
		9	5.30	1.90	0.63	4.89	10.95	0.19		4.10	1.25	0.28	8.13	7.89	0.59
		10	5.10	1.00	0.31	1.08	4.64	0.19		4.40	0.38	0.12	6.12	4.62	0.24
		11	6.40	2.79	0.78	4.11	7.11	0.11		4.00	5.37	1.02	14.17	17.59	0.13
	2003	1	6.06	8.65	1.55	7.32	30.32	0.18		4.52	13.47	1.56	20.22	65.33	1.27
		2	5.13	5.43	1.13	3.88	10.53	0.11		4.85	8.76	0.68	11.63	20.65	0.57
		3	5.01	4.01	0.73	6.45	8.13	0.10		4.80	6.77	1.16	13.44	7.35	0.39
		4	5.28	1.19	0.87	2.87	5.88	0.12		5.18	3.78	0.82	5.79	11.52	0.73
		5	5.63	2.85	1.21	17.08	12.70	0.16		5.16	4.86	0.88	12.50	21.83	1.02
		6	5.10	1.79	0.69	4.63	47.49	0.22		4.80	3.17	0.53	12.57	47.28	1.83
		7	5.53	1.95	1.36	11.87	15.49	0.15		5.10	1.79	0.94	9.16	35.88	1.08
		8	5.55	3.13	0.86	3.55	6.99	0.10		6.04	5.79	0.46	3.85	11.32	0.37
		9	5.50	2.47	0.79	1.26	3.85	0.11		4.90	1.07	0.30	10.57	5.85	0.63
		10	5.08	5.88	0.69	5.27	7.99	0.13		5.15	1.90	1.03	13.73	3.99	0.32
		11	5.70	9.27	1.67	9.44	16.95	0.10		5.00	7.52	1.43	12.47	17.72	0.07

注：空白处缺失。

4.3.3 地下水位记录

表 4-44 1999—2008 年地下水位记录

样地名称：鼎湖山站地下水位观测井 植被名称：针阔叶混交林 地面高程：20m 单位：m

日期	地下水埋深	日期	地下水埋深	日期	地下水埋深
1999-04-12	2.51	1999-04-25	2.40	1999-05-09	2.10
1999-04-13	2.58	1999-04-26	2.29	1999-05-12	2.38
1999-04-15	2.66	1999-04-27	2.26	1999-05-16	2.56
1999-04-16	2.61	1999-04-28	2.33	1999-05-20	2.16
1999-04-17	2.72	1999-04-30	2.44	1999-05-24	2.12
1999-04-24	2.42	1999-05-05	2.38	1999-05-31	2.28

（续）

日　　期	地下水埋深	日　　期	地下水埋深	日　　期	地下水埋深
1999-06-03	2.46	1999-11-29	2.75	2000-06-03	2.53
1999-06-07	2.54	1999-12-03	2.80	2000-06-07	2.38
1999-06-08	2.20	1999-12-07	2.75	2000-06-11	2.20
1999-06-15	2.43	1999-12-11	2.72	2000-06-15	2.44
1999-06-19	2.49	1999-12-15	2.79	2000-06-19	2.22
1999-06-24	1.93	1999-12-19	2.80	2000-06-23	2.13
1999-06-28	2.24	1999-12-23	2.80	2000-06-27	2.21
1999-07-02	2.54	1999-12-27	2.82	2000-07-05	2.47
1999-07-05	2.42	1999-12-31	2.81	2000-07-09	2.28
1999-07-09	1.88	2000-01-04	2.84	2000-07-13	2.26
1999-07-12	2.14	2000-01-08	2.81	2000-07-17	1.58
1999-07-15	1.93	2000-01-12	2.83	2000-07-21	1.89
1999-07-18	2.07	2000-01-16	2.82	2000-07-25	2.01
1999-07-21	2.03	2000-01-20	2.81	2000-07-29	2.23
1999-07-24	2.16	2000-01-24	2.68	2000-08-02	2.03
1999-07-27	2.29	2000-01-28	2.43	2000-08-10	2.09
1999-07-30	2.37	2000-02-01	2.18	2000-08-20	2.23
1999-08-02	2.30	2000-02-05	2.13	2000-08-29	2.17
1999-08-05	2.04	2000-02-09	2.07	2000-09-03	2.29
1999-08-08	2.10	2000-02-13	2.08	2000-09-08	2.23
1999-08-12	1.78	2000-02-17	2.04	2000-09-13	2.26
1999-08-15	2.04	2000-02-21	2.02	2000-09-18	2.28
1999-08-18	2.24	2000-02-25	2.03	2000-09-25	2.36
1999-08-21	2.38	2000-02-28	1.96	2000-10-03	2.40
1999-08-25	1.76	2000-03-03	1.93	2001-03-18	2.23
1999-08-29	2.06	2000-03-07	1.93	2001-03-26	2.16
1999-09-02	1.94	2000-03-11	2.02	2001-04-07	1.96
1999-09-06	2.16	2000-03-15	2.07	2001-04-17	2.10
1999-09-10	2.30	2000-03-19	2.24	2001-04-21	2.15
1999-09-14	2.41	2000-03-23	2.46	2001-05-07	2.04
1999-09-18	2.06	2000-03-27	2.56	2001-05-17	1.91
1999-09-22	2.20	2000-03-31	2.56	2001-05-27	1.85
1999-09-26	2.37	2000-04-04	2.25	2001-06-09	1.69
1999-09-30	2.21	2000-04-08	2.32	2001-06-19	2.02
1999-10-04	2.18	2000-04-12	2.12	2001-07-03	1.43
1999-10-08	2.44	2000-04-16	2.18	2001-07-19	1.53
1999-10-12	2.46	2000-04-20	2.21	2001-07-29	1.83
1999-10-16	2.56	2000-04-24	2.44	2001-08-09	2.07
1999-10-20	2.57	2000-04-28	2.36	2001-08-19	1.82
1999-10-24	2.60	2000-05-02	2.18	2001-08-29	2.42
1999-10-28	2.61	2000-05-06	2.06	2001-09-09	2.21
1999-11-01	2.64	2000-05-10	1.89	2001-09-19	2.04
1999-11-05	2.68	2000-05-14	2.32	2001-09-29	2.10
1999-11-09	2.55	2000-05-18	2.36	2001-10-09	2.12
1999-11-13	2.56	2000-05-22	2.39	2001-10-19	2.20
1999-11-17	2.60	2000-05-26	2.40	2001-10-29	2.25
1999-11-21	2.68	2000-05-30	2.38	2001-11-09	2.39
1999-11-25	2.71	2000-06-01	2.44	2001-11-19	2.46

（续）

日　期	地下水埋深	日　期	地下水埋深	日　期	地下水埋深
2001-11-29	2.46	2002-09-25	1.86	2003-05-25	2.36
2001-12-09	2.43	2002-09-30	1.68	2003-05-30	2.50
2001-12-19	2.16	2002-10-05	1.93	2003-06-05	2.55
2001-12-29	2.35	2002-10-10	2.00	2003-06-10	1.80
2002-01-09	2.45	2002-10-15	2.07	2003-06-15	1.45
2002-01-19	2.39	2002-10-20	2.04	2003-06-20	2.08
2002-01-29	2.25	2002-10-25	1.85	2003-06-30	1.40
2002-02-09	2.30	2002-10-30	1.95	2003-07-05	2.10
2002-02-19	2.35	2002-11-05	1.97	2003-07-10	2.25
2002-02-28	2.42	2002-11-10	2.07	2003-07-15	2.29
2002-03-09	2.52	2002-11-15	2.12	2003-07-20	2.38
2002-03-19	2.28	2002-11-20	2.24	2003-07-25	2.02
2002-03-25	1.98	2002-11-25	2.30	2003-07-30	2.26
2002-03-30	2.15	2002-11-30	1.88	2003-08-05	2.27
2002-04-05	2.33	2002-12-05	1.99	2003-08-10	2.15
2002-04-10	2.36	2002-12-10	1.95	2003-08-15	1.82
2002-04-15	2.42	2002-12-15	2.03	2003-08-20	1.42
2002-04-20	2.48	2002-12-20	2.32	2003-08-25	1.20
2002-04-25	2.50	2002-12-25	2.35	2003-08-30	1.70
2002-04-30	2.46	2002-12-30	2.08	2003-09-05	1.50
2002-05-05	2.49	2003-01-05	1.85	2003-09-10	1.62
2002-05-10	2.42	2003-01-10	2.05	2003-09-15	1.55
2002-05-15	2.36	2003-01-15	2.15	2003-09-20	1.65
2002-05-20	2.40	2003-01-20	2.35	2003-09-25	1.95
2002-05-25	2.46	2003-01-25	2.45	2003-09-30	2.10
2002-05-30	2.52	2003-01-30	2.59	2003-10-05	2.07
2002-06-05	2.57	2003-02-05	2.55	2003-10-10	2.15
2002-06-10	2.43	2003-02-10	1.85	2003-10-15	2.10
2002-06-15	2.12	2003-02-15	1.55	2003-10-20	2.15
2002-06-20	2.00	2003-02-20	1.57	2003-10-25	2.20
2002-06-25	2.20	2003-02-25	2.20	2003-10-30	2.30
2002-06-30	2.06	2003-02-28	2.48	2003-11-05	2.37
2002-07-05	1.90	2003-03-05	2.50	2003-11-10	2.35
2002-07-10	2.07	2003-03-10	2.40	2003-11-15	2.30
2002-07-15	2.46	2003-03-15	2.42	2003-11-20	2.32
2002-07-20	1.77	2003-03-20	2.15	2003-11-25	2.33
2002-07-25	2.03	2003-03-25	2.05	2003-11-30	2.40
2002-07-30	1.14	2003-03-30	2.03	2003-12-05	2.38
2002-08-05	1.52	2003-04-05	2.25	2003-12-10	2.40
2002-08-10	1.38	2003-04-10	1.95	2003-12-15	2.50
2002-08-15	2.08	2003-04-15	1.92	2003-12-20	2.50
2002-08-20	1.69	2003-04-20	2.25	2003-12-25	2.52
2002-08-25	1.93	2003-04-25	2.15	2003-12-30	2.54
2002-08-30	2.10	2003-04-30	2.20	2004-01-05	2.58
2002-09-05	2.08	2003-05-05	2.28	2004-01-10	2.61
2002-09-10	2.13	2003-05-10	2.35	2004-01-15	2.60
2002-09-15	1.52	2003-05-15	2.20	2004-01-20	2.56
2002-09-20	1.92	2003-05-20	2.30	2004-01-25	2.58

（续）

日　期	地下水埋深	日　期	地下水埋深	日　期	地下水埋深
2004-01-30	2.47	2004-09-30	2.45	2005-05-30	1.20
2004-02-05	2.23	2004-10-05	2.46	2005-06-05	1.32
2004-02-10	2.06	2004-10-10	2.52	2005-06-10	1.28
2004-02-15	2.02	2004-10-15	2.43	2005-06-15	0.95
2004-02-20	2.45	2004-10-20	2.35	2005-06-20	0.89
2004-02-25	2.50	2004-10-25	2.11	2005-06-25	0.86
2004-02-28	2.51	2004-10-30	2.13	2005-06-30	1.02
2004-03-05	2.53	2004-11-05	2.16	2005-07-05	1.15
2004-03-10	2.56	2004-11-10	2.18	2005-07-10	1.22
2004-03-15	2.58	2004-11-15	2.20	2005-07-15	1.68
2004-03-20	2.65	2004-11-20	2.20	2005-07-20	2.20
2004-03-25	2.40	2004-11-25	2.22	2005-07-25	1.86
2004-03-30	1.90	2004-11-30	2.28	2005-07-30	1.98
2004-04-05	1.75	2004-12-05	2.32	2005-08-05	2.02
2004-04-10	1.80	2004-12-10	2.32	2005-08-10	2.15
2004-04-15	1.68	2004-12-15	2.44	2005-08-15	1.78
2004-04-20	1.75	2004-12-20	2.47	2005-08-20	1.80
2004-04-25	1.98	2004-12-25	2.51	2005-08-25	1.86
2004-04-30	2.40	2004-12-30	2.53	2005-08-30	1.64
2004-05-05	2.40	2005-01-05	2.58	2005-09-05	1.40
2004-05-10	2.48	2005-01-10	2.62	2005-09-10	1.87
2004-05-15	0.80	2005-01-15	2.67	2005-09-15	2.22
2004-05-20	1.40	2005-01-20	2.69	2005-09-20	2.26
2004-05-25	1.70	2005-01-25	2.52	2005-09-25	2.30
2004-05-30	1.75	2005-01-30	2.20	2005-09-30	2.15
2004-06-05	1.80	2005-02-05	2.26	2005-10-05	2.25
2004-06-10	1.92	2005-02-10	2.37	2005-10-10	2.36
2004-06-15	2.10	2005-02-15	2.39	2005-10-15	2.65
2004-06-20	2.00	2005-02-20	2.30	2005-10-20	2.82
2004-06-25	2.10	2005-02-25	2.22	2005-10-25	3.18
2004-06-30	2.20	2005-02-28	2.30	2005-10-30	3.20
2004-07-05	1.70	2005-03-05	2.37	2005-11-05	3.25
2004-07-10	1.75	2005-03-10	2.30	2005-11-10	3.22
2004-07-15	1.60	2005-03-15	2.36	2005-11-15	3.30
2004-07-20	1.59	2005-03-20	2.39	2005-11-20	3.36
2004-07-25	1.70	2005-03-25	2.46	2005-11-25	3.40
2004-07-30	0.89	2005-03-30	2.12	2005-11-30	3.47
2004-08-05	1.90	2005-04-05	2.17	2005-12-05	3.53
2004-08-10	2.15	2005-04-10	2.00	2005-12-10	3.56
2004-08-15	2.22	2005-04-15	1.85	2005-12-15	3.57
2004-08-20	2.30	2005-04-20	1.60	2005-12-20	3.59
2004-08-25	2.38	2005-04-25	1.52	2005-12-25	3.60
2004-08-30	1.85	2005-04-30	1.60	2005-12-30	3.62
2004-09-05	1.90	2005-05-05	1.65	2006-01-05	3.63
2004-09-10	2.05	2005-05-10	1.70	2006-01-10	2.85
2004-09-15	2.20	2005-05-15	1.25	2006-01-15	2.74
2004-09-20	2.30	2005-05-20	0.90	2006-01-20	2.66
2004-09-25	2.32	2005-05-25	0.89	2006-01-25	2.67

（续）

日　期	地下水埋深	日　期	地下水埋深	日　期	地下水埋深
2006-01-30	2.59	2006-10-05	2.42	2007-06-10	1.02
2006-02-05	2.62	2006-10-10	2.46	2007-06-15	0.98
2006-02-10	2.47	2006-10-15	2.48	2007-06-20	1.02
2006-02-15	2.36	2006-10-20	2.35	2007-06-25	1.06
2006-02-20	2.32	2006-10-25	2.28	2007-06-30	0.98
2006-02-28	2.33	2006-10-30	2.36	2007-07-05	0.87
2006-03-05	2.30	2006-11-05	2.40	2007-07-10	0.94
2006-03-10	2.41	2006-11-10	2.43	2007-07-15	0.86
2006-03-15	2.45	2006-11-15	2.48	2007-07-20	1.22
2006-03-20	2.36	2006-11-20	2.50	2007-07-25	1.28
2006-03-25	2.30	2006-11-25	2.52	2007-07-30	1.32
2006-03-30	2.23	2006-11-30	2.55	2007-08-05	1.39
2006-04-05	2.00	2006-12-05	2.58	2007-08-10	1.07
2006-04-10	2.12	2006-12-10	2.42	2007-08-15	1.14
2006-04-15	2.20	2006-12-15	2.23	2007-08-20	1.02
2006-04-20	2.28	2006-12-20	2.40	2007-08-25	0.98
2006-04-25	2.36	2006-12-25	2.36	2007-08-30	1.12
2006-04-30	2.38	2006-12-30	2.44	2007-09-05	1.68
2006-05-05	2.10	2007-01-05	2.50	2007-09-10	1.70
2006-05-10	1.85	2007-01-10	2.50	2007-09-15	1.74
2006-05-15	1.92	2007-01-15	2.35	2007-09-20	1.78
2006-05-20	1.75	2007-01-20	1.89	2007-09-25	1.80
2006-05-25	1.40	2007-01-25	1.90	2007-09-30	1.83
2006-05-30	1.21	2007-01-30	1.82	2007-10-05	1.72
2006-06-05	1.56	2007-02-05	1.93	2007-10-10	1.77
2006-06-10	1.40	2007-02-10	1.98	2007-10-15	1.84
2006-06-15	1.65	2007-02-15	2.22	2007-10-20	1.93
2006-06-20	1.85	2007-02-20	2.26	2007-10-25	1.97
2006-06-25	1.80	2007-02-25	2.24	2007-10-30	2.02
2006-06-30	1.96	2007-02-28	2.31	2007-11-05	2.05
2006-07-05	2.15	2007-03-05	2.32	2007-11-10	2.13
2006-07-10	2.22	2007-03-10	2.27	2007-11-15	2.18
2006-07-15	2.32	2007-03-15	2.34	2007-11-20	2.22
2006-07-20	2.36	2007-03-20	2.36	2007-11-25	2.20
2006-07-25	1.87	2007-03-25	2.38	2007-11-30	2.26
2006-07-30	1.79	2007-03-30	2.32	2007-12-05	2.32
2006-08-05	1.66	2007-04-05	2.34	2007-12-10	2.34
2006-08-10	1.52	2007-04-10	2.26	2007-12-15	2.35
2006-08-15	1.65	2007-04-15	2.33	2007-12-20	2.33
2006-08-20	1.92	2007-04-20	2.36	2007-12-25	2.37
2006-08-25	1.76	2007-04-25	1.03	2007-12-30	2.39
2006-08-30	2.04	2007-04-30	1.16	2008-01-05	2.40
2006-09-05	2.12	2007-05-05	1.22	2008-01-10	2.36
2006-09-10	2.02	2007-05-10	1.26	2008-01-15	2.39
2006-09-15	2.14	2007-05-15	1.33	2008-01-20	2.27
2006-09-20	2.22	2007-05-25	1.04	2008-01-25	2.20
2006-09-25	2.36	2007-05-30	1.12	2008-01-30	2.28
2006-09-30	2.43	2007-06-05	1.06	2008-02-05	2.17

（续）

日 期	地下水埋深	日 期	地下水埋深	日 期	地下水埋深
2008-02-10	2.24	2008-06-05	1.36	2008-09-25	1.73
2008-02-15	2.27	2008-06-10	1.48	2008-09-30	1.74
2008-02-20	2.19	2008-06-15	1.45	2008-10-05	1.68
2008-02-25	2.13	2008-06-20	1.42	2008-10-10	1.64
2008-02-28	2.17	2008-06-25	1.37	2008-10-15	1.65
2008-03-05	2.20	2008-06-30	1.29	2008-10-20	1.68
2008-03-10	2.22	2008-07-05	1.32	2008-10-25	1.66
2008-03-15	2.25	2008-07-10	1.41	2008-10-30	1.68
2008-03-20	2.18	2008-07-15	1.44	2008-11-05	1.59
2008-03-25	2.12	2008-07-20	1.46	2008-11-10	1.73
2008-03-30	1.96	2008-07-25	1.50	2008-11-15	1.84
2008-04-05	1.75	2008-07-30	1.59	2008-11-20	1.87
2008-04-10	1.68	2008-08-05	1.64	2008-11-25	1.93
2008-04-15	1.64	2008-08-10	1.60	2008-11-30	1.90
2008-04-20	1.53	2008-08-15	1.56	2008-12-05	1.94
2008-04-25	1.43	2008-08-20	1.58	2008-12-10	1.96
2008-04-30	1.46	2008-08-25	1.62	2008-12-15	2.31
2008-05-05	1.53	2008-08-30	1.60	2008-12-20	2.32
2008-05-10	1.66	2008-09-05	1.55	2008-12-25	2.41
2008-05-15	1.58	2008-09-10	1.64	2008-12-30	2.46
2008-05-25	1.54	2008-09-15	1.69		
2008-05-30	1.59	2008-09-20	1.71		

4.3.4 土壤水分常数

表 4-45 2006 年鼎湖山站三个主要林型土壤水分常数

林型	采样层次（cm）	土壤类型	土壤质地	土壤完全持水量	土壤田间持水量	土壤凋萎含水量	土壤孔隙度	容重	水分特征曲线方程
季风林	0～10	水化赤红壤	重壤土	59.5	34.6	13.9	56.3	0.94	θ(S)=22.081×S(θ) −0.1717,R2=0.992
	10～20		轻粘土	50.2	32.8	15.0	53.8	1.28	θ(S)=23.283×S(θ) −0.1613,R2=0.998 6
	20～40		轻石质、轻粘土	49.6		15.5		1.27	θ(S)=22.807×S(θ) −0.142,R2=0.987
	40～60		轻石质、轻粘土	44.7		14.0		1.56	θ(S)=20.608×S(θ) −0.143,R2=0.987
	60～80		重石质、重壤土	40.2		12.6		1.29	θ(S)=19.08×S(θ) −0.1525,R2=0.989
针阔Ⅱ号	0～10	赤红壤	中石质、重壤土	53.7	25.3	13.2	42.3	1.15	θ(S)=22.918×S(θ) −0.2039,R2=0.993
	10～20		中石质、重壤土	49.6	26.5	12.9	39.2	1.32	θ(S)=21.353×S(θ) −0.1862,R2=0.985
	20～40		重石质、重壤土	47.7		14.3		1.18	θ(S)=22.003×S(θ) −0.1579,R2=0.983
	40～60		重石质、重壤土	44.5		14.8		1.40	θ(S)=22.113×S(θ) −0.1489,R2=0.986
	60～80		重石质、重壤土	35.3		14.4			θ(S)=21.362×S(θ) −0.1463,R2=0.967
松林	0～10	赤红壤	重石质、重壤土	45.2	26.1	11.6	39.6	1.52	θ(S)=17.947×S(θ) −0.1628,R2=0.995
	10～20		重石质、重壤土	38.5	25.8	7.7	38.5	1.67	θ(S)=13.126×S(θ) −0.198,R2=0.988
	20～40		轻石质、重壤土	39.3		9.9		1.55	θ(S)=15.576×S(θ) −0.1657,R2=0.989 2
	40～60		轻石质、重壤土	39.7		12.9		1.57	θ(S)=18.355×S(θ) −0.1315,R2=0.987
	60～80		轻石质、重壤土	39.8		12.5		1.26	θ(S)=18.196×S(θ) −0.1397,R2=0.989

4.3.5 人工水面蒸发量

表 4-46 2000—2008 年人工水面蒸发量

样地名称：鼎湖山站气象观测场人工水面蒸发　　单位：mm

年\月	1	2	3	4	5	6	7	8	9	10	11	12	年合计
2000	31.5	34.0	42.5	46.3	56.9	73.3	71.0	71.0	73.7	70.2	49.8	41.4	661.6
2001	24.9	35.6	46.4	25.1	59.2	46.9	67.5	58.4	74.0	70.1	60.7	29.2	598.0
2002	33.5	36.0	47.4	89.7	118.1	117.1	104.0	111.3	81.3	86.9	74.4	39.2	938.9
2003	52.5	35.7	42.9	67.8	103.5	88.0	173.0	127.9	100.8	112.1	76.4	80.7	1 061.3
2004	45.1	49.0	48.8	75.0	95.6	117.7	105.9	102.2	110.9	117.7	76.6	66.5	1 011.0
2005	42.4	23.2	42.2	55.0	83.1	89.4	143.1	133.8	125.7	155.0	119.6	94.2	1 106.7
2006	66.3	51.7	47.0	66.5	79.3	96.3	128.7	133.6	119.5	112.6	90.3	90.2	1 082.0
2007	70.4	55.4	43.3	68.2	128.0	127.1	182.5	136.4	121.4	140.0	109.8	63.3	1 245.8
2008	60.6	46.9	69.6	56.4	74.8	74.3	140.7	151.8	148.0	112.7	99.2	89.1	1 124.1

4.3.6 雨水水质状况

表 4-47 2004—2008 年雨水水质状况

样地名称：鼎湖山站气象观测场雨水采集器　　单位：mg/L

年份	月份	PH	矿化度	硫酸根	非溶性物质总含量
2004	7	4.89	23.5	17.055 6	4.0
2005	4	3.95	59.5	73.090 9	51.5
2005	7	5.10	8.0	57.454 5	22.0
2006	1	5.08	122.0	91.145 5	16.0
2006	4	4.55	25.5	45.818 2	11.0
2006	7	5.66	78.0	85.333 3	32.0
2006	10	4.76	87.0	51.654 3	5.0
2007	1	5.12	111.0	55.234 6	32.0
2007	4	5.24	26.5	29.818 2	11.5
2007	7	6.10	57.0	90.222 2	17.0
2007	10	5.58	64.0	40.049 4	15.0
2008	1	6.61	168.0	109.514 3	17.0
2008	4	6.64	50.0	57.800 0	94.0
2008	7	5.56	15.0	85.800 0	23.0
2008	10	5.83	114.0	61.628 6	12.0

4.3.7 地表径流量

4.3.7.1 鼎湖山站综合观测场季风林地表径流观测场

表 4-48 季风林地表径流量

样地名称：鼎湖山站综合观测场季风林地表径流观测场

植被名称：亚热带常绿阔叶林　集水面积：77 000m²　　单位：mm

年\月	1	2	3	4	5	6	7	8	9	10	11	12	年总计
1999	1.47	1.37	1.47	2.26	10.53	32.17	51.79	52.16	25.30	5.99	1.54	1.84	187.88
2001	5.04	5.07	2.78	70.38	70.31	124.98	368.74	78.80	228.39	9.05	1.24	2.67	967.44
2002	0.79	0.39	0.61	0.62	1.08	16.83	185.74	419.63					625.70
2003									88.26	5.62	5.82	5.51	105.21
2004	5.82	3.52	12.23	28.29	97.33	3.09	41.40	50.94	9.44	2.57	2.28	0.71	257.63

（续）

年\月	1	2	3	4	5	6	7	8	9	10	11	12	年总计
2005	0.79	0.86	0.61	2.83	127.09	87.37	46.07	90.91	362.89	4.19	3.85	1.90	729.37
2006	0.60	0.76	4.73	2.63	131.16	109.24	250.89	146.63	18.89	6.05	3.68	3.04	678.30
2007	0.64	0.69	2.47	28.98	23.63	57.41	55.10	19.18	16.67	2.15	1.06	0.58	208.57
2008	0.96	3.94	2.73	22.71	251.00	1460.54	599.30	93.14	42.21	26.40	63.82	0.90	2 567.65

注：2002 年 8 月只有 1～20 日数据，空白的为集水区于 2002 - 8 - 21 遭泥石流冲垮无观测，2003 - 9 - 1 恢复观测。2008 年 6～7 月数据可能由于样地上方有土建工程，导致水量不对。

4.3.7.2 鼎湖山站东沟天然径流观测场

表 4 - 49　东沟天然径流观测场地表径流量

样地名称：鼎湖山站东沟天然径流观测场　集水面积：6 132 000m²

植被名称：亚热带自然植被，主要有季风常绿阔叶林，针阔叶混交林，马尾松林，沟谷雨林　　单位：mm

年\月	1	2	3	4	5	6	7	8	9	10	11	12	年总计
2000			2.76	47.65	83.29	56.56	158.72	103.44	59.73	56.22	45.12	29.79	643.27
2001	33.62	36.25	29.24	85.20	119.48	230.69	403.24	107.23	308.09	148.30	77.65	90.79	1 669.78
2002	69.11	52.78	57.79	84.39	65.32	54.81	143.45	287.59	112.82	176.96	57.26	46.63	1 208.91
2003	39.38	30.31	39.79	82.50	88.64	130.36	58.58	124.99	226.21	45.77	23.61	19.94	910.08
2004	17.48	18.86	26.02	84.07	200.87	40.27	83.18	154.63	85.10	22.91	19.60	16.92	769.92
2005	9.43	8.67	12.05	24.55	153.88	217.11	166.12	223.50	297.98	24.01	12.81	10.36	1 160.48
2006	10.53	10.33	22.00	21.24	154.67	289.61	179.57	310.54	74.10	34.42	27.84	19.67	1 154.52
2007	16.25	21.88	21.64	48.54	53.59	99.06	107.01	66.81	58.30	17.48	13.80	18.10	542.46
2008	13.49	25.75	34.46	48.64	174.92	269.99	133.64	139.10	95.60	61.79	20.51	14.79	1 032.69

注：2000 - 3 - 22 开始观测。

4.3.8 树干径流量、穿透降水量

表 4 - 50　树干径流量、穿透降水量表

单位：mm

项目	林型	年\月	1	2	3	4	5	6	7	8	9	10	11	12
树干流	马尾松林	2004	0.35	0.43	0.32	0.87	1.37	0.48	1.33	0.90	0.09		0.02	
		2005	0.06	0.03	0.28	0.72	1.64	1.34	0.45	1.02	1.44		0.02	
		2006		0.18	0.66	0.39	5.34	2.38	5.13	4.51	4.13	0.53	0.68	0.91
		2007	0.15	0.13	0.05	0.57	0.46	1.51	0.86	0.63	0.16			0.02
		2008		0.11	0.09	0.46	1.73	3.00	0.21	0.57	0.17	0.16	0.15	
	针阔Ⅱ号	2004	0.97	1.22	1.18	3.32	5.07	1.22	2.47	3.19	0.45		0.09	
		2005	0.32	0.32	0.94	2.09	4.76	3.96	2.09	4.81	2.69		0.15	
		2006		0.59	1.98	1.52	7.32	5.30	4.71	4.00	2.95	1.71	1.32	0.82
		2007	0.78	0.96	0.42	2.60	2.06	3.67	1.76	3.92	2.41			0.18
		2008		1.36	0.96	2.97	5.03	5.38	0.50	1.34	1.65	0.95	0.72	
	针阔Ⅰ号	2004	0.56	0.44	0.62	2.41	4.85	1.04	3.14	2.24	0.31		0.14	
		2005	0.26	0.28	0.57	2.28	4.74	3.88	1.88	4.57	3.08		0.11	
		2006			2.03	1.74	7.50	4.93	4.50	3.96	2.17	2.16	0.93	0.67
		2007	0.36	0.71	0.39	1.98	1.11	2.24	1.57	2.26	1.39			0.12
		2008		1.15	0.79	2.70	4.85	6.25	0.68	1.25	0.91	0.58	0.57	
	季风林	1999	0.04		0.07	0.15	0.20	0.28	0.35	0.44	0.16	0.01	0.04	0.04
		2001	0.20	1.63	0.77	2.90	4.39	5.30	7.71	2.68	3.62	0.07		0.43
		2002	0.17		0.62	0.22	0.78	0.74	3.30	5.20	2.96	1.45	0.56	0.98
		2003	0.19	0.12	0.55	0.61	0.31	2.35	0.94	4.18	3.61		0.36	
		2004	1.14	1.01	0.90	2.70	4.17	1.14	3.73	3.15	0.30		0.12	
		2005	0.43	0.35	1.08	2.47	5.58	4.04	0.74	4.35	3.12		0.15	
		2006		0.56	2.70	1.33	7.26	4.40	4.89	3.55	2.47	1.65	1.44	0.60
		2007	0.70	0.86	0.36	2.14	2.17	3.71	1.56	3.55	1.82			0.25
		2008		1.34	1.02	2.76	4.96	6.05	0.73	1.23	1.60	1.11	0.72	

（续）

项目	林型	年\月	1	2	3	4	5	6	7	8	9	10	11	12
穿透水	马尾松林	2001	1.2	58.0	80.8	235.9	336.8	263.8	452.0	93.6	341.0	10.7	0.0	42.8
		2002			89.8	5.3	56.4	138.2	332.7	351.2	257.2	301.4	57.7	42.7
		2003	32.7	16.4	94.5	74.3	59.3	281.0	67.8	335.9	302.2	6.1	43.4	
		2004	98.1	78.5	96.5	294.7	367.5	112.3	288.8	296.9	25.9		13.5	
		2005	26.3	44.7	86.8	231.7	447.6	397.3	121.4	365.1	283.5		18.6	
		2006		54.2	219.2	136.3	846.2	433.0	353.2	299.1	138.5	96.2	69.4	86.4
		2007	52.9	98.6	75.2	258.1	274.4	448.7	227.8	459.1	192.6		0.0	35.3
		2008*		230.1	136.8	417.8	710.8	922.4	124.2	219.6	121.6	168.7	80.3	
	针阔Ⅱ号	2001	49.6	56.5	87.1	238.7	274.7	273.3	427.2	99.2	352.4	11.1		42.9
		2004				6.3	151.4	48.9	135.3	113.9	18.2		3.0	
		2005	13.1	20.7	34.3	92.8	196.8	164.5	76.9	196.4	113.4		8.8	
		2006		20.5	84.7	43.3	249.0	307.5	489.8	322.0	166.4	98.4	73.3	83.2
		2007	68.5	94.4	84.4	232.9	245.9	419.1	234.3	395.9	199.2	0.0		35.2
		2008*		250.8	148.7	437.3	733.2	861.2	142.3	189.1	142.9	124.6	93.6	
	针阔Ⅰ号	2001	12.4	57.6	72.6	223.6	273.4	257.1	398.2	104.3	308.1	50.7	0.0	
		2002			136.7	24.4	94.1	126.7	304.8	340.2	221.5	227.1	46.8	34.8
		2003	28.7	15.1	96.4	79.6	55.9	293.7	60.9	292.4	229.3	19.1	38.8	
		2004	69.4	65.8	93.0	256.9	314.5	106.6	276.8	250.2	33.3		13.6	
		2005	25.2	47.8	73.4	195.6	369.0	326.4	114.6	332.0	307.3		13.1	
		2006			212.5	115.1	610.5	446.8	579.9	434.6	198.0	137.1	94.6	75.7
		2007	87.8	105.1	84.8	251.2	207.7	496.4	227.8	371.5	197.9		0.0	30.2
		2008*		221.7	130.1	429.1	698.6	875.6	124.3	190.9	155.2	112.3	85.3	
	季风林	1999	36.4		38.1	67.1	98.1	95.7	164.8	115.9	53.5	12.1	10.3	23.9
		2001	4.4	45.0	59.2	198.6	216.4	217.8	346.7	139.0	241.2	9.8		55.6
		2002	38.4		93.5	29.7	105.3	152.6	395.8	449.5	243.3	160.4	51.0	104.2
		2003	32.7	18.7	106.1	112.3	51.4	323.9	68.6	356.8	241.7		41.4	
		2004	81.3	77.3	97.4	264.1	348.9	80.5	297.4	258.8	32.8		14.1	
		2005	28.5	46.1	79.6	242.0	381.7	362.8	60.3	379.7	291.9		18.6	
		2006		49.7	208.1	107.1	689.0	389.1	551.3	441.8	187.8	102.1	88.3	68.4
		2007	78.8	93.2	82.1	274.7	232.7	545.1	227.8	364.5	191.1			29.7
		2008*		205.2	127.9	430.4	695.2	832.9	108.3	178.7	171.7	118.7	84.8	

* 2008年穿透水量偏大，可能是当年降雨量大，测定更不准。

4.3.9 枯枝落叶含水量

表 4-51 枯枝落叶含水量

单位：%

林型	年份	1	2	3	4	5	6	7	8	9	10	11	12
季风林	1999	41.5	50.9	53.1	56.4	59.3	72.7	73.0	65.8	53.2	47.4	43.4	31.9
	2001	50.8	55.3	55.8	61.5	65.8	71.7	69.8	75.9	70.6	52.8	41.2	40.5
	2002			53.3	27.0	19.8	46.1	51.9	43.5	58.1	53.2	31.3	32.8
	2003	24.6	43.4	42.5	44.9	31.2	51.8	62.2	59.6	30.5	40.0	56.2	18.1
	2004	20.0	28.0	52.8	25.2	58.8	41.6	55.8	40.7	19.0	22.7	33.9	13.7
	2005	26.4	41.8	65.8	39.4	55.0	55.2	24.0	42.9	36.3	17.3	25.9	26.7
	2006	24.2	24.2	47.5	54.4	26.8	47.6	43.3	47.6	33.3	25.9	44.5	41.1
	2007	25.5	50.5	59.5	64.2	22.4	28.5	11.7	42.7	10.7	20.6	15.0	25.6
	2008	26.2	46.3	48.1	34.3	44.0	69.6	68.5	33.2	35.4	36.0	25.5	15.2

（续）

林型	年份	1	2	3	4	5	6	7	8	9	10	11	12
针阔Ⅰ号	1999	31.1	33.5	38.6	45.2	46.8	47.2	52.1	47.1	31.3	33.3	29.3	25.4
	2002			50.1	16.7	14.1	29.3	67.8	42.9	56.8	33.9	33.1	26.3
	2003	15.2	30.9	38.1	34.7	37.3	52.9	24.3	57.1	25.9	12.6	41.4	17.8
	2004	18.8	28.8	51.7	34.6	63.2	47.7	59.3	23.4	18.1	17.1	35.4	8.7
	2005	23.6	33.3	64.3	50.5	40.7	39.4	21.4	53.0	39.8	21.4	30.0	18.5
	2006	11.4	20.9	36.2	38.8	26.5	34.1	59.3	63.5	32.1	23.9	44.3	36.1
	2007	26.3	39.4	52.0	55.5	25.6	27.5	15.9	53.3	24.4	21.8	12.9	20.7
	2008	25.9	38.9	48.0	31.4	46.1	68.8	64.9	33.7	26.6	55.1	23.5	16.6
马尾松林	1999	14.1	17.4	19.8	22.8	23.2	25.2	25.6	22.8	19.6	16.5	15.5	13.6
	2002			41.0	24.7	11.5	45.0	66.1	49.8	67.3	58.0	30.0	50.3
	2003	20.8	20.5	40.0	37.6	38.9	54.0	48.4	56.0	30.8	11.0	39.4	19.2
	2004	16.4	21.8	56.4	47.2	56.7	37.1	54.1	16.2	35.3	13.3	55.5	8.9
	2005	18.9	32.7	61.7	47.6	50.9	58.8	14.5	51.1	29.4	14.5	34.2	14.0
	2006	11.1	18.0	47.8	52.0	29.6	31.9	47.4	55.3	30.0	19.0	38.0	36.2
	2007	12.5	20.2	56.7	48.0	18.8	18.1	9.9	49.3	16.9	15.8	9.9	14.0
	2008	10.7	42.9	55.9	19.8	37.1	68.5	65.5	35.1	27.1	53.7	23.9	7.3

注：空白的为无雨。

4.3.10　水质分析方法

表 4－52　1999—2008 年水质分析方法

分析项目名称	分析方法名称	参照国标名称
pH	玻璃电极法	GB 6920—86
非溶性物质总含量	质量法	GB/T 8538—1995
钙离子	原子吸收分光光度法	GB 11905—89
化学需氧量（COD）	酸性高锰酸钾滴定法	GB/T 8538—1995
钾离子	原子吸收分光光度法	GB 11904—89
矿化度	质量法	GB/T 8538—1995
磷酸根离子	磷钼蓝分光光度法	GB/T 8538—1995
硫酸根离子	硫酸钡浊度法	GB/T 8538—1995
氯化物	硝酸银滴定法	GB 11896—89
镁离子	原子吸收分光光度法	GB 11905—89
钠离子	原子吸收分光光度法	GB 11904—89
水中溶解氧（DO）	碘量法	GB 7489—87
碳酸根离子	酸碱滴定法	GB/T 8538—1995
硝酸根离子	紫外分光光度法	GB/T 8538—1995
重碳酸根离子	酸碱滴定法	GB/T 8538—1995
总氮	碱性过硫酸钾消解—紫外分光光度法	GB 11894—89
总磷	钼酸铵分光光度法	GB 11893—89

4.4 气象监测数据

4.4.1 温度（T）

表 4-53 自动观测气象要素——温度

单位：℃

年份	月份	日平均值月平均	日最大值月平均	日最小值月平均	月极大值	极大值日期	月极小值	极小值日期
2004	12	16.34	21.74	12.62	28.70	3	2.80	31
2005	1	12.87	16.69	10.31	23.40	23	2.00	1
2005	2	11.48	16.67	11.33	30.50	16	5.50	22
2005	3	16.39	20.55	13.44	31.30	29	6.20	5
2005	4	21.88	26.33	19.18	33.50	8	11.80	13
2005	5	26.85	32.74	23.52	38.00	17	19.70	6
2005	6	27.13	32.33	24.34	38.50	11	22.00	6
2005	7	29.27	35.78	25.10	41.80	20	23.30	23
2005	8	28.03	34.33	24.70	39.50	12	22.60	13
2005	9	27.58	33.25	24.10	37.40	21	21.80	25
2005	10	25.00	31.43	20.74	37.80	2	16.50	24
2005	11	21.62	27.84	17.96	35.70	10	12.20	20
2005	12	14.56	19.85	11.05	25.80	2	5.20	6
2006	1	15.31	20.61	11.90	29.80	31	4.70	7
2006	2	16.81	21.86	13.66	32.70	15	6.40	28
2006	3	17.22	21.42	14.64	31.90	18	5.70	1
2006	4	23.24	28.88	20.09	35.90	10	11.30	14
2006	5	24.55	30.12	20.71	37.40	8	11.10	1
2006	6	27.43	34.36	23.99	40.10	25	20.20	10
2006	7	28.86	35.30	25.16	39.30	14	22.90	17
2006	8	28.31	34.96	24.50	38.90	17	22.80	28
2006	9	26.26	32.65	22.49	39.20	2	19.20	10
2006	10	26.04	32.16	22.16	35.70	7	17.90	28
2006	11	21.18	26.78	17.72	33.60	9	12.70	28
2006	12	15.85	22.27	11.94	34.80	19	6.80	18
2007	1	13.59	18.71	10.16	25.40	16	6.20	25
2007	2	18.04	23.24	14.87	31.30	8	8.40	3
2007	3	18.19	21.98	16.04	31.60	26	8.10	7
2007	4	20.77	25.93	17.47	36.60	16	9.40	4
2007	5	26.41	33.53	22.12	39.00	31	18.70	1
2007	6	28.33	35.78	24.69	41.10	25	23.00	15
2007	7	30.13	38.40	25.38	42.40	24	23.40	2
2007	8	28.43	36.24	24.45	42.30	2	22.30	15
2007	9	27.18	33.38	23.75	37.80	1	21.90	5
2007	10	24.91	31.37	20.86	37.80	6	16.90	31
2007	11	19.98	26.61	15.57	30.80	15	8.60	29
2007	12	17.16	22.41	13.85	32.80	12	9.30	31
2008	1	12.64	17.48	9.45	32.10	11	4.00	31
2008	2	11.21	18.10	8.28	79.00	5	2.00	3
2008	3	19.58	25.29	15.78	29.70	16	7.20	1
2008	4	22.52	26.93	19.78	35.10	7	13.60	1
2008	5	25.02	30.39	22.05	38.10	8	18.10	12

（续）

年份	月份	日平均值月平均	日最大值月平均	日最小值月平均	月极大值	极大值日期	月极小值	极小值日期
2008	6	26.84	32.52	23.74	39.40	23	21.20	5
2008	7	28.74	36.61	24.70	41.00	28	22.60	11
2008	8	28.87	36.34	24.62	40.10	30	22.40	5
2008	9	28.30	35.10	24.01	39.30	22	21.50	30
2008	10	25.65	31.40	22.01	35.90	22	19.60	13
2008	11	19.69	25.62	15.79	33.50	7	8.20	29
2008	12	15.61	21.21	11.65	27.10	21	4.50	23

4.4.2　湿度表（RH）

表 4-54　自动观测气象要素——湿度

单位：%

年份	月份	日平均值月平均	日最小值月平均	月最低湿度	月最低湿度日期
2004	12	57	40	17	10
2005	1	68	55	19	16
2005	2	72	74	42	7
2005	3	77	62	21	6
2005	4	81	67	33	14
2005	5	79	60	41	6
2005	6	83	65	44	9
2005	7	71	50	30	17
2005	8	78	58	40	31
2005	9	74	55	40	1
2005	10	60	41	22	31
2005	11	62	43	32	21
2005	12	50	35	14	22
2006	1	68	50	28	7
2006	2	69	52	35	8
2006	3	78	63	23	3
2006	4	81	60	38	16
2006	5	81	63	27	14
2006	6	85	60	33	26
2006	7	80	56	34	22
2006	8	81	56	35	21
2006	9	73	50	29	19
2006	10	71	48	26	31
2006	11	67	48	17	12
2006	12	60	40	10	19
2007	1	64	48	19	31
2007	2	76	60	18	2
2007	3	85	72	51	20
2007	4	80	63	30	18
2007	5	72	51	21	7
2007	6	79	56	34	21
2007	7	70	44	27	25
2007	8	76	51	28	2
2007	9	70	50	23	19
2007	10	60	40	24	3

（续）

年份	月份	日平均值月平均	日最小值月平均	月最低湿度	月最低湿度日期
2007	11	48	31	16	27
2007	12	63	47	24	31
2008	1	65	50	15	2
2008	2	65	47	18	15
2008	3	69	49	14	3
2008	4	83	66	45	29
2008	5	81	62	27	14
2008	6	87	66	42	24
2008	7	76	51	29	28
2008	8	75	48	34	30
2008	9	72	48	34	22
2008	10	70	50	37	7
2008	11	59	42	19	29
2008	12	58	42	16	6

4.4.3 气压（P）

表 4-55 自动观测气象要素——气压

单位：hPa

年份	月份	日平均值月平均	日最大值月平均	日最小值月平均	月极大值	极大值日期	月极小值	极小值日期
2004	12	1 008.1	1 010.9	1 005.5	1 020.00	31	999.00	3
2005	1	1 008.1	1 010.6	1 005.5	1 020.00	1	997.10	25
2005	2	862.4	1 008.7	1 003.4	1 016.10	20	994.40	16
2005	3	1 006.5	1 009.3	1 003.7	1 022.50	5	996.00	22
2005	4	1 001.7	1 003.9	999.4	1 011.00	4	990.90	29
2005	5	995.1	997.2	992.6	999.70	19	987.00	5
2005	6	992.1	993.6	990.1	996.40	29	986.10	11
2005	7	994.3	996.0	992.0	1 001.50	15	985.60	19
2005	8	993.1	994.9	990.6	999.80	27	984.00	6
2005	9	998.0	1 000.2	995.8	1 006.00	19	988.10	1
2005	10	1 003.7	1 006.0	1 001.5	1 010.70	23	993.50	2
2005	11	1 005.1	1 007.4	1 002.7	1 014.50	21	997.20	10
2005	12	1 010.2	1 012.6	1 007.3	1 018.90	21	1 001.20	1
2006	1	1 006.8	1 009.6	1 004.1	1 017.50	6	995.30	19
2006	2	1 008.0	1 010.6	1 005.2	1 018.30	4	997.20	15
2006	3	1 003.4	1 005.9	1 000.5	1 014.60	14	994.10	22
2006	4	999.4	1 001.7	996.6	1 009.20	15	989.60	12
2006	5	998.3	1 000.7	996.0	1 007.30	14	991.00	17
2006	6	994.5	996.1	992.4	1 000.30	20	987.50	9
2006	7	991.4	993.2	989.2	1 000.20	30	980.30	14
2006	8	993.4	995.3	991.0	1 001.20	30	983.30	3
2006	9	998.3	1 000.2	996.2	1 003.60	10	991.40	3
2006	10	1 003.0	1 005.2	1 001.1	1 010.40	27	996.40	4
2006	11	1 004.3	1 006.5	1 002.0	1 010.20	8	994.70	26
2006	12	1 009.8	1 012.2	1 007.1	1 018.60	18	1 003.20	25
2007	1	1 011.0	1 013.4	1 008.4	1 019.10	28	1 001.50	2
2007	2	1 005.2	1 007.6	1 002.9	1 017.50	1	997.50	16
2007	3	1 003.0	1 005.3	1 000.2	1 013.20	20	994.00	26

（续）

年份	月份	日平均值月平均	日最大值月平均	日最小值月平均	月极大值	极大值日期	月极小值	极小值日期
2007	4	1 002.3	1 004.6	999.6	1 012.80	4	991.30	17
2007	5	997.3	999.3	994.9	1004.30	1	986.90	23
2007	6	993.5	995.2	991.4	997.90	23	988.20	26
2007	7	994.0	995.7	991.8	999.50	25	984.20	13
2007	8	—	—	—	997.80	30	980.10	10
2007	9	996.0	997.8	993.9	1002.50	26	990.30	18
2007	10	1 001.0	1 004.7	1 000.2	1 010.50	15	990.10	6
2007	11	1 006.3	1 008.6	1 003.8	1 013.90	30	1 000.20	7
2007	12	1 006.7	1 009.1	1 004.4	1 015.10	5	998.10	12
2008	1	1 008.5	1 011.0	1 005.8	1 018.20	16	996.60	11
2008	2	1 010.2	1 012.7	1 007.5	1 017.20	27	1 003.00	25
2008	3	1 003.5	1 005.8	1 001.0	1 011.60	5	995.20	28
2008	4	999.8	1 002.3	997.5	1 008.60	24	989.80	19
2008	5	996.0	997.8	993.8	1 003.00	13	987.90	28
2008	6	993.5	995.1	991.4	998.80	9	985.50	24
2008	7	993.3	995.0	990.9	999.80	1	984.30	29
2008	8	993.7	996.0	991.1	999.60	19	980.30	6
2008	9	996.4	998.5	993.8	1 002.60	8	983.00	24
2008	10	1 002.6	1 004.6	1 000.4	1 008.40	24	993.00	5
2008	11	1 007.1	1 009.6	1 004.4	1 015.80	19	998.70	7
2008	12	1 008.6	1 011.1	1 005.8	1 017.50	6	1 001.00	3

4.4.4　降水（R）

表 4-56　自动观测气象要素——降水

单位：mm

年份	月份	自动记录			人工记录		
		合计	最高	日最大值出现时间	合计	最高	日最大值出现时间
2004	12	2.8	1.0	31	3.4	2.9	30
2005	1	20.0	2.6	13	20.7	11.7	12
2005	2	30.4	2.2	28	38.2	9.1	27
2005	3	94.6	12.8	23	112.2	33.1	22
2005	4	140.2	12.2	16	128.6	32.4	25
2005	5	318.2	23.8	9	341.0	70.3	19
2005	6	308.4	28.8	27	295.8	42.8	21
2005	7	175.2	27.8	30	172.58	58.5	30
2005	8	188.2	20.0	23	192.8	44.2	24
2005	9	309.8	48.6	3	291.2	116.0	3
2005	10	0.8	0.8	2	1.3	1.3	2
2005	11	13.0	2.8	12	13.6	7.0	14
2005	12	6.4	1.4	28	7.0	4.7	28
2006	1	8.8	1.6	20	8.5	3.3	5
2006	2	109.2	8.4	18	118.7	46.6	18
2006	3	126.0	18.6	23	135.3	32.5	23
2006	4	77.2	14.2	25	79.3	25.7	25
2006	5	324.8	28.4	6	490.8	77.0	3
2006	6	231.4	22.0	2	342.8	51.5	14
2006	7	323.2	19.4	17	358.6	113.5	17

（续）

年份	月份	自动记录			人工记录		
		合计	最高	日最大值出现时间	合计	最高	日最大值出现时间
2006	8	388.6	26.2	4	419.3	132.4	3
2006	9	119.6	25.8	6	123.5	45.0	6
2006	10	23.4	20.4	19	53.0	26.2	19
2006	11	69.6	20.4	18	69.6	23.6	26
2006	12	28.2	3.4	13	28.2	19.8	13
2007	1	50.2	7.6	21	45.7	31.8	21
2007	2	62.2	8.6	22	57.3	19.7	22
2007	3	61.2	9.2	29	64.3	12.0	19
2007	4	198.8	26.0	24	208.7	62.2	24
2007	5	144.8	20.8	20	149.0	63.5	20
2007	6	238.8	42.4	10	271.1	89.6	10
2007	7	130.8	21.8	6	139.3	65.2	1
2007	8	244.8	19.0	27	278.1	50.2	17
2007	9	162.2	31.8	25	170.1	49.6	25
2007	10	23.8	6.4	3	18.3	11.0	31
2007	11	8.6	2.6	1	7.4	5.8	2
2007	12	15.4	2.8	23	13.8	9.0	24
2008	1	85.2	5.4	25	92.8	34.9	25
2008	2	63.2	2.6	25	61.8	29.6	2
2008	3	120.4	13.0	22	126.5	61.9	22
2008	4	224.2	17.2	19	189.2	52.2	19
2008	5	512.6	47.4	1	440.2	110.6	5
2008	6	948.6	106.2	25	741.9	160.8	25
2008	7	173.4	21.6	11	118.73	24.4	7
2008	8	261.0	20.0	7	223.05	69.9	7
2008	9	211.4	37.2	27	161.3	30.2	1
2008	10	182.6	28.8	4	91.4	41.3	5
2008	11	101.2	55.6	2	89.7	49.3	1
2008	12	42.0	5.2	29	24.5	13.9	29

4.4.5 风速（W2）

表 4－57 自动观测气象要素——风速

单位：m/s

年份	月份	月平均风速	月最多风向	最大风速	最大风风向	最大风出现日期	最大风出现时间
2004	12	1.7	NE	7.7	46	5	10：00
2005	1	1.4	NE	6.2	338	13	21：00
2005	2	1.4	NE	7.0	176	16	15：00
2005	3	1.4	NE	8.9	331	30	18：00
2005	4	1.6	NE	11.4	181	9	8：00
2005	5	1.7	NE	8.7	335	6	0：00
2005	6	1.6	NE	6.0	214	13	1：00
2005	7	1.6	NE	6.5	177	11	15：00
2005	8	1.4	NE	7.2	305	13	20：00
2005	9	1.5	NE	6.4	38	25	13：00
2005	10	1.6	NE	8.5	319	2	17：00
2005	11	1.6	NE	5.4	40	16	22：00
2005	12	1.8	NE	7.6	45	6	0：00

（续）

年份	月份	月平均风速	月最多风向	最大风速	最大风风向	最大风出现日期	最大风出现时间
2006	1	1.5	NE	7.0	48	7	1：00
2006	2	1.5	NE	5.8	51	3	18：00
2006	3	1.2	NE	6.5	48	13	4：00
2006	4	1.6	NE	10.3	173	25	18：00
2006	5	1.3	NE	7.8	174	5	15：00
2006	6	1.5	NE	6.4	270	20	18：00
2006	7	1.6	NE	10.0	326	26	22：00
2006	8	1.6	NE	15.1	155	28	16：00
2006	9	1.5	NE	6.1	38	30	10：00
2006	10	1.4	NE	4.2	175	7	14：00
2006	11	1.4	NE	6.4	54	2	11：00
2006	12	1.7	NE	5.6	47	16	10：00
2007	1	1.5	NE	5.3	55	6	14：00
2007	2	1.4	NE	7.9	41	1	9：00
2007	3	1.4	NE	9.7	178	26	16：00
2007	4	1.5	NE	12.0	332	17	18：00
2007	5	1.4	NE	5.7	47	16	20：00
2007	6	1.5	NE	9.9	262	3	15：00
2007	7	1.9	NE	7.2	179	19	18：00
2007	8	1.5	NE	7.7	44	10	7：00
2007	9	1.4	NE	9.2	172	25	14：00
2007	10	1.5	NNW	6.1	40	2	11：00
2007	11	1.8	NNW	6.3	336	27	15：00
2007	12	1.5	NNW	19.0	0	5	5：00
2008	1	1.5	NE	6.6	49	1	9：00
2008	2	1.5	NE	7.0	48	12	9：00
2008	3	1.4	NNW	5.3	243	13	23：00
2008	4	1.4	NNW	8.7	179	11	10：00
2008	5	1.3	NNW	4.7	40	10	12：00
2008	6	1.5	SW	7.3	179	19	13：00
2008	7	1.5	SW	12.5	268	20	16：00
2008	8	1.7	SW	12.4	49	6	14：00
2008	9	1.5	NNW	15.6	34	24	3：00
2008	10	1.4	NNW	5.1	35	5	14：00
2008	11	1.7	NNW	7.4	42	19	0：00
2008	12	1.4	NNW	8.1	43	5	12：00

4.4.6　地表温度（Tg0）

表 4－58　自动观测气象要素——地表温度

单位：℃

年份	月份	月平均值	日最大值月平均	日最小值月平均	月极大值	极大值日期	月极小值	极小值日期
2004	12	19.54	36.00	11.89	46.90	3	3.70	29
2005	1	15.28	24.92	10.81	37.40	6	0.90	1
2005	2	12.82	20.46	12.35	39.60	16	6.80	20
2005	3	17.40	24.77	13.61	41.40	7	5.10	5

（续）

年份	月份	月平均值	日最大值月平均	日最小值月平均	月极大值	极大值日期	月极小值	极小值日期
2005	4	22.81	29.38	19.44	42.20	8	13.60	13
2005	5	28.82	38.35	24.22	55.10	23	20.60	7
2005	6	28.94	36.84	25.19	52.00	1	22.10	9
2005	7	34.51	50.08	26.22	62.80	16	24.10	2
2005	8	30.73	42.08	25.45	58.00	4	23.60	25
2005	9	30.53	42.87	24.61	54.10	14	23.00	5
2005	10	29.94	46.99	21.60	53.10	7	16.40	31
2005	11	25.00	39.35	18.43	50.60	5	11.60	22
2005	12	17.49	29.57	11.60	37.40	11	5.70	22
2006	1	17.93	28.80	12.64	42.50	31	5.60	7
2006	2	20.15	30.70	15.22	46.10	15	10.10	28
2006	3	18.63	25.13	15.31	37.50	6	6.70	3
2006	4	24.88	32.76	20.91	40.90	24	12.70	16
2006	5	26.92	35.27	22.37	46.60	18	15.20	1
2006	6	30.24	40.54	25.43	56.30	27	22.10	10
2006	7	31.46	41.10	26.41	51.10	22	24.10	31
2006	8	30.82	39.93	25.96	46.90	17	23.70	3
2006	9	28.35	36.62	23.84	44.30	2	20.40	11
2006	10	27.62	35.80	23.36	41.50	7	19.80	28
2006	11	22.27	29.41	18.72	36.50	9	15.90	4
2006	12	16.79	23.96	13.12	27.80	12	8.60	19
2007	1	15.28	22.35	11.62	28.40	16	7.80	29
2007	2	18.91	25.53	15.54	34.00	8	7.90	3
2007	3	19.45	23.93	17.34	34.60	30	12.00	8
2007	4	22.59	28.69	19.37	39.60	16	13.90	5
2007	5	29.14	40.15	23.77	51.80	31	20.10	8
2007	6	32.32	44.35	27.07	60.00	26	24.30	10
2007	7	34.67	51.39	27.61	61.50	27	26.40	2
2007	8	—	—	—	62.10	3	25.50	27
2007	9	29.15	38.28	25.30	47.70	1	22.80	20
2007	10	26.13	33.78	22.53	40.50	6	19.20	21
2007	11	19.80	22.19	18.01	24.20	16	12.90	30
2007	12	17.97	20.10	16.58	24.10	12	13.50	1
2008	1	14.96	17.09	13.61	24.20	11	9.30	31
2008	2	12.90	14.72	11.60	21.00	23	7.80	3
2008	3	19.69	22.31	17.93	27.70	23	11.20	1
2008	4	22.88	24.84	21.49	30.10	17	16.50	3
2008	5	26.23	28.87	24.37	32.80	28	21.80	12
2008	6	28.08	31.71	25.97	37.00	23	24.00	3
2008	7	30.51	35.84	27.67	39.60	31	26.20	14
2008	8	30.74	36.26	27.55	40.70	21	25.20	8
2008	9	30.42	36.59	26.87	41.50	22	23.80	29
2008	10	27.51	34.61	23.85	39.20	1	22.40	14
2008	11	21.41	29.33	17.46	35.80	7	10.80	29
2008	12	16.76	24.22	12.99	28.40	13	9.70	23

4.4.7 辐射（D3）

表 4-59 太阳辐射自动观测记录表——月辐射

单位：MJ/m²

年份	月份	总辐射总量平均值	反射辐射总量平均值	紫外辐射总量平均值	净辐射总量平均值	光合有效辐射总量平均值	日照时数总和	日照分数总和
2004	12	373.233	66.994	12.290	91.840	666.726	190	9
2005	1	236.270	40.378	8.297	63.480	403.067	71	54
2005	2	133.118	20.900	5.822	51.643	232.813	15	2
2005	3	230.875	31.632	9.264	109.580	394.221	52	46
2005	4	279.380	33.353	10.921	147.132	451.220	54	50
2005	5	443.087	60.140	19.715	270.595	789.566	121	10
2005	6	294.668	47.882	14.783	173.292	584.447	66	26
2005	7	569.217	97.697	24.113	304.394	1 005.214	210	3
2005	8	443.728	64.978	19.677	257.084	791.825	138	38
2005	9	428.131	66.382	18.119	241.707	757.562	164	58
2005	10	505.670	80.960	19.593	248.752	872.645	250	36
2005	11	352.670	57.873	13.974	144.441	614.297	167	44
2005	12	298.518	51.533	11.198	91.620	504.892	139	44
2006	1	262.898	43.897	10.506	103.267	372.261	96	35
2006	2	237.519	39.930	9.701	96.008	343.963	70	17
2006	3	208.341	29.910	8.261	104.129	310.558	57	21
2006	4	304.747	42.093	12.983	172.386	487.776	69	24
2006	5	363.685	52.534	16.940	199.941	641.304	90	50
2006	6	423.646	61.468	18.457	250.611	725.657	121	50
2006	7	488.045	72.447	21.354	282.530	841.651	175	19
2006	8	498.558	71.860	20.434	288.196	872.033	188	52
2006	9	455.513	65.343	18.427	257.117	775.857	189	3
2006	10	408.398	60.129	15.467	203.942	676.313	189	44
2006	11	301.795	45.432	11.283	121.048	491.506	138	29
2006	12	388.043	53.898	14.153	142.028	594.797	191	51
2007	1	335.407	48.586	12.075	125.193	581.512	132	38
2007	2	260.398	35.401	9.246	102.652	440.039	89	56
2007	3	198.758	21.490	7.585	84.624	328.659	25	14
2007	4	305.223	34.360	12.396	150.491	507.655	68	21
2007	5	539.889	63.831	22.658	301.177	925.021	176	40
2007	6	498.599	59.615	22.556	290.826	900.167	145	50
2007	7	678.914	85.389	29.884	389.777	1 220.287	248	13
2007	8	517.828	62.441	23.036	292.111	930.647	164	48
2007	9	470.686	59.155	19.520	252.961	812.604	163	38
2007	10	474.129	65.099	18.587	222.218	794.345	205	10
2007	11	441.143	64.188	16.021	157.616	705.127	222	11
2007	12	306.594	47.099	10.971	92.219	477.816	112	40
2008	1	300.880	44.633	11.333	93.163	476.735	113	5
2008	2	279.437	36.609	11.206	106.648	446.104	81	50
2008	3	360.903	48.136	12.995	148.772	574.207	125	47
2008	4	280.007	32.303	12.383	133.855	466.324	49	52
2008	5	365.510	45.024	16.440	180.833	627.241	90	22

（续）

年份	月份	总辐射总量平均值	反射辐射总量平均值	紫外辐射总量平均值	净辐射总量平均值	光合有效辐射总量平均值	日照时数总和	日照分数总和
2008	6	380.794	45.903	18.271	193.923	672.834	84	3
2008	7	569.161	72.910	25.586	309.109	974.635	183	59
2008	8	567.291	72.546	24.908	351.185	971.250	200	17
2008	9	533.705	69.326	22.416	359.844	859.845	212	16
2008	10	464.931	62.665	19.190	230.261	736.863	187	21
2008	11	434.474	62.529	16.082	163.894	723.269	200	6
2008	12	380.822	55.173	11.766	104.734	681.785	174	0

第五章 台站研究数据集整理和编写

5.1 研究数据

5.1.1 自动气象观测站其他数据汇总（FD）

表 5-1 自动观测气象要素——地表温度和土壤温度

单位：℃

年份	月份	TG _ 0cm	TG _ 5cm	TG _ 10cm	TG _ 15cm	TG _ 20cm	TG _ 40cm	TG _ 60cm	TG _ 100cm
2004	12	19.54	19.17	19.67	19.73	20.10	20.83	21.44	22.35
2005	1	15.28	15.19	15.62	15.69	16.05	16.86	17.64	18.88
2005	2	12.82	12.97	13.29	13.32	13.59	14.14	14.65	15.48
2005	3	17.40	16.97	17.12	16.98	17.15	17.18	17.24	17.69
2005	4	22.81	22.28	22.26	21.97	22.02	21.54	21.03	20.67
2005	5	28.82	27.98	27.82	27.40	27.34	26.37	25.36	24.40
2005	6	28.94	28.56	28.58	28.30	28.36	27.81	27.15	26.52
2005	7	34.51	32.79	32.61	32.14	32.05	30.95	29.79	28.70
2005	8	30.73	29.91	29.94	29.67	29.76	29.38	28.94	28.64
2005	9	30.53	29.45	29.59	29.38	29.52	29.23	28.79	28.49
2005	10	29.94	28.40	28.61	28.40	28.54	28.34	28.06	27.98
2005	11	25.00	24.23	24.55	24.48	24.72	25.01	25.23	25.75
2005	12	17.49	17.52	18.01	18.12	18.51	19.49	20.40	21.71
2006	1	17.93	17.59	17.90	17.87	18.14	18.57	18.98	19.80
2006	2	20.15	19.78	20.02	19.91	20.11	20.22	20.26	20.59
2006	3	18.63	18.47	18.64	18.54	18.73	18.91	19.09	19.62
2006	4	24.88	24.13	24.08	23.73	23.72	23.04	22.37	21.94
2006	5	26.92	26.37	26.42	26.14	26.21	25.72	25.14	24.67
2006	6	30.24	28.84	28.80	28.42	28.39	27.59	26.75	26.10
2006	7	31.46	30.22	30.35	30.08	30.16	29.71	29.09	28.54
2006	8	30.82	29.81	29.92	29.66	29.74	29.36	28.90	28.60
2006	9	28.35	28.08	28.31	28.14	28.31	28.26	28.10	28.12
2006	10	27.62	27.45	27.70	27.55	27.74	27.73	27.59	27.62
2006	11	22.27	22.77	23.15	23.17	23.50	24.10	24.56	25.29
2006	12	16.79	17.77	18.17	18.29	18.67	19.60	20.47	21.66
2007	1	15.28	15.77	16.11	16.16	16.49	17.24	17.97	19.09
2007	2	18.91	18.59	18.76	18.60	18.76	18.77	18.81	19.19
2007	3	19.45	19.28	19.43	19.27	19.42	19.42	19.41	19.70
2007	4	22.59	22.00	22.12	21.89	22.00	21.71	21.37	21.23
2007	5	29.14	27.22	27.24	26.86	26.85	26.06	25.20	24.53
2007	6	32.32	30.25	30.32	29.96	29.96	29.14	28.18	27.30
2007	7	34.67	31.85	31.98	31.62	31.63	30.88	29.98	29.23
2007	8	—	—	—	—	—	—	—	—

（续）

年份	月份	TG _ 0cm	TG _ 5cm	TG _ 10cm	TG _ 15cm	TG _ 20cm	TG _ 40cm	TG _ 60cm	TG _ 100cm
2007	9	29.15	28.48	28.70	28.51	28.68	28.59	28.40	28.38
2007	10	26.13	26.12	26.45	26.36	26.61	26.84	26.90	27.18
2007	11	19.80	20.68	21.12	21.26	21.66	22.53	23.24	24.20
2007	12	17.97	18.54	18.90	18.96	19.30	19.98	20.61	21.60
2008	1	14.96	15.71	16.16	16.32	16.72	17.69	18.56	19.78
2008	2	12.90	13.21	13.52	13.54	13.82	14.43	15.10	16.26
2008	3	19.69	19.55	19.68	19.50	19.62	19.40	19.14	19.13
2008	4	22.88	22.63	22.70	22.45	22.53	22.15	21.73	21.47
2008	5	26.23	25.95	26.02	25.76	25.83	25.33	24.72	24.19
2008	6	28.08	27.77	27.83	27.59	27.68	27.29	26.78	26.31
2008	7	30.51	30.06	30.09	29.79	29.84	29.23	28.55	27.96
2008	8	30.74	30.35	30.46	30.22	30.31	29.95	29.45	29.03
2008	9	30.42	30.01	30.21	30.06	30.21	30.00	29.63	29.34
2008	10	27.51	27.26	27.55	27.44	27.65	27.76	27.74	27.89
2008	11	21.41	22.11	22.65	22.75	23.13	23.93	24.55	25.35
2008	12	16.76	17.48	18.02	18.13	18.52	19.40	20.23	21.40

5.1.2 鼎湖山站历史气象数据（FDY01）

表 5-2 鼎湖山站 1965—1995 年气象观测数据

年份	月份	蒸发量 (mm)	降水量 (ml)	日气温 (℃)	年份	月份	蒸发量 (mm)	降水量 (ml)	日气温 (℃)
1965	1			13.7	1975	3	33.8	192.7	17.2
1965	2			16.6	1975	4	89.8	153.9	23.1
1965	3				1975	5	100.6	394.4	25.4
1965	4			21.5	1975	6	104.7	358.5	27.4
1965	5			24.8	1975	7	150.3	169.0	28.5
1965	6			26.3	1975	8	108.8	298.0	27.8
1965	7			27.2	1975	9	124.6	128.0	27.1
1965	8			27.2	1975	10	98.3	377.3	23.7
1965	9			25.0	1975	11	80.5	17.0	16.7
1965	10			22.0	1975	12	74.0	69.1	11.7
1965	11			20.4	1976	1	75.7	11.4	13.0
1965	12			14.2	1976	2	54.9	25.8	15.1
1966	1			15.2	1976	3	41.8	78.7	16.1
1966	2			16.2	1976	4	49.7	239.8	19.7
1966	3			19.2	1976	5	104.4	188.0	25.5
1966	4			22.7	1976	6	101.4	207.1	27.1
1966	5			24.9	1976	7	127.6	216.6	28.2
1966	6			26.6	1976	8	127.5	436.3	27.7
1966	7			28.3	1976	9	107.0	266.4	25.5
1966	8			28.4	1976	10	79.2	83.0	23.1
1966	9				1976	11	87.5	3.3	16.0
1966	10				1976	12	64.6	19.8	14.7
1966	11			19.8	1977	1	43.0	44.6	9.7
1966	12				1977	2	72.3	6.9	12.6
1975	1	44.8	82.3	13.3	1977	3	94.1	39.2	19.0
1975	2	56.8	90.2	15.8	1977	4	83.3	73.6	23.5

（续）

年份	月份	蒸发量 (mm)	降水量 (ml)	日气温 (℃)	年份	月份	蒸发量 (mm)	降水量 (ml)	日气温 (℃)
1977	5	130.0	272.5	27.5	1981	4	71.6	320.1	23.7
1977	6	125.3	296.2	28.3	1981	5	87.5	314.4	23.6
1977	7	126.4	368.6	28.6	1981	6	129.3	207.9	26.7
1977	8	130.1	134.7	28.7	1981	7	114.7	443.1	27.2
1977	9	118.3	249.1	26.9	1981	8	153.4	106.7	28.6
1977	10	96.3	11.9	23.9	1981	9	119.2	237.7	26.6
1977	11	102.7	0.0	18.3	1981	10	81.8	316.0	22.1
1977	12	72.6	63.7	16.5	1981	11	68.3	105.2	17.9
1978	1	66.5	41.1	13.2	1981	12	97.3	0.3	12.5
1978	2	58.8	50.9	13.8	1982	1	79.6		14.6
1978	3	30.7	76.7	16.8	1982	2	38.1		13.6
1978	4	82.5	252.2	21.9	1982	3	46.0		17.3
1978	5	75.2	311.5	24.7	1982	4	78.3		20.7
1978	6	121.7	395.6	27.6	1982	5	91.3		24.5
1978	7	168.9	121.3	29.2	1982	6	111.5		26.6
1978	8	119.2	427.7	28.1	1982	7	141.4	78.9	28.1
1978	9	124.8	143.1	26.7	1982	8	132.1	158.0	27.9
1978	10	111.8	294.8	22.4	1982	9	106.5	229.5	26.5
1978	11	82.7	41.9	18.7	1982	10	90.6	151.4	23.3
1978	12	74.3	2.5	15.3	1982	11	61.2	112.2	19.4
1979	1	50.9	31.4	14.1	1982	12	67.4	48.5	11.8
1979	2	57.3	85.7	17.0	1983	1	48.1	243.5	11.2
1979	3	43.3	140.5	16.7	1983	2	24.7	342.9	12.6
1979	4	64.5	318.3	21.2	1983	3	44.5	301.0	15.3
1979	5	77.7	317.9	24.4	1983	4	79.0	132.0	22.4
1979	6	106.7	546.3	26.7	1983	5	102.7	266.7	25.3
1979	7	165.6	165.9	29.6	1983	6	147.2	211.9	27.7
1979	8	115.9	342.3	27.8	1983	7	173.3	165.0	28.9
1979	9	111.6	270.1	26.2	1983	8	150.9	211.8	27.6
1979	10	144.0	0.0	22.3	1983	9	140.2	292.9	26.8
1979	11	120.3	2.2	17.6	1983	10	100.1	171.5	24.0
1979	12	81.9	0.0	16.2	1983	11	107.8	1.2	17.0
1980	1	78.9	8.0	14.5	1983	12	82.1	11.4	12.6
1980	2	43.4	104.7	11.9	1984	1	66.5	23.3	9.6
1980	3	50.6	84.1	19.3	1984	2	31.1	43.3	11.0
1980	4	60.7	289.5	21.0	1984	3	39.9	86.8	16.6
1980	5	90.3	348.8	25.1	1984	4	43.1	206.2	20.5
1980	6	107.1	221.5	27.8	1984	5	101.0	311.1	23.9
1980	7	129.8	414.5	28.9	1984	6	94.8	398.6	27.3
1980	8	137.0	219.4	28.4	1984	7	188.2	188.9	28.6
1980	9	125.3	70.1	26.4	1984	8	137.6	290.0	27.6
1980	10	112.2	118.7	24.7	1984	9	113.9	156.6	25.9
1980	11	86.4	0.2	20.2	1984	10	125.6	0.0	22.2
1980	12	82.4	0.0	15.7	1984	11	95.9	17.9	18.6
1981	1	90.5	44.4	13.2	1984	12	69.8	12.3	13.0
1981	2	50.4	48.2	14.8	1985	1	49.4	52.7	12.2
1981	3	69.0	201.3	18.9	1985	2	23.1	228.6	13.2

（续）

年份	月份	蒸发量（mm）	降水量（ml）	日气温（℃）	年份	月份	蒸发量（mm）	降水量（ml）	日气温（℃）
1985	3	41.6	180.8	14.3	1993	8	163.7	217.8	27.9
1985	4	71.5	185.5	19.6	1993	9	159.4	230.9	26.5
1985	5	139.8	182.3	26.2	1993	10	132.6	65.7	23.1
1985	6	104.5	136.7	26.7	1993	11	103.1	241.2	19.8
1985	7	164.8	105.8	27.2	1993	12	109.0	11.4	14.9
1985	8	135.8	403.4	27.6	1994	1	83.5	4.7	13.4
1985	9	102.7	318.5	25.5	1994	2	56.2	107.5	13.5
1985	10	123.1	6.7	23.5	1994	3	54.6	54.7	14.5
1985	11	95.9	18.7	18.9	1994	4	106.4	199.0	23.6
1985	12	83.7	7.7	12.5	1994	5	119.6	147.5	25.9
1986	1	92.7	0.7	12.3	1994	6	86.1	432.9	26.0
1986	2	42.4	99.0	12.1	1994	7	110.1	589.3	27.0
1986	3	60.7	107.3	15.7	1994	8	110.8	360.2	27.7
1986	4	62.3	164.2	22.3	1994	9	114.0	105.7	26.4
1986	5	105.8	373.2	25.1	1994	10	135.9	14.5	23.2
1986	6	107.0	266.2	27.0	1994	11	136.0	1.7	21.0
1986	7	148.9	293.8	27.8	1994	12	87.0	168.1	16.0
1986	8	159.6	338.8	27.8	1995	1	78.6	32.8	12.0
1986	9	153.5	59.7	25.8	1995	2	64.3	98.1	12.3
1986	10	121.1	57.6	22.0	1995	3	92.6	136.8	15.7
1986	11	98.1	25.8	17.8	1995	4	80.9	159.3	21.7
1986	12	67.4	46.1	14.2	1995	5	90.5	134.8	25.6
1993	1	84.4	35.4	11.3	1995	6	106.0	149.5	27.9
1993	2	89.7	36.6	16.1	1995	7	104.1	386.7	28.5
1993	3	65.9	105.8	17.3	1995	8	127.4	358.3	26.1
1993	4	59.4	332.0	20.5	1995	9	106.6	65.7	28.3
1993	5	121.9	333.7	24.4	1995	10	87.7	334.5	24.8
1993	6	142.3	476.8	26.9	1995	11	78.6	7.8	20.3
1993	7	188.4	67.0	29.0	1995	12	115.1	26.6	15.2

注：日气温＝用干球温度每天 4 个时段取平均。

5.1.3 通量数据表名称和字段（FTY）

通量塔观测内容包含如下 10 张表，因数据量非常庞大，仅列出表字段内容供了解：

（1）FTY01：鼎湖山 0 _ 1 层常规气象日数据；

（2）FTY02：鼎湖山 2 _ 3 层常规气象日数据；

（3）FTY03：鼎湖山 4 _ 5 层常规气象日数据；

（4）FTY04：鼎湖山 6 _ 7 层常规气象日数据；

（5）FTY05：鼎湖山 0 _ 1 层常规气象 30 分钟数据；

（6）FTY06：鼎湖山 2 _ 3 层常规气象 30 分钟数据；

（7）FTY07：鼎湖山 4 _ 5 层常规气象 30 分钟数据；

（8）FTY08：鼎湖山 6 _ 7 层常规气象 30 分钟数据；

（9）FTY09：鼎湖山 2m 开路系统 30 分钟通量数据；

（10）FTY10：鼎湖山 27m 开路系统 30 分钟通量数据。

表 5-3　通量表观测内容

实体标识符	属性名称（字段名）	属性标识符（字段代码）	存储类型	单位	长度
FTY01	数据记录时间	TMSTAMP	DATE	null	10
FTY01	记录号	RECNBR	N	null	5
FTY01	一层最高温度	Ta_1_MAX	N	℃	3
FTY01	一层最高温度出现时间	Ta_1_Time_MAX	DATE	null	10
FTY01	一层最大相对湿度	RH_1_MAX	N	%	3
FTY01	一层最大相对湿度出现时间	RH_1_Time_MAX	DATE	null	10
FTY01	一层最大风速	WS_1_MAX	N	m/s	3
FTY01	一层最大风速出现时间	WS_1_Time_MAX	DATE	null	10
FTY01	一层最低温度	Ta_1_MIN	N	℃	3
FTY01	一层最低温度出现时间	Ta_1_Time_MIN	DATE	null	10
FTY01	一层最小相对湿度	RH_1_MIN	N	%	3
FTY01	一层最小相对湿度出现时间	RH_1_Time_MIN	DATE	null	10
FTY01	天空总短波辐射（CNR1）	DR_7_TOT_MJ	N	MJ	3
FTY01	地表总短波辐射（CNR1）	UR_7_TOT_MJ	N	MJ	3
FTY01	天空总长波辐射（CNR1）	DLR_7_TOT_MJ	N	MJ	3
FTY01	地表总长波辐射（CNR1）	ULR_7_TOT_MJ	N	MJ	3
FTY01	总净辐射（CNR1）	Rn_7_TOT_MJ	N	MJ	3
FTY01	平均天空总辐射（CM11）	DR_7_CM11_MJ	N	MJ	3
FTY01	一层总有效辐射（LQS70_1）	PAR_1_1_TOT	N	mol/m²	3
FTY01	一层总有效辐射（LQS70_2）	PAR_1_2_TOT	N	mol/m²	3
FTY01	二层总有效辐射（LQS70_1）	PAR_2_1_TOT	N	mol/m²	3
FTY01	二层总有效辐射（LQS70_2）	PAR_2_2_TOT	N	mol/m²	3
FTY01	四层总有效辐射（LQS70_1）	PAR_4_1_TOT	N	mol/m²	3
FTY01	七层总有效辐射（LI190SB）	PAR_7_TOT_mol	N	mol/m²	3
FTY01	平均天空短波辐射（CNR1）	DR_7_AVG	N	W/m²	3
FTY01	平均地表短波辐射（CNR1）	UR_7_AVG	N	W/m²	3
FTY01	平均天空长波辐射（CNR1）	DLR_7_AVG	N	W/m²	3
FTY01	平均天空长波辐射（CNR1）	ULR_7_AVG	N	W/m²	3
FTY01	平均净辐射（CNR1）	Rn_7_AVG	N	W/m²	3
FTY01	平均天空总辐射（CM11）	DR_7_CM11_AVG	N	W/m²	3
FTY01	一层有效辐射平均值（LQS70_1）	PAR_1_1_AVG	N	umol/m²	3
FTY01	一层有效辐射平均值（LQS70_2）	PAR_1_2_AVG	N	umol/m²	3
FTY01	二层有效辐射平均值（LQS70_1）	PAR_2_1_AVG	N	umol/m²	3
FTY01	二层有效辐射平均值（LQS70_2）	PAR_2_2_AVG	N	umol/m²	3
FTY01	四层有效辐射平均值（LQS70_1）	PAR_4_1_AVG	N	umol/m²	3
FTY01	七层有效辐射平均值（LI190SB）	PAR_7_AVG	N	umol/m²	3
FTY01	电压最小值	Bat_V_MIN	N	V	3
FTY01	电压最小值出现时间	Bat_V_Time_MIN	DATE	null	10
FTY01	数采内温度最小值	Int_T_MIN	N	℃	3
FTY01	数采内温度最小值出现时间	Int_T_Time_MIN	DATE	null	10
FTY01	数采内温度最大值	Int_T_MAX	N	℃	3
FTY01	数采内温度最大值出现时间	Int_T_Time_MAX	DATE	null	10
FTY01	数采内温度平均值	Int_T_AVG	N	℃	3
FTY02	数据记录时间	TMSTAMP	DATE	null	10

（续）

实体标识符	属性名称（字段名）	属性标识符（字段代码）	存储类型	单位	长度
FTY02	记录号	RECNBR	N	null	5
FTY02	二层最高温度	Ta _ 2 _ MAX	N	℃	3
FTY02	二层最高温度出现时间	Ta _ 2 _ Time _ MAX	DATE	null	10
FTY02	三层最高温度	Ta _ 3 _ MAX	N	℃	3
FTY02	三层最高温度出现时间	Ta _ 3 _ Time _ MAX	DATE	null	10
FTY02	二层最大相对湿度	RH _ 2 _ MAX	N	%	3
FTY02	二层最大相对湿度出现时间	RH _ 2 _ Time _ MAX	DATE	null	10
FTY02	三层最大相对湿度	RH _ 3 _ MAX	N	%	3
FTY02	三层最大相对湿度出现时间	RH _ 3 _ Time _ MAX	DATE	null	10
FTY02	二层最大风速	WS _ 2 _ MAX	N	m/s	3
FTY02	二层最大风速出现时间	WS _ 2 _ Time _ MAX	DATE	null	10
FTY02	三层最大风速	WS _ 3 _ MAX	N	m/s	3
FTY02	三层最大风速出现时间	WS _ 3 _ Time _ MAX	DATE	null	10
FTY02	二层最低温度	Ta _ 2 _ MIN	N	℃	3
FTY02	二层最低温度出现时间	Ta _ 2 _ Time _ MIN	DATE	null	10
FTY02	三层最低温度	Ta _ 3 _ MIN	N	℃	3
FTY02	三层最低温度出现时间	Ta _ 3 _ Time _ MIN	DATE	null	10
FTY02	二层最小相对湿度	RH _ 2 _ MIN	N	%	3
FTY02	二层最小相对湿度出现时间	RH _ 2 _ Time _ MIN	DATE	null	10
FTY02	三层最小相对湿度	RH _ 3 _ MIN	N	%	3
FTY02	三层最小相对湿度出现时间	RH _ 3 _ Time _ MIN	DATE	null	10
FTY02	电压最小值	Bat _ V _ MIN	N	V	3
FTY02	电压最小值出现时间	Bat _ V _ Time _ MIN	DATE	null	10
FTY02	数采内温度最小值	Int _ T _ MIN	N	℃	3
FTY02	数采内温度最小值出现时间	Int _ T _ Time _ MIN	DATE	null	10
FTY02	数采内温度最大值	Int _ T _ MAX	N	℃	3
FTY02	数采内温度最大值出现时间	Int _ T _ Time _ MAX	DATE	null	10
FTY02	数采内温度平均值	Int _ T _ AVG	N	℃	3
FTY03	数据记录时间	TMSTAMP	DATE	null	10
FTY03	记录号	RECNBR	N	null	5
FTY03	四层最高温度	Ta _ 4 _ MAX	N	℃	3
FTY03	四层最高温度出现时间	Ta _ 4 _ Time _ MAX	DATE	null	10
FTY03	五层最高温度	Ta _ 5 _ MAX	N	℃	3
FTY03	五层最高温度出现时间	Ta _ 5 _ Time _ MAX	DATE	null	10
FTY03	四层最大相对湿度	RH _ 4 _ MAX	N	%	3
FTY03	四层最大相对湿度出现时间	RH _ 4 _ Time _ MAX	DATE	null	10
FTY03	五层最大相对湿度	RH _ 5 _ MAX	N	%	3
FTY03	五层最大相对湿度出现时间	RH _ 5 _ Time _ MAX	DATE	null	10
FTY03	四层最大风速	WS _ 4 _ MAX	N	m/s	3
FTY03	四层最大风速出现时间	WS _ 4 _ Time _ MAX	DATE	null	10
FTY03	五层最大风速	WS _ 5 _ MAX	N	m/s	3
FTY03	五层最大风速出现时间	WS _ 5 _ Time _ MAX	DATE	null	10
FTY03	四层最低温度	Ta _ 4 _ MIN	N	℃	3
FTY03	四层最低温度出现时间	Ta _ 4 _ Time _ MIN	DATE	null	10

（续）

实体 标识符	属性名称 （字段名）	属性标识符 （字段代码）	存储类型	单位	长度
FTY03	五层最低温度	Ta _ 5 _ MIN	N	℃	3
FTY03	五层最低温度出现时间	Ta _ 5 _ Time _ MIN	DATE	null	10
FTY03	四层最小相对湿度	RH _ 4 _ MIN	N	%	3
FTY03	四层最小相对湿度出现时间	RH _ 4 _ Time _ MIN	DATE	null	10
FTY03	五层最小相对湿度	RH _ 5 _ MIN	N	%	3
FTY03	五层最小相对湿度出现时间	RH _ 5 _ Time _ MIN	DATE	null	10
FTY03	电压最小值	Bat _ V _ MIN	N	V	3
FTY03	电压最小值出现时间	Bat _ V _ Time _ MIN	DATE	null	10
FTY03	数采内温度最小值	Int _ T _ MIN	N	℃	3
FTY03	数采内温度最小值出现时间	Int _ T _ Time _ MIN	DATE	null	10
FTY03	数采内温度最大值	Int _ T _ MAX	N	℃	3
FTY03	数采内温度最大值出现时间	Int _ T _ Time _ MAX	DATE	null	10
FTY03	数采内温度平均值	Int _ T _ AVG	N	℃	3
FTY04	数据记录时间	TMSTAMP	DATE	null	10
FTY04	记录号	RECNBR	N	null	5
FTY04	六层最高温度	Ta _ 6 _ MAX	N	℃	3
FTY04	六层最高温度出现时间	Ta _ 6 _ Time _ MAX	DATE	null	10
FTY04	七层最高温度	Ta _ 7 _ MAX	N	℃	3
FTY04	七层最高温度值出现时间	Ta _ 7 _ Time _ MAX	DATE	null	10
FTY04	六层最大相对湿度	RH _ 6 _ MAX	N	%	3
FTY04	六层最大相对湿度出现时间	RH _ 6 _ Time _ MAX	DATE	null	10
FTY04	七层最大相对湿度	RH _ 7 _ MAX	N	%	3
FTY04	七层最大相对湿度出现时间	RH _ 7 _ Time _ MAX	DATE	null	10
FTY04	六层最大风速	WS _ 6 _ MAX	N	m/s	3
FTY04	六层最大风速出现时间	WS _ 6 _ Time _ MAX	DATE	null	10
FTY04	七层最大风速	WS _ 7 _ MAX	N	m/s	3
FTY04	七层最大风速出现时间	WS _ 7 _ Time _ MAX	DATE	null	10
FTY04	六层最低温度	Ta _ 6 _ MIN	N	℃	3
FTY04	六层最低温度出现时间	Ta _ 6 _ Time _ MIN	DATE	null	10
FTY04	七层最低温度	Ta _ 7 _ MIN	N	℃	3
FTY04	七层最低温度值出现时间	Ta _ 7 _ Time _ MIN	DATE	null	10
FTY04	六层最小相对湿度	RH _ 6 _ MIN	N	%	3
FTY04	六层最小相对湿度出现时间	RH _ 6 _ Time _ MIN	DATE	null	10
FTY04	七层最小相对湿度	RH _ 7 _ MIN	N	%	3
FTY04	七层最小相对湿度出现时间	RH _ 7 _ Time _ MIN	DATE	null	10
FTY04	总降水量	Rain _ 7 _ TOT	N	mm	3
FTY04	电压最小值	Bat _ V _ MIN	N	V	3
FTY04	电压最小值出现时间	Bat _ V _ Time _ MIN	DATE	null	10
FTY04	数采内温度最小值	Int _ T _ MIN	N	℃	3
FTY04	数采内温度最小值出现时间	Int _ T _ Time _ MIN	DATE	null	10
FTY04	数采内温度最大值	Int _ T _ MAX	N	℃	3
FTY04	数采内温度最大值出现时间	Int _ T _ Time _ MAX	DATE	null	10
FTY04	数采内温度平均值	Int _ T _ AVG	N	℃	3
FTY05	数据记录时间	TMSTAMP	DATE	null	10

（续）

实体标识符	属性名称（字段名）	属性标识符（字段代码）	存储类型	单位	长度
FTY05	记录号	RECNBR	N	null	5
FTY05	一层平均温度	Ta _ 1 _ AVG	N	℃	3
FTY05	一层相对湿度	RH _ 1 _ AVG	N	%	3
FTY05	一层水汽压	Pvapor _ 1 _ AVG	N	kPa	3
FTY05	一层平均风速	WS _ 1 _ AVG	N	m/s	3
FTY05	大气压	P _ 1	N	kPa	3
FTY05	平均天空短波辐射（CNR1）	DR _ 7 _ AVG	N	W/m^2	3
FTY05	平均地表短波辐射（CNR1）	UR _ 7 _ AVG	N	W/m^2	3
FTY05	平均天空长波辐射（CNR1）	DLR _ 7 _ AVG	N	W/m^2	3
FTY05	平均地表长波辐射（CNR1）	ULR _ 7 _ AVG	N	W/m^2	3
FTY05	平均净辐射（CNR1）	Rn _ 7 _ AVG	N	W/m^2	3
FTY05	平均天空总辐射（CM11）	DR _ 7 _ CM11 _ AVG	N	W/m^2	3
FTY05	一层有效辐射平均值（LQS70 _ 1）	PAR _ 1 _ 1 _ AVG	N	$umol/m^2$	3
FTY05	一层有效辐射平均值（LQS70 _ 2）	PAR _ 1 _ 2 _ AVG	N	$umol/m^2$	3
FTY05	二层有效辐射平均值（LQS70 _ 1）	PAR _ 2 _ 1 _ AVG	N	$umol/m^2$	3
FTY05	二层有效辐射平均值（LQS70 _ 2）	PAR _ 2 _ 2 _ AVG	N	$umol/m^2$	3
FTY05	四层有效辐射平均值（LQS70 _ 1）	PAR _ 4 _ 1 _ AVG	N	$umol/m^2$	3
FTY05	七层有效辐射平均值（LI190SB）	PAR _ 7 _ AVG	N	$umol/m^2$	3
FTY05	冠层红外温度	IRCT _ 4 _ AVG	N	℃	3
FTY05	土壤红外温度	Ts _ 0 _ 1 _ AVG	N	℃	3
FTY05	平均土壤温度（TCAV）	TCAV _ 1 _ AVG	N	℃	3
FTY05	20cm 土壤温度（107）	Ts _ 107 _ 20cm _ AVG	N	℃	3
FTY05	40cm 土壤温度（107）	Ts _ 107 _ 40cm _ AVG	N	℃	3
FTY05	60cm 土壤温度（107）	Ts _ 107 _ 60cm _ AVG	N	℃	3
FTY05	80cm 土壤温度（107）	Ts _ 107 _ 80cm _ AVG	N	℃	3
FTY05	100cm 土壤温度（107）	Ts _ 107 _ 100cm _ AVG	N	℃	3
FTY05	5cm 土壤温度（105T）	Ts _ 105T _ 5cm _ AVG	N	℃	3
FTY05	10cm 土壤温度（105T）	Ts _ 105T _ 10cm _ AVG	N	℃	3
FTY05	15cm 土壤温度（105T）	Ts _ 105T _ 15cm _ AVG	N	℃	3
FTY05	20cm 土壤温度（105T）	Ts _ 105T _ 20cm _ AVG	N	℃	3
FTY05	40cm 土壤温度（105T）	Ts _ 105T _ 40cm _ AVG	N	℃	3
FTY05	5cm 土壤热通量	G _ 0 _ 1 _ AVG	N	W/m^2	3
FTY05	5cm 土壤热通量	G _ 0 _ 2 _ AVG	N	W/m^2	3
FTY05	0～5cm 土壤含水量	Smoist _ 0 _ 5cm _ AVG	N	m^3－H_2O/m^3－SOIL	3
FTY05	0～20cm 土壤含水量	Smoist _ 0 _ 20cm _ AVG	N	m^3－H_2O/m^3－SOIL	3
FTY05	0～40cm 土壤含水量	Smoist _ 0 _ 40cm _ AVG	N	m^3－H_2O/m^3－SOIL	3
FTY06	数据记录时间	TMSTAMP	DATE	null	10
FTY06	记录号	RECNBR	N	null	5
FTY06	二层平均温度	Ta _ 2 _ AVG	N	℃	3
FTY06	三层平均温度	Ta _ 3 _ AVG	N	℃	3
FTY06	二层相对湿度	RH _ 2 _ AVG	N	%	3
FTY06	三层相对湿度	RH _ 3 _ AVG	N	%	3
FTY06	二层平均风速	WS _ 2 _ AVG	N	m/s	3
FTY06	三层平均风速	WS _ 3 _ AVG	N	m/s	3

（续）

实体标识符	属性名称（字段名）	属性标识符（字段代码）	存储类型	单位	长度
FTY06	二层水汽压	Pvapor _ 2 _ AVG	N	kPa	3
FTY06	三层水汽压	Pvapor _ 3 _ AVG	N	kPa	3
FTY07	数据记录时间	TMSTAMP	DATE	null	10
FTY07	记录号	RECNBR	N	null	5
FTY07	四层平均温度	Ta _ 4 _ AVG	N	℃	3
FTY07	五层平均温度	Ta _ 5 _ AVG	N	℃	3
FTY07	四层相对湿度	RH _ 4 _ AVG	N	%	3
FTY07	五层相对湿度	RH _ 5 _ AVG	N	%	3
FTY07	四层平均风速	WS _ 4 _ AVG	N	m/s	3
FTY07	五层平均风速	WS _ 5 _ AVG	N	m/s	3
FTY07	四层水汽压	Pvapor _ 4 _ AVG	N	kPa	3
FTY07	五层水汽压	Pvapor _ 5 _ AVG	N	kPa	3
FTY08	数据记录时间	TMSTAMP	DATE	null	10
FTY08	记录号	RECNBR	N	null	5
FTY08	六层平均温度	Ta _ 6 _ AVG	N	℃	3
FTY08	七层平均温度	Ta _ 7 _ AVG	N	℃	3
FTY08	六层相对湿度	RH _ 6 _ AVG	N	%	3
FTY08	七层相对湿度	RH _ 7 _ AVG	N	%	3
FTY08	六层平均风速	WS _ 6 _ AVG	N	m/s	3
FTY08	七层平均风速	WS _ 7 _ S _ WVT	N	m/s	3
FTY08	七层平均风向	WD _ 7 _ D1 _ WVT	N	degree	3
FTY08	七层平均风向标准差	WD _ 7 _ SD1 _ WVT	N	degree	3
FTY08	六层水汽压	Pvapor _ 6 _ AVG	N	kpa	3
FTY08	七层水汽压	Pvapor _ 7 _ AVG	N	kpa	3
FTY08	总降水量	Rain _ 7 _ TOT	N	mm	3
FTY09	数据记录时间	TMSTAMP	DATE	null	10
FTY09	记录号	RECNBR	N	null	5
FTY09	WPL 校正后 CO_2 通量	Fc _ WPL	N	mg/（m^2s）	9
FTY09	WPL 校正后潜热通量	LE _ WPL	N	W/m^2	9
FTY09	显热通量	Hs	N	W/m^2	9
FTY09	动量通量	tau	N	kg/（ms^2）	9
FTY09	摩擦风速	u _ star	N	m/s	9
FTY09	垂直风速方差	cov _ Uz _ Uz	N	$(m/s)^2$	9
FTY09	垂直风速与 X 方向风速协方差	cov _ Uz _ Ux	N	$(m/s)^2$	9
FTY09	垂直风速与 Y 方向风速协方差	cov _ Uz _ Uy	N	$(m/s)^2$	9
FTY09	垂直风速与 CO_2 密度协方差	cov _ Uz _ CO_2	N	mg/（m^2 s）	9
FTY09	垂直风速与 H_2O 密度协方差	cov _ Uz _ H_2O	N	g/（m^2 s）	9
FTY09	垂直风速与温度协方差	cov _ Uz _ Ts	N	m ℃/s	9
FTY09	X 方向风速方差	cov _ Ux _ Ux	N	$(m/s)^2$	9
FTY09	X 与 Y 方向风速协方差	cov _ Ux _ Uy	N	$(m/s)^2$	9
FTY09	X 方向风速与 CO_2 密度协方差	cov _ Ux _ CO_2	N	mg/（m^2 s）	9
FTY09	X 方向风速与 H_2O 密度协方差	cov _ Ux _ H_2O	N	g/（m^2 s）	9
FTY09	X 方向风速与温度协方差	cov _ Ux _ Ts	N	m ℃/s	9
FTY09	Y 方向风速方差	cov _ Uy _ Uy	N	$(m/s)^2$	9

（续）

实体标识符	属性名称（字段名）	属性标识符（字段代码）	存储类型	单位	长度
FTY09	Y 方向风速与 CO_2 密度协方差	cov _ Uy _ CO_2	N	mg/（m^2 s）	9
FTY09	Y 方向风速与 H_2O 密度协方差	cov _ Uy _ H_2O	N	g/（m^2 s）	9
FTY09	Y 方向风速与温度协方差	cov _ Uy _ Ts	N	m ℃/s	9
FTY09	CO_2 密度方差	cov _ CO_2 _ CO_2	N	$(mg/m^3)^2$	9
FTY09	H_2O 密度方差	cov _ H_2O _ H_2O	N	$(g/m^3)^2$	9
FTY09	超声空气温度方差	cov _ Ts _ Ts	N	$℃^2$	9
FTY09	X 方向平均风速	Ux _ Avg	N	m/s	9
FTY09	Y 方向平均风速	Uy _ Avg	N	m/s	9
FTY09	Z 方向平均风速	Uz _ Avg	N	m/s	9
FTY09	平均 CO_2 密度	CO_2 _ Avg	N	mg/m^3	9
FTY09	平均 H_2O 密度	H_2O _ Avg	N	g/m^3	9
FTY09	平均超声空气温度	Ts _ Avg	N	℃	9
FTY09	平均空气密度	rho _ a _ Avg	N	g/m^3	9
FTY09	平均气压	press _ Avg	N	kPa	9
FTY09	平均 CR5000 面板温度	panel _ temp _ Avg	N	℃	9
FTY09	罗盘风向	wnd _ dir _ compass	N	degree	9
FTY09	超声风向	wnd _ dir _ csat3	N	degree	9
FTY09	风速	wnd _ spd	N	m/s	9
FTY09	合成风速	rslt _ wnd _ spd	N	m/s	9
FTY09	平均电压	batt _ volt _ Avg	N	V	9
FTY09	风向标准偏差	std _ wnd _ dir	N	degree	9
FTY09	有效记录数	n _ Tot	N	null	5
FTY09	超声快速响应数据没有被用于计算通量次数	csat _ warning _ Tot	N	null	5
FTY09	LI7500 快速响应数据没有被用于计算通量次数	irga _ warning _ Tot	N	null	5
FTY09	超声温度警告次数	del _ T _ f _ Tot	N	null	5
FTY09	超声弱信号警告次数	track _ f _ Tot	N	null	5
FTY09	超声测量高范围警告次数	amp _ h _ f _ Tot	N	null	5
FTY09	超声测量低范围警告次数	amp _ l _ f _ Tot	N	null	5
FTY09	斩波器警告次数	chopper _ f _ Tot	N	null	5
FTY09	斩波器检测次数	detector _ f _ Tot	N	null	5
FTY09	同步次数	pll _ f _ Tot	N	null	5
FTY09	斩波器同步警告次数	sync _ f _ Tot	N	null	5
FTY09	平均 AGC	agc _ Avg	N	null	9
FTY09	未校正的 CO_2 通量	Fc _ irga	N	mg/（m^2s）	9
FTY09	未校正的潜热通量	LE _ irga	N	W m−2	9
FTY09	CO_2 通量潜热校正项	CO_2 _ WPL _ LE	N	mg/（m^2 s）	9
FTY09	CO_2 通量显热校正项	CO_2 _ WPL _ H	N	mg/（m^2 s）	9
FTY09	H_2O 通量潜热校正项	H_2O _ WPL _ LE	N	W/m^2	9
FTY09	H_2O 通量显热校正项	H_2O _ WPL _ H	N	W/m^2	9
FTY10	数据记录时间	TMSTAMP	DATE	null	10
FTY10	记录号	RECNBR	N	null	5
FTY10	WPL 校正后 CO_2 通量	Fc _ WPL	N	mg/（m^2s）	9
FTY10	WPL 校正后潜热通量	LE _ WPL	N	W/m^2	9
FTY10	显热通量	Hs	N	W/m^2	9

（续）

实体标识符	属性名称（字段名）	属性标识符（字段代码）	存储类型	单位	长度
FTY10	动量通量	tau	N	kg/（ms^2）	9
FTY10	摩擦风速	u _ star	N	m/s	9
FTY10	垂直风速方差	cov _ Uz _ Uz	N	$(m/s)^2$	9
FTY10	垂直风速与X方向风速协方差	cov _ Uz _ Ux	N	$(m/s)^2$	9
FTY10	垂直风速与Y方向风速协方差	cov _ Uz _ Uy	N	$(m/s)^2$	9
FTY10	垂直风速与CO_2密度协方差	cov _ Uz _ CO_2	N	mg/（m^2 s）	9
FTY10	垂直风速与H_2O密度协方差	cov _ Uz _ H_2O	N	g/（m^2 s）	9
FTY10	垂直风速与温度协方差	cov _ Uz _ Ts	N	m ℃/s	9
FTY10	X方向风速方差	cov _ Ux _ Ux	N	$(m/s)^2$	9
FTY10	X与Y方向风速协方差	cov _ Ux _ Uy	N	$(m/s)^2$	9
FTY10	X方向风速与CO_2密度协方差	cov _ Ux _ CO_2	N	mg/（m^2 s）	9
FTY10	X方向风速与H_2O密度协方差	cov _ Ux _ H_2O	N	g/（m^2 s）	9
FTY10	X方向风速与温度协方差	cov _ Ux _ Ts	N	m ℃/s	9
FTY10	Y方向风速方差	cov _ Uy _ Uy	N	$(m/s)^2$	9
FTY10	Y方向风速与CO_2密度协方差	cov _ Uy _ CO_2	N	mg/（m^2 s）	9
FTY10	Y方向风速与H_2O密度协方差	cov _ Uy _ H_2O	N	g/（m^2 s）	9
FTY10	Y方向风速与温度协方差	cov _ Uy _ Ts	N	m ℃/s	9
FTY10	CO_2密度方差	cov _ CO_2 _ CO_2	N	$(mg/m^3)^2$	9
FTY10	H_2O密度方差	cov _ H_2O _ H_2O	N	$(g/m^3)^2$	9
FTY10	超声空气温度方差	cov _ Ts _ Ts	N	℃^{2}	9
FTY10	X方向平均风速	Ux _ Avg	N	m/s	9
FTY10	Y方向平均风速	Uy _ Avg	N	m/s	9
FTY10	Z方向平均风速	Uz _ Avg	N	m/s	9
FTY10	平均CO_2密度	CO_2 _ Avg	N	mg/m^3	9
FTY10	平均H_2O密度	H_2O _ Avg	N	g/m^3	9
FTY10	平均超声空气温度	Ts _ Avg	N	℃	9
FTY10	平均空气密度	rho _ a _ Avg	N	g/m^3	9
FTY10	平均气压	press _ Avg	N	kPa	9
FTY10	平均CR5000面板温度	panel _ temp _ Avg	N	℃	9
FTY10	罗盘风向	wnd _ dir _ compass	N	degree	9
FTY10	超声风向	wnd _ dir _ csat3	N	degree	9
FTY10	风速	wnd _ spd	N	m/s	9
FTY10	合成风速	rslt _ wnd _ spd	N	m/s	9
FTY10	平均电压	batt _ volt _ Avg	N	V	9
FTY10	风向标准偏差	std _ wnd _ dir	N	degree	9
FTY10	有效记录数	n _ Tot	N	null	5
FTY10	超声快速响应数据没有被用于计算通量次数	csat _ warning _ Tot	N	null	5
FTY10	LI7500快速响应数据没有被用于计算通量次数	irga _ warning _ Tot	N	null	5
FTY10	超声温度警告次数	del _ T _ f _ Tot	N	null	5
FTY10	超声弱信号警告次数	track _ f _ Tot	N	null	5
FTY10	超声测量高范围警告次数	amp _ h _ f _ Tot	N	null	5
FTY10	超声测量低范围警告次数	amp _ l _ f _ Tot	N	null	5
FTY10	斩波器警告次数	chopper _ f _ Tot	N	null	5
FTY10	斩波器检测次数	detector _ f _ Tot	N	null	5

（续）

实体标识符	属性名称（字段名）	属性标识符（字段代码）	存储类型	单位	长度
FTY10	同步次数	pll _ f _ Tot	N	null	5
FTY10	斩波器同步警告次数	sync _ f _ Tot	N	null	5
FTY10	平均 AGC	agc _ Avg	N	null	9
FTY10	未校正的 CO_2 通量	Fc _ irga	N	mg/（m^2s）	9
FTY10	未校正的潜热通量	LE _ irga	N	W/m^2	9
FTY10	CO_2 通量潜热校正项	CO_2 _ WPL _ LE	N	mg/（m^2 s）	9
FTY10	CO_2 通量显热校正项	CO_2 _ WPL _ H	N	mg/（m^2 s）	9
FTY10	H_2O 通量潜热校正项	H_2O _ WPL _ LE	N	W/m^2	9
FTY10	H_2O 通量显热校正项	H_2O _ WPL _ H	N	W/m^2	9

5.1.4 森林土壤温室气体（CO_2、CH_4、N_2O）通量数据（FZY04）

表 5－4 三个林型箱式法 CO_2 通量数据（无凋落物处理）

单位：mg CO_2/（m^2・h）

样地代码	年份	月份	土壤水分 %	T1（地下 5cm）℃	T2（地表）℃	T3（箱内）℃	T4（箱外）℃	CO_2 通量平均值	标准偏差	标准误差
马尾松林	2003	4	28.0	21.9	22.2	23.1	22.7	238.8	61.3	35.4
		5	19.6	24.4	24.9	26.0	24.5	233.3	71.8	41.4
		6	18.4	25.5	27.2	28.0	27.0	308.5	64.0	36.9
		7	12.3	29.0	31.8	31.8	31.7	255.0	53.9	31.1
		8	23.1	28.9	31.8	31.0	29.9	273.9	53.0	30.6
		9	14.3	26.6	27.8	24.5	27.4	289.0	45.5	26.2
		10	7.4	24.2	25.9	26.6	23.8	92.9	51.9	29.9
		11	8.5	19.2	20.2	20.3	17.4	103.4	21.2	12.6
		12	3.4	16.8	19.8	16.9	14.2	73.5	5.2	3.0
	2004	1	5.2	16.9	17.4	17.8	16.8	101.6	15.3	9.6
		2	9.9	18.2	20.5	20.3	19.4	122.8	31.8	18.4
		3	7.8	17.6	21.5	17.2	15.6	99.9	28.5	16.5
		4	17.7	24.5	26.5	26.5	25.7	147.1	23.9	13.8
		5	16.2	25.8	27.6	25.7	28.1	201.5	78.6	37.7
		6	20.0	26.8	28.7	25.9	27.7	250.4	57.4	23.4
		7	28.7	27.9	29.2	28.0	29.1	269.7	61.6	25.1
		8	19.1	28.5	28.2	24.1	28.9	285.7	81.1	33.1
		9	17.3	29.0	30.6	24.8	30.2	234.0	102.5	41.8
		10	3.9	21.8	24.5	25.2	23.3	104.3	39.4	16.1
		11	3.9	22.0	23.8	22.7	22.6	99.9	29.7	12.1
		12	3.7	19.5	18.5	17.0	16.8	92.0	41.4	17.7
	2005	1	3.7	15.3	14.7	14.0	14.4	73.3	19.2	9.4
		2	7.2	12.6	13.0	12.2	12.0	73.0	33.9	13.8
		3	8.2	17.4	17.0	17.0	17.4	84.8	42.9	17.5
		4	21.5	21.2	20.8	21.1	20.7	157.4	70.6	28.8
		5	30.7	25.9	26.1	24.7	25.8	160.0	64.1	26.2
		6	29.0	26.0	26.9	25.1	25.8	167.8	79.3	34.0
		7	9.8	26.9	31.1	26.7	29.0	167.6	54.8	24.5
		8	24.9	27.1	27.2	26.6	27.5	158.7	75.3	32.4
		9	20.2	28.5	28.6	28.1	29.1	170.2	73.5	31.1
		10	7.8	24.9	24.6	25.3	23.9	108.7	67.4	27.5

（续）

样地代码	年份	月份	土壤水分 %	T1（地下5cm）℃	T2（地表）℃	T3（箱内）℃	T4（箱外）℃	CO_2通量平均值	标准偏差	标准误差
季风林	2003	3	40.5	18.9	19.1	19.8	19.7	271.0	71.8	41.4
		4	36.6	20.8	22.3	22.1	22.6	349.3	64.3	37.1
		5	29.1	23.9	25.0	24.5	25.5	312.0	50.7	29.3
		6	35.4	24.4	25.0	24.3	25.0	448.9	153.7	88.7
		7	28.2	26.5	27.4	27.5	28.1	579.4	140.2	81.0
		8	32.4	26.1	27.0	27.5	27.2	487.2	158.3	91.4
		9	36.5	25.0	25.8	26.1	26.8	566.4	161.7	93.3
		10	19.6	21.0	20.9	20.4	20.4	288.0	67.4	38.9
		11	18.4	18.4	18.2	17.7	17.7	287.4	57.1	34.9
		12	15.1	13.7	14.0	13.0	13.4	194.5	70.8	40.9
	2004	1	18.4	13.9	13.8	13.4	13.5	215.6	52.2	30.4
		2	24.8	14.8	15.2	15.1	15.8	212.7	40.4	23.3
		3	22.3	15.2	15.3	15.1	15.5	192.9	40.4	23.3
		4	29.2	20.9	20.9	20.9	21.6	407.4	144.2	83.2
		5	38.5	23.0	23.4	23.8	24.5	435.8	71.2	30.2
		6	26.3	24.0	26.4	26.1	26.5	444.6	66.4	27.1
		7	34.1	25.6	25.6	26.3	27.0	477.7	146.7	59.9
		8	28.6	26.5	26.1	26.9	27.6	459.4	79.6	32.5
		9	26.8	25.1	24.6	25.9	27.1	394.6	72.8	29.7
		10	17.9	21.0	20.8	21.6	15.3	298.2	64.9	26.5
		11	14.8	19.4	18.4	18.9	19.9	323.2	84.2	37.1
		12	11.0	15.4	14.3	14.6	15.9	192.0	99.8	48.3
	2005	1	13.6	11.4	10.2	11.9	12.8	208.6	44.7	19.4
		2	25.0	9.3	7.8	8.3	10.0	145.5	42.4	17.3
		3	28.3	17.4	17.0	17.3	17.9	174.8	45.7	18.6
		4	30.4	20.1	19.3	20.5	21.6	295.6	61.5	25.1
		5	31.5	25.4	24.4	25.5	26.7	289.8	88.9	36.3
		6	34.9	27.2	26.8	28.3	29.2	274.7	70.8	28.9
		7	26.2	28.0	28.8	30.0	30.0	384.9	78.5	32.0
		8	30.3	27.4	28.1	27.5	27.7	299.4	135.1	56.9
		9	27.2	25.8	25.3	26.9	26.3	288.7	117.7	48.1
		10	14.0	22.8	24.6	25.2	22.8	239.6	56.2	22.9
针阔Ⅲ号	2003	3	43.7	18.9	19.3	19.8	19.9	241.6	133.1	76.8
		4	41.6	21.1	22.9	22.2	22.6	264.8	129.5	74.8
		5	37.8	23.9	24.4	24.8	24.6	330.4	98.9	57.1
		6	41.8	25.0	25.8	25.8	26.2	368.8	180.7	104.3
		7	36.2	26.5	27.9	27.5	28.3	435.7	156.5	90.3
		8	38.5	27.7	29.3	28.8	29.5	348.0	40.5	23.4
		9	39.1	26.4	27.8	28.4	28.2	291.3	35.1	20.3
		10	28.2	22.6	24.3	24.2	23.6	251.2	69.4	40.1
		11	22.6	19.0	19.6	19.2	18.8	143.3	39.4	22.8
		12	17.7	13.7	13.8	13.9	13.5	68.6	27.6	15.9
	2004	1	20.5	12.8	13.3	12.4	12.4	77.2	29.8	17.2
		2	24.0	14.5	15.1	14.9	15.6	133.5	40.4	23.3
		3	26.6	16.2	16.7	15.7	15.7	121.5	34.0	19.6
		4	36.0	21.4	22.4	21.6	22.7	313.4	95.2	55.0

（续）

样地代码	年份	月份	土壤水分 %	T1（地下5cm）℃	T2（地表）℃	T3（箱内）℃	T4（箱外）℃	CO_2 通量平均值	标准偏差	标准误差
针阔Ⅲ号	2004	5	32.1	23.6	24.9	23.4	25.0	371.6	79.3	36.3
		6	30.8	26.4	29.7	26.7	27.6	413.0	132.3	54.0
		7	33.9	26.5	27.8	26.6	27.2	409.5	122.4	49.9
		8	34.8	27.7	28.9	29.5	30.1	462.0	199.2	81.3
		9	33.8	25.7	27.3	27.6	27.2	322.7	76.3	31.1
		10	18.2	21.2	23.3	22.3	22.4	226.1	66.3	27.1
		11	17.8	19.9	20.0	21.1	19.3	185.3	77.1	32.2
		12	16.5	16.3	17.7	19.1	16.5	180.5	120.0	59.1
	2005	1	16.2	12.9	12.7	13.6	11.8	131.1	46.4	22.1
		2	21.9	8.6	7.0	8.5	6.0	65.8	26.7	10.9
		3	37.3	14.2	14.5	15.0	14.5	128.3	49.7	21.1
		4	40.0	19.5	20.9	20.9	20.7	192.0	76.5	32.9
		5	39.8	25.1	25.8	25.6	26.2	269.8	94.6	40.7
		6	44.8	26.7	27.7	28.0	28.1	313.5	141.1	57.6
		7	35.2	27.4	29.2	28.5	29.5	380.2	132.1	53.9
		8	42.4	26.5	27.1	27.1	27.9	299.3	133.0	54.7
		9	45.0	25.5	26.2	26.8	27.2	282.5	61.7	25.6
		10	25.7	22.6	24.0	24.0	23.6	295.5	83.7	37.8

注：详见数据目录中说明：FZY04，其他两种气体和不同处理的数据不在此全部列出。

5.1.5 季风林林下层植物含水率测定（FAY05）

表 5-5 季风林 1994 年林下层植物含水率数据

植物种名	株数	茎含水量（%）	枝含水量（%）	叶含水量（%）	根含水量（%）	总含水量（%）
白背瓜馥木	1	46.9	57.1	51.9	49.1	51.2
白叶算盘子	1	60.7	67.1	67.0	43.6	59.6
柏拉木	1	56.4	57.9	65.2	46.7	56.6
笔罗子	1	35.3	66.7	46.9	42.2	47.8
薄叶红厚壳	1	42.2	51.6	57.9	40.5	48.0
刺果藤	1	49.2	50.3	50.3	51.3	50.2
粗叶木	1	55.4	59.2	61.1	61.2	59.2
脆五月茶	1	46.6	55.7	55.3	41.4	49.7
淡竹叶	4	72.2	72.2	75.9	68.5	72.2
丁公藤	1	56.7	54.6	55.2	51.9	54.6
鼎湖钓樟	1	55.4	59.6	62.7	51.8	57.4
鼎湖耳草	1	61.5	61.5	76.8	46.2	61.5
篁条蓰莩	1	61.9	60.8	66.7	54.0	60.8
多羽复叶耳蕨	1	55.4	59.6	62.7	51.8	57.4
割鸡芒	1	78.8	72.7	67.0	72.3	72.7
谷木	4	64.2	48.6	55.4	43.1	52.8
谷木叶冬青	1	49.3	52.2	59.9	52.2	53.4
土茯苓	1	58.1	60.4	62.7	60.4	60.4
光叶红豆	1	51.4	67.1	62.5	44.3	56.3
香楠	4	53.7	54.8	54.4	58.6	55.4

（续）

植物种名	株数	茎含水量（%）	枝含水量（%）	叶含水量（%）	根含水量（%）	总含水量（%）
海金沙	1	43.3	43.3	43.8	42.7	43.3
木荷	1	45.7	76.7	61.8	58.6	60.7
黑莎草	1	70.8	70.8	74.3	67.4	70.8
红枝蒲桃	1	46.9	53.3	65.3	44.6	52.5
广东金叶子	1	47.2	51.6	57.8	45.7	50.6
红叶藤	1	42.7	45.6	52.9	41.0	45.5
厚壳桂	1	50.8	69.4	64.1	60.7	61.2
华润楠	1	47.2	46.7	51.4	41.5	46.7
薯莨	1	68.6	76.1	73.6	42.0	65.1
黄果厚壳桂	9	48.4	58.4	60.0	44.5	52.8
黄杞	4	51.0	59.7	58.5	44.9	53.5
寄生藤	1	59.3	66.2	76.7	50.8	63.2
锈叶新木姜子	1	53.5	55.4	60.2	54.7	56.0
马甲菝葜	1	55.4	59.6	62.7	51.8	57.4
剑叶耳草	1	68.6	75.2	76.8	53.8	68.6
金粟兰	1	67.2	76.2	73.7	65.9	70.7
九节	1	65.8	58.3	77.0	53.6	63.7
假鹰爪	2	54.4	64.1	64.1	59.2	60.5
了哥王	1	53.4	58.7	64.9	57.7	58.7
岭南山竹子	1	51.3	64.4	75.1	46.7	59.4
柳叶杜茎山	4	58.7	66.4	64.7	42.2	58.0
罗伞树	9	55.5	61.9	60.6	46.7	56.2
毛果巴豆	1	51.2	72.4	73.0	56.6	63.3
毛冬青	1	55.4	59.6	62.7	51.8	57.4
脚骨脆	1	40.3	41.6	50.0	34.4	41.6
隐穗苔草	4	58.7	58.7	62.6	54.7	58.6
秤星树	1	55.4	59.6	62.7	51.8	57.4
白花苦灯笼	1	54.5	33.3	52.3	53.3	48.3
筋藤	1	55.4	59.6	62.7	51.8	57.4
绒毛润楠	1	41.4	46.2	50.3	30.3	42.0
箬叶竹	1	59.8	52.1	38.4	58.0	52.1
三桠苦	1	59.3	61.5	73.9	51.2	61.5
沙皮蕨	1	59.6	59.6	65.4	53.8	59.6
山橙	4	47.8	50.8	57.4	47.2	50.8
滇粤山胡椒	1	54.9	65.6	67.5	48.5	59.1
香花崖豆藤	1	44.5	52.1	49.8	41.8	47.1
华山姜	1	75.2	71.0	69.7	68.2	71.0
扇叶铁线蕨	1	57.5	57.5	48.1	66.8	57.5
肉实树	1	63.7	70.0	70.5	54.4	64.7
酸藤子	1	55.4	59.6	62.7	51.8	57.4
日本五月茶	1	48.0	64.6	73.0	52.8	59.6
土沉香	2	63.1	65.9	65.7	60.4	63.8
土茯苓	1	62.7	66.1	64.4	71.2	66.1
团叶陵齿蕨	4	61.0	61.0	68.2	53.9	61.0
乌材	1	49.0	48.6	56.0	40.8	48.6

（续）

植物种名	株数	茎含水量（%）	枝含水量（%）	叶含水量（%）	根含水量（%）	总含水量（%）
乌榄	1	48.2	51.4	64.5	41.5	51.4
溪边假毛蕨	1	68.2	68.2	71.6	64.8	68.2
锡叶藤	1	50.1	61.7	58.0	46.2	54.0
细轴荛花	1	47.5	57.5	64.7	60.3	57.5
美丽新木姜子	4	44.0	50.7	48.0	54.4	49.3
小叶爬崖香	1	63.5	73.0	80.4	61.1	69.5
小叶买麻藤	1	68.8	59.4	66.8	51.7	61.7
鱼骨木	1	40.7	52.1	54.2	33.0	45.0
玉叶金花	1	60.5	60.8	66.5	55.3	60.7
云南银柴	1	53.3	69.2	75.6	47.8	61.5
杖藤	4	44.9	57.2	63.1	63.4	57.2
竹节树	1	82.7	59.4	71.9	51.4	66.4
紫玉盘	2	57.3	42.3	58.8	54.9	53.3

5.2 管理数据

该数据集收集了本站的研究成果和一些基本信息，以 FO 为代码，详情请看数据目录中描述，放于网上供查询利用，若需要相关详细信息可与本站数据管理员联系。

5.2.1 发表的 SCI 论文及专著目录（FO01）

（1）Deng Qi，Zhou Guoyi，Liu juxiu，Liu Shizhong，Duan Honglang，Zhang Deqiang*. Responses of soil respiration to elevated carbon dioxide and nitrogen addition in subtropical forest ecosystems in China. Biogeosciences. 2010，7（1）：315－328；

（2）Fang Huajun，Yu Guirui，Cheng SL，Zhu TH，Wang Yuesi，Yan Junhua，Wang M，Cao M，Zhou M. Effects of multiple environmental factors on CO_2 emission and CH_4 uptake from old-growth forest soils. Biogeosciences. 2010，7（1）：395－407；

（3）Yang Fangfang，Li Yuelin，Zhou Guoyi*，K. O. Wenigmann，Zhang Deqiang，Mike Wenigmann，Liu Shizhong，Zhang Qianmei. Dynamics of woody debris decay rates for three dominant trees species in an old-growth forest in lower tropical China. Forest Ecology and Management. 2010，259：1666－1672；

（4）Ma Guohua*，Changxin Xe He，Ren Hai，Zhang Qianmei，Shijin Li，Zhang Xinhua，B. Eric. Direct somatic embryogenesis and shoot organogenesis from leaf explants of Primulina tabacum. Biologia Plantarum. 2010，54（2）：361－365；

（5）Ren Hai，Guohua Ma，Zhang Qianmei，Qinfeng Guo，Jun Wang，Zhengfeng Wang. Moss is a key nurse plant for reintroduction of the endangered herb，Primulina tabacum Hance. Plant Ecology. 2010，209（2）：313－320；

（6）Huang Juan，Feng Yanli*，Fu Jiamo，Sheng Guoying. A method of detecting carbonyl compounds in tree leaves in China. Environmental Science and Pollution Research. 2010，17（5）：1129－1136；

（7）Wang Hui，Shirong Liu，Mo Jiangming. Correlation between leaf litter a among subtropical tree species. Plant Soil. 2010，335：289－298；

(8) Wang Hui, Shirong Liu, Mo Jiangming*, Tao Zhang. Soil-atmosphere exchange of greenhouse gases in subtropical plantations of indigenous tree species. Plant Soil. 2010, 335: 213-227;

(9) Wang Hui, Shirong Liu, Mo Jiangming, JingXin Wang, Franz Makeschin, Maria Wolff. Soil organic carbon stock and chemical composition in four plantations of indigenous tree species in subtropical China. Ecological Research. 2010, 25: 1071-1079;

(10) Liang Kaiming, Lin Zhifang, Ren Hai*, Liu Nan, Zhang Qianmei, Wang Jun, Wang Zhengfeng, Guan Lanlan. Characteristics of sun-and shade-adapted populations of an endangered plant Primulina tabacum Hance. Photosynthetica. 2010, 48 (4): 494-506;

(11) Koba K, Isobe K, Takebayashi Y, Fang Yunting, Sasaki Y, Saito W, Yoh M, Mo Jianming, Liu L, Lu Xiankai, Zhang T, Zhang Wei, Senoo K. delta N-15 of soil N and plants in a N-saturated, subtropical forest of southern China. Rapid Communications in Mass Spectrometry. 2010, 24: 2499-2506;

(12) Liu Juxiu, Zhou Guoyi, Zhang Deqiang, Zhihong Xu, Honglang Duan, Qi Deng, Liang Zhao. Carbon dynamics in subtropical forest soil: effects of atmospheric carbon dioxide enrichment and nitrogen addition. Journal of Soils and Sediments. 2010, 10: 730-738;

(13) Liu Kehui, Fang Yunting, Yu Fangming, Liu Qiang, Li Furong, Peng Shaolin. Soil Acidification in Response to Acid Deposition in Three Subtropical Forests of Subtropical China. Pedosphere. 2010, 20 (3): 399-408;

(14) Lu Xiankai, Mo Jiangming*, Gilliam Frank S., Zhou Guoyi, Fang Yunting. Effects of experimental nitrogen additions on plant diversity in an old-growth tropical forest. Global Change Biology. 2010, 16 (10): 2688-2700;

(15) Ren hai, Zhang qianmei, Wang Zhengfeng, Guo Qinfeng, Wang Jun, Liu Nan, Liang Kaiming. Conservation and possible reintroduction of an endangered plant based on an analysis of community ecology: a case study of Primulina tabacum Hance in China. Plant Species Biology. 2010, 25: 43-50;

(16) Sun Yang, Wang Lili, Wang Yuesi*, Zhang Deqiang, Quan Liu, Xin Jinyuan. In situ measurements of NO, NO_2, NOy, and O-3 in Dinghushan, China during autumn 2008. Atmospheric Environment. 2010, 44 (17): 2079-2088;

(17) Takebayashi Y, Koba K, Sasaki Y, Fang Yunting, Yoh M. The natural abundance of N-15 in plant and soil-available N indicates a shift of main plant N resources to NO_3^- from NH_4^+ along the N leaching gradient. Rapid Communications in Mass Spectrometry. 2010, 24: 1001-1008;

(18) Tang Xinyi, Shuguang Liu, Liu Juxiu, Zhou Guoyi*. Effects of vegetation restoration and slope positions on soil aggregation and soil carbon accumulation on heavily eroded tropical land of Southern China. Journal of Soils and Sediments. 2010, 10: 505-513;

(19) Tang Xinyi, Shuguang Liu, Liu Juxiu, Zhou Guoyi*. Erosion and Vegetation Restoration Impacts on Ecosystem Carbon Dynamics in South China. Soil Science Society of America Journal. 2010, 74 (1): 272-281;

(20) Lu Xiankai, Mo Jiangming*, Frank S. Gilliam, Guirui Yu, Wei Zhang, Yunting Fang, Juan Huang. Effects of experimental nitrogen additions on plant diversity in tropical forests of contrasting disturbance regimes in Southern China. Environmental pollution. 2010, 1-8;

(21) Liu Xuejun, Lei Duan, Mo Jiangming*, Enzai Du, Jianlin Shen, Xiankai Lu, Ying

Zhang, Xiaobing Zhou, Chune He, Fusuo Zhang. Nitrogen deposition and its ecological impact in China: an overview. Environmental pollution. 2010, 1-14;

(22) Yi Zhigang*, Wang Xinming, Ouyang Mingan, Zhang Deqiang, Zhou Guoyi. Air-soil exchange of dimethyl sulfide, carbon disulfide, and dimethyl disulfide in three subtropical forests in south China. Journal of Geophysical Research-Atmospheres. 2010, 115: D18302;

(23) Kuang Yuanwen*, Da Zhi Wen, Jiong Li, Fang Fang Sun, En Qing Hou, Zhou Guoyi, De Qiang Zhang, Longbin Huang. Homogeneity of d15N in needles of Masson pine (Pinus massoniana L.) was altered by air pollution. Environmental Pollution. 2010, 158: 1963-1967;

(24) Zhang M, Yu Guirui*, Zhang Leiming, Sun Xiaomin, Wen Xuefa, Han Shijie, Yan Junhua. Impact of cloudiness on net ecosystem exchange of carbon dioxide in different types of forest ecosystems in China. Biogeosciences. 2010, 7 (2): 711-722;

(25) Zhou guoyi, Xiaohua Wei, Yan Luo, Yuna Qiao, Mingfang Zhang, Li Yuelin, Haigui Liu, Chunlin Wang. Forest Recovery and River Discharge at the Regional Scale of Guangdong Province, China. Water Resources Research. 2010, 46: 文献编号: W09503;

(26) Fang Huajun*, Yu Guirui, Cheng Shulan, Mo Jiangming, Yan Junhua, Li Shenggong. C-13 abundance, water-soluble and microbial biomass carbon as potential indicators of soil organic carbon dynamics in subtropical forests at different successional stages and subject to different nitrogen loads. Plant Soil. 2009, 320: 243-254;

(27) Fang Yunting, M. Yoh, Mo Jiangming*, P. Gundersen, Zhou Guoyi. Response of Nitrogen Leaching to Simulated Nitrogen Deposition in a Disturbed and a Mature Forest in Southern China. Pedosphere. 2009, 19 (1): 111-120;

(28) Fang Yunting, Per Gundersen, Wei Zhang, Jesper Riis Christiansen, Mo Jiangming, Shaofeng Dong, Tao Zhang. Soil-atmosphere exchange of N_2O, CO_2 and CH_4 along a slope of an evergreen broad-leaved forest in southern China. Plant Soil. 2009, 319 (1-2): 37-48;

(29) Fang Yunting, Zhu Weixing*, Per Gundersen, Mo Jiangming, Zhou guoyi, Muneoki Yoh. Large loss of dissolved organic nitrogen in nitrogen-saturated forests in subtropical China. Ecosystems. 2009, 12 (1): 33-45;

(30) Fang Yunting, Per Gundersen, Mo Jiangming, Weixing Zhu. Nitrogen leaching in response to increased nitrogen inputs in subtropical monsoon forests in southern China. Forest Ecology and Management. 2009, 257 (1): 332-342;

(31) Huang Juan, Xia Hanping, Li Zhi'an, Xiong Yanmei, Kong Guohui. Soil aluminium uptake and accumulation by Paspalum notatum. Waste Management & Research. 2009, 27 (7): 668-675;

(32) Huang Juan, Yanli Feng, Jiamo Fu, Guoying Sheng. A method of detecting carbonyl compounds in tree leaves in China. Environmental Science and Pollution Research. 2009, DOI: 10.10007/sl 1356-009-0277-3;

(33) Hussain MZ, D Otieno, H Mirzae, Li Yuelin, M Schmidt, L Siebke, T Foken, N Ribeiro, J Pereira, J Tenhunen. CO_2 exchange and biomass development of the herbaceous vegetation in the Portuguese montado ecosystem during spring. Agriculture, Ecosystems and Environment. 2009, 132 (1-2): 413-152;

(34) Jian Li, Yanli Feng, Chunjuan Xie, Huang Juan, Jianzhen Yu, Jialiang Feng, Guoying Sheng, Jiamo Fu, Minghong, Wu. Determination of gaseous carbonyl compounds by their pentafluorophenyl hydrazones with gas chromatography/mass spectrometry. Analytica Chimica Acta.

2009，635 (1)：84－93；

(35) Lu Xiankai，Mo Jiangming*，Gundersern Per，Weixing Zhu，Zhou guoyi，Dejun Li，Xu Zhang. Effects of simulated N deposition on soil exchangeable cations in three forest land-use types in subtropical China. Pedosphere. 2009，19 (2)：189－198；

(36) Shen Liu，Li Yuelin，Zhou guoyi*，K. O. Wenigmann，Yan Luo，D. Otieno，J. Tenhunen. Applying biomass and stem fluxes to quantify temporal and spatial fluctuations of an old-growth forest in disturbance. Biogeosciences discussion. Biogeosciences. 2009，6 (9)：1839－1848；

(37) Yan Junhua*，Zhang Deqiang，Zhou Guoyi，Liu Juxiu. Soil respiration associated with forest succession in subtropical forests in Dinghushan Biosphere Reserve. Soil Biology and Biochemistry. 2009，41 (5)：991－999；

(38) Zhengfeng Wang，Ren Hai，Zhang Qianmei，Wanhui Ye，Kaiming Liang，Zhongchao Li. Isolation and characterization of microsatellite markers for Primulina tabacum，a critically endangered perennial herb. Conserv Genet. 2009，10 (5)：1433－1435；

(39) Zhihong Xu，Chengrong Chen，Jizheng He，Liu Juxiu. Trends and challenges in soil research 2009：linking global climate change to local long-term forest productivity. Journal of Soils and Sediments. 2009，9：83－88；

(40) Bernd Zellera，Liu Juxiu*，Nina Buchmannc，Andreas Richter. Tree girdling increases soil N mineralisation in two spruce stands. Soil Biology and Biochemistry. 2008，40：1155－1166；

(41) Fang Yunting，Per Gundersen，Mo Jiangming，Weixing Zhu. Input and output of dissolved organic and inorganic nitrogen in subtropical forests of South China under high air pollution. Biogeosciences. 2008，5：339－352；

(42) Heydar Mirzaei，Juergen Kreyling，Mir Zaman Hussain，Li Yuelin，John Tenhunen，Carl Beierkuhnlein，and Anke Jentsch. A single drought event of 100 - year recurrence enhances subsequent carbon uptake and changes carbon allocation in experimental grassland communities. Journal of Plant Nutrition and Soil Science. 2008，(171)：681－689；

(43) Huang Juan，Yanli Feng，Jian Li，Bin Xiong，Jialiang Feng，Sheng Wen，Guoying Sheng，Jiamo Fu，Minghong Wu. Characteristics of carbonyl compounds in ambient air of Shanghai，China. Journal of Atmospheric Chemistry. 2008，61：1－20；

(44) Kuang Yuanwen*，Wen Dazhi，Zhou Guoyi，Chu Guowei，Sun Fangfang，Li Jiong. Reconstruction of soil pH by dendrochemistry of Masson pine at two forested sites in the Pearl River Delta，South China. Annals of Forest Science. 2008，65：804；

(45) Kuang Yuanwen，Sun fangfang，Wen Dazhi，Zhou Guoyi，Zhao Ping. Tree-ring growth patterns of Masson pine (Pinus massonianan L.) during the recent decades in the acidification Pearl River Delta of China. Forest Ecology and Management. 2008，255：3534－3540；

(46) Li Dejun，Wang Xinming，Sheng Guoying，Mo Jiangming，Fu Jiamo . Soil nitric oxide emissions after nitrogen and phosphorus additions in two subtropical humid forests. Journal of Geophysical Research-Atmospheres. 2008，113：D16301，doi：10.1029/2007JD009375，2008；

(47) Li YueLin，D. otieno，K. owen，Zhang Yun，J. tenhunen，Rao Xingquan，Lin Yongbiao. Temporal Variability in Soil CO_2 Emission in an Orchard Forest Ecosystem in Lower Subtropical China. Pedosphere. 2008，18 (3)：273－283；

(48) Li YueLin，J. Tenhunen，K. Owen，M. Schmitt，M. Bahn，M. Droesler，D. Otieno*，M. Schmidt，Th. Gruenwald，M. Z. Hussain，H. Mirzae，Ch. Bernhofer. Patterns in

CO_2 gas exchange capacity of grassland ecosystems in the Alps . Agricultural and Forest Meteorology. 2008，148：51－68；

（49）Li Yuelin，Tenhunen*，Mirzaei H，Hussain MZ，Siebicke L，Foken T，Otieno D，Schmidt M，Ribeiro N，Aires L，Pio C，Banza J，Pereira J . Assessment and up-scaling of CO_2 exchange by patches of the herbaceous vegetation mosaic in a Portuguese cork oak woodland. Agricultural and Forest Meteorology. 2008，148：1318－1331；

（50）Li Zhi-an，Zou Bi，Xia Hanping，Ren Hai，Mo Jiangming，Weng Hong，Tu Mengzhao. Litterfall dynamics of an evergreen broadleaf forest and a pine forest in the subtropical region of China. Forest Science，USA. 2008，51（6）：608－615；

（51）Liu Juxiu，Shanjinang Peng，Benjamin Faivre-vuillin，Zhihong Xu，Zhang Deqiang，Zhou guoyi. Erigeron annuus（L. ）Pers.，as a green manure for ameliorating soil exposed to acid rain in Southern China. Journal of Soils and Sediments. 2008，（8）：452－460；

（52）Liu Juxiu，Zhang Deqiang，Zhou guoyi，Benjamin Faivre-Vuillin，Qi Deng，Chunlin Wang. CO_2 enrichment increases nutrient leaching from model forest ecosystems in subtropical China. Biogeosciences. 2008，5：1783－1795；

（53）Liu Shuguang，Anderson P，Zhou Guoyi，Kauffman B，Hughes F，Schimel D，Watson V，Tosi J. Resolving model parameter values from carbon and nitrogen stock measurements in a wide range of tropical mature forests using nonlinear inversion and regression trees. Ecological Modelling. Ecological Modelling. 2008，219（3－4）：327－341；

（54）Luo Yan，Liu Shen，Fu Shenglei，Liu Jingshi，Wang Guoqin，Zhou Guoyi*. Trends of precipitation in Beijiang River Basin，Guangdong Province，China. Hydrological Processes. 2008，（22）：2377－2386；

（55）Mo Jiangming，Zhang Wei，Weixing Zhu，Per Gundersen，Fang Yunting，Li Dejun，Wang Hui. Nitrogen addition reduces soil respiration in a mature tropical forest in southern China. Global Change Biology. 2008，14：403－412；

（56）Mo Jinagming*，Li Dejun，Gundersen，Per. Seedling growth response of two tropical tree species to nitrogen deposition in southern China. Eurasian Journal of Forest Research. 2008，（127）：275－283；

（57）Mo Jinagming，Fang Hua，Zhu Weixing，Zhou Guoyi，Lu Xiankai，Fang Yunting . Decomposition responses of pine（Pinus massoniana）needles with two different nutrient-status to N deposition in a tropical pine plantation in southern China. Annals of Forest Science. 2008，65：405；

（58）OuYang Xuejun，Zhou Guoyi*，Huang Zhongliang，Zhou Cunyu，Li Jiong，Shi Junhui，Zhang Deqiang. Effect of N and P addition on soil organic C potential mineralization in forest soils in South China. Journal Of Environmental Sciences-China. 2008，20：1082－1089；

（59）Ouyang Xuejun，Zhou Guoyi，Huang Zhongliang，Liu Juxiu，Zhang Deqiang，Li Jiong. Effect of Simulated Acid Rain on Potential Carbon and Nitrogen Mineralization in Forest Soils. Pedosphere. 2008，18（4）：503－514；

（60）Ren Hai，Jian Shuguang，Lu Hongfang，Zhang Qianmei，Shen Weijun，Han Weidong，Yin Zuoyun，Guo qinfeng. Restoration of mangrove plantations and colonisation by native species in Leizhou bay，South China. Ecological Research. 2008，23（2）：401－407；

（61）Tian Xiaoxue，Liu Juxiu，Zhou Guoyi*，Pingan Peng，Xiaoli Wang，Wang Chunlin. Estimation of the annual scavenged amount of polycyclic aromatic hydrocarbons by forests in the Pearl

River Delta of Southern China. Environmental Pollution. 2008, 156: 306－315;

(62) Wei Xiaohua*, Sun Ge, Liu Shirong, Jiang hong, Zhou Guoyi, Dai Limin. The forest-streamflow relationship in China: A 40－year retrospect. Journal of the American Water Resources Association. 2008, 44 (5): 1076－1085;

(63) Xu Zhihong*, Sally Ward, Chengrong Chen, Tim Blumfield, Nina Prasoloval, Liu Juxiu. Soil Carbon and Nutrient Pools, Microbial Properties and Gross Nitrogen Transformations in Adjacent Natural Forest and Hoop Pine Plantations of Subtropical Australia. Journal of Soils and Sediments. 2008, 8 (2): 99－105;

(64) Yu Guirui*, Song X, Wang Quanfa, Liu YF, Guan DX, Yan Junhua, Sun Xiaomin, Zhang Leiming, Wen Xuefa. Water-use efficiency of forest ecosystems in eastern China and its relations to climatic variables. New Phytologist. 2008, 127: 927－937;

(65) Yu Guirui, Leiming Zhang, XIiaomin Sun, Yuling Fu, Xuefa Wen, Qiufeng Wang, Shengong Li, Chuanyou Ren, Xia Song, Yunfen Liu, Shijie Han, Yan Junhua. Environmental controls over carbon exchange of three forest ecosystems in eastern China. Global Change Biology. 2008, 14: 2555－2571;

(66) Zhang Deqiang, Hui Dafeng, Luo Yiqi, Zhou Guoyi. Rates of litter decomposition in terrestrial ecosystems: global patterns and controlling factors. Journal of Plant Ecology. 2008, 1 (2): 85－93;

(67) Zhang Wei, Mo Jiangming, Yu Guirui, Fang Yunting, Li Dejun, Lu Xiankai, Wang Hui. Emissions of nitrous oxide from three tropical forests in Southern China in response to simulated nitrogen deposition. Plant Soil. 2008, 306: 221－236;

(68) Zhang Wei, Mo Jiangming, Zhou Guoyi, Per Gundersen, Fang Yunting, Lu Xiankai, Tao Zhang, Shaofeng Dong. Methane uptake responses to nitrogen deposition in three tropical forests in southern China. Journal of Geophysical Research-Atmospheres. 2008, 113: D11116, doi: 10.1029/2007JD009195, 2008;

(69) Zhou Chuanyan, Wei Xiaohua, Zhou Guoyi*, Yan Junhua, Wang Xu, Wang Chunlin, Liu haigui, Tang Xinyi, Zhang Qianmei. Impacts of a large-scale reforestation program on carbon storage dynamics in Guangdong, China. Forest Ecology and Management. 2008, 255: 847－854;

(70) Zhou Guoyi, Guan Lili, Wei Xiaohua, Tang Xuli, Liu Shuguang, Liu Juxiu, Zhang Deqing, Yan Junhua. Foctors influencing leaf litter decomposition: an intersite decomposition experiment across China. Plant Soil. 2008, (311): 61－72;

(71) Zhou Guoyi, Sun Ge, Wang Xu, Zhou Chuanyan, Steven G. MeNulty, James M. Vose, Devendra M. Amatya. Estimating Forest Ecosystem Evapotranspiration at Multiple Temporal Scales with a Dimension Analysis Approach. Journal of the American water resources association. 2008, 44 (1): 208－221;

(72) Fang Hua, Mo Jiangming*, Shaolin Peng, Zhian Li, Hui Wang. Cumulative effects of nitrogen additions on litter decomposition in three tropical forests in southern China. Plant Soil. 2007, 297 (1): 233－242;

(73) Kuang Yuanwen, Wen Dazhi, Zhou Guoyi*, Liu Shizhong. Distribution of elements in needles of Pinus massoniana (Lamb.) was uneven and affected by needle age. Environmental Pollution. 2007, 145 (1): 146－153;

(74) Kuang Yuanwen, Zhou Guoyi, Wen Dazhi, Liu Shizhong. Heavy metals in bark of Pinus

massoniana (Lamb.) as an indicator of atmospheric deposition near a smeltery at Qujiang, China. Environmental Science and Pollution Research. 2007, 14 (4): 270-275;

(75) Li Dejun, Xinming Wang, Mo Jiangming, Guoying Sheng, Jiamo Fu. Soil nitric oxide emissions from two subtropical humid forests in south China. Journal of Geophysical Research-Atmospheres. 2007, 112: D23302, doi: 10.1029/2007JD008680, 2007;

(76) Liu Chunchang, Xia Hanping, Jian Shuguang, Ren Hai*, Zhang Qianmei, Zhang Taiping, Lu Shaoming. Sewage Treatment with Constructed Wetland of Multiplayer Plants Configuration in South China. 中国科协英文论文集 "The proceedings of the China Association for Science and Technology", Science Press USA Inc. 2007, 3 (1): 766-772;

(77) Liu Juxiu*, Zhou Guoyi, Zhang Deqiang. Effects of Acidic Solutions on Element Dynamics in Monsoon Evergreen Broad-leaved Forest at Dinghushan, China -Part 2: Dynamics of Fe, Cu, Mn and Al. Environmental Science and Pollution Research. 2007, 14 (3): 215-218;

(78) Liu Juxiu*, Zhou Guoyi, Yang Chengwei, Ou Zhiying, Peng Changlian. Responses of chlorophyll fluorescence and xanthophyll cycle in leaves of Schima superba Gardn. & Champ. and Pinus massoniana Lamb. to simulated acid rain at Dinghushan Biosphere Reserve, China. Acta Physiologiae Plantarum. 2007, 29 (1): 33-38;

(79) Liu Juxiu*, Zhou Guoyi, Zhang Deqiang. Simulated effects of acidic solutions on element dynamics in monsoon evergreen broad-leaved forest at Dinghushan, China. Part 1: Dynamics of K, Na, Ca, Mg and P. Environmental Science and Pollution Research. 2007, 14 (2): 123-129;

(80) Mo Jiangming, Sandra Brown, Xue Jinghua, Fang Yunting, Li Zhian, Li Dejun, Dong Shaofeng. Response of nutrient dynamics of decomposing pine (Pinus massoniana) needles to simulated N deposition in a disturbed and a rehabilitated forest in tropical China. Ecological Research. 2007, 22 (4): 649-658;

(81) Mo Jiangming, Zhang Wei, Zhu Weixing, Fang Yunting, Li Dejun, Zhao Ping. Response of soil respiration to simulated N deposition in a disturbed and a rehabilitated tropical forest in southern China. Plant Soil. 2007, 296 (1): 125-135;

(82) Xiao Huilin, Peng Shaolin, Mo Jiangming, Chen Zhuoguan, Wu Jinrong. Relationships between the allelopathy and nutrients content in plant and soil. Allelopathy Journal. 2007, 19 (2): 297-310;

(83) Xu Guoliang, Mo Jiangming*, Shenglei Fu, Xing Ke, Per Gundersen, Zhou guoyi, Jinghua Xue. Response of soil fauna to simulated nitrogen deposition: A nursery experiment in subtropical China. Journal of Environmental Sciences. 2007, 19 (5): 603-609;

(84) Yan Junhua, Zhou Guoyi, Zhang Deqiang, Chu Guowei. Changes of soil water, organic matter, and exchangeable cations along a forest successional gradient in southern China. Pedosphere. 2007, 17 (3): 397-405;

(85) Yi Zhigang, Fu Shenglei, Yi Weimin, Zhou Guoyi, Mo Jiangming, Zhang Deqiang, Ding Mingmao, Wang Xinming, Zhou Lixia*. Partitioning soil respiration of subtropical forests with different successional stages in south China. Forest Ecology and Management. 2007, 243 (2-3): 178-186;

(86) Yi Zhigang, Wang Xinming*, Sheng Guoyin, Zhang Deqiang, Zhou Guoyi, Fu Jiamo. Soil uptake of carbonyl sulfide in subtropical forests with different successional stages in south China. Journal of Geophysical Research. 2007, 112: 112, D08302, doi: 10.1029/2006JD008048, 2007;

(87) Yuan WP, Liu S, Zhou Guangsheng, Zhou guoyi, Hu, Y etc. Deriving a light use efficiency model from eddy covariance flux data for predicting daily gross primary production across biomes. Agricultural and Forest Meteorology. 2007, 143 (3-4): 189-207;

(88) Zhou Guoyi, Guan Lili, Wei Xiaohua*, Zhang Deqiang, Zhang Qianmei, Yan Junhua, Wen Dazhi, Liu Juxiu, Liu Shuguang, Huang Zhongliang, Kong Guohui, Mo Jiangming, Yu Qingfa. Litterfall production along successional and altitudinal gradients of subtropical monsoon evergreen broadleaved forests in Guangdong, China. Plant Ecology. 2007, 188 (1): 77-89;

(89) Kuang Yuanwen, Zhou Guoyi, Wen Dazhi, Liu Shizhong. Acidity and conductivity of Pinus massoniana bark as indicators to atmospheric acid deposition in Guangdong, China. Journal of Environmental Sciences-China. 2006, 18 (5): 916-920;

(90) Zhou Guoyi, Zhou Cunyu, Liu Shuguang, Tang Xuli, OuYang Xuejun, Zhang Deqiang, Liu Shizhong, Liu Juxiu, Yan Junhua, Zhou Chuanyan, Luo Yan, Guan Lili, Liu Yan. Belowground carbon balance and carbon accumulation rate in the successional series of monsoon evergreen broad-leaved forest. Science in China Series D-Earth Sciences. 2006, 49 (3): 311-321;

(91) Wang Chunlin, Yu GR, Zhou Guoyi, Yan Junhua, Zhang LM, Wang Xu, Tang Xuli, Sun XM. CO_2 flux evaluation over the evergreen coniferous and broad-leaved mixed forest in Dinghushan, China. Science in China Series D-Earth Sciences. 2006, 49 (Supp. Ⅱ): 127-138;

(92) Tang Xuli, Zhou Guoyi*, Liu Shuguang, Zhang Deqiang, Liu Shizhong, Li Jiong, Zhou Cunyu. Dependence of soil respiration on soil temperature, soil moisture in successional forests in Southern China. Journal of Integrative Plant Biology. 2006, 48: 654-663;

(93) Yan Junhua, Zhou Guoyi, Zhang Deqiang, Tang Xuli, Wang Xu. Different patterns of changes in the dry season diameter at breast height of dominant and evergreen tree species in a mature subtropical forest in South China. Journal of Integrative Plant Biology. 2006, 48 (8): 906-913;

(94) Fang Yunting, Zhu Weixing, Mo Jiangming*, Zhou Guoyi, Per Gundersen. Dynamics of soil inorganic nitrogen and their responses to nitrogen additions in three subtropical forests, South China. Journal of Environmental Sciences. 2006, 18 (4): 752-759;

(95) Luo Yiqi, Hui Dafeng, Zhang Deqiang. Elevated CO_2 stimulates net accumulations of carbon and nitrogen in land ecosystems: A meta-analysis. Ecology. 2006, 87 (1): 53-63;

(96) Yan Junhua, Wang Yingping, Zhou Guoyi, Zhang Deqiang. Estimates of soil respiration and net primary production of three forests at different succession stages in South China. Global Change Biology. 2006, 12 (5): 810-821;

(97) Zhou Guoyi, Liu Shuguang, Li zhian, Zhangdeqiang, Tang Xuli, Zhou Chuanyan, Yan junhua, Mo Jiangming. Old-Growth Forests Can Accumulate Carbon in Soils. Science. 2006, 314: 1417;

(98) Sun Ge, Zhou Guoyi, Zhang Zhiqiang, Wei Xiaohua, Steven G. McNulty, James M. Vose. Potential water yield reduction due to forestation across China. Journal of Hydrology. 2006, 328: 548-558;

(99) Xu Guoliang, Mo Jiangming*, Zhou Guoyi, Fu Shenglei. Preliminary response of soil fauna to simulated N deposition in three typical subtropical forests. Pedosphere. 2006, 16 (5): 596-601;

(100) Mo Jiangming*, Sandra Brown, Xue Jinghua, Fang Yunting, Li Zhian. Response of litter decomposition to simulated N deposition in disturbed, rehabilitated and mature forests of

subtropical China. Plant Soil. 2006，(282)：135－151；

(101) Zhang Deqiang，Sun Xiaomin，Zhou Guoyi，Yan Junhua，Wang Yuesi，Liu Shizhong，Zhou Cunyu，Liu Juxiu，Tang Xuli，Li Jiong，Zhang Qianmei. Seasonal dynamics of soil CO_2 effluxes with responses to environmental factors in lower subtropical forest of China. Science in China Series D-Earth Sciences. 2006，49 (Supp. Ⅱ)：139－149；

(102) Zhang Leiming，Guirui Yu，Xiaomin Sun，Wen Xuefa，Ren Chuanyou，Song X，Liu Yunfen，Guan Dexin，Yan Junhua，Zhang YP. Seasonal variation of carbon exchange of typical forest ecosystems along the eastern forest transect in China. Science in China Series D-Earth Sciences. 2006，49 (Supp. Ⅱ)：47－62；

(103) Zhang Leiming，Guirui Yu，Xiaomin Sun，Wen Xuefa，Ren Chuanyou，Yuling Fu，Qingkang Li，Li Zhengquan，Liu Yunfen，Guan Dexin，Yan Junhua. Seasonal variations of ecosystem apparent quantum yield (α) and maximum photosynthesis rate (Pmax) of different forest ecosystems in China. Agricultural and Forest Meteorology. 2006，137 (3－4)：176－187；

(104) Tang Xuli，Liu Shuguang，Zhou Guoyi，Zhang Deqiang，Zhou Cunyu. Soil-atmospheric exchange of CO_2，CH_4，and N_2O in three subtropical forest ecosystems in southern China. Global Change Biology. 2006，12 (3)：546－560；

(105) Wei Xiaohua*，Liu Shirong，Zhou Guoyi，C. Wang. Hydrological processes in major types of Chinese forest. Hydrological Processes. 2005，19：63－75；

(106) Zhou Cunyu，Zhou Guoyi，Zhang Deqiang，Wang Yinghong，Liu Shizhong. CO_2 efflux from different forest soils and impact factors in Dinghu Mountain，China. Science in China Series D-Earth Sciences. 2005，48 (Supp. Ⅰ)：198－206；

(107) Yan Junhua，Zhang Deqiang，Zhou Guoyi*，Zhou Cunyu，Liu Shizhong，Chu Guowei. Greenhouse gases exchange at the forest floor of a dominant forest in South China. Eurasian Journal of Forest Research. 2005，8 (2)：75－84；

(108) Yin Zuoyun，Ren Hai*，Zhang Qianmei，Peng Shaolin，Guo Qinfeng，Zhou Guoyi. Species abundance in a forest community in South China：a case of poisson lognormal distribution. Journal of Integrative Plant Biology. 2005，47 (7)：801－810；

(109) Zhang Yongmei，Wu Ning*，Zhou Guoyi，Bao Weikai. Changes in enzyme activities of spruce (Picea balfouriana) forest soil as related to burning in the eastern Qinghai-Tibetan Plateau. Applied Soil Ecology. 2005，30：215－225；

(110) Zhou Guoyi，Yin Guangcai，Jim Morris，Bai Jiayu，Chen Shaoxiong，Chu Guowei，Zhang Ningnan . Measured sap flow and estimated evaportranspiration of tropical Eucalyptus Urophylla plantations in South China. Acta Botanica Sinica. 2004，46 (2)：202－210；

(111) Zhang Yongmei，Zhou Guoyi*，Wu Ning，Bao Weikai. Soil enzyme activity changes in different-aged spruce forests of the eastern Qinghai-Tibetan Plateau. Pedosphere. 2004，14 (3)：305－312；

(112) Huang Zhongliang，Dan Yang，Yicun Huang，Lidong Lin，Taihui Li，Wanhui Ye，Xiaoyi Wei. Sesquiterpenes from the Mycelial Cultures of Dichomitus squalens. Journal of Natural Products. 2004，67：2121－2123；

(113) Hou Meifang，Li Fangbai，Li Ruifeng，Wan Hongfu，Zhou Guoyi，Xie Kechang . Mechanisms of enhancement of photocatalytic properties and activity of Nd3＋－doped TiO_2 for methyl orange degradation. Journal of Rare Earths. 2004，22 (4)：542－547；

(114) Patrick N. J. Lane, Jim Morris, Zhang wingman, Zhou ganglyi, Zhou Guoyi, Xu Daping. Water balance of tropical eucalypt plantations in south-eastern China. Agricultural and Forest Meteorology. 2004, 124: 253-267;

(115) Wen Dazhi*, Kuang Yuanwen, Zhou Guoyi. Sensitivity analyses of woody species exposed to air pollution based on ecophysiological measurement. Environmental Science and Pollution Research. 2004, 11 (3): 165-170;

(116) Jiang Hong, Shirong Liu, Pengsen Sun, Shuqing An, Zhou Guoyi, Chunyang Li, Jinxi Wang, Hua Yu, Xingjun Tian. The influence of vegetation type on the hydrological process at the landscape scale. Canadian Journal of Remote sensing. 2004, 30 (5): 743-763;

(117) Wang Zhengfeng, Peng Shaolin, Liu Shizhong, Li Zhen. Spatial pattern of Cryptocarya chinensis life stages in lower subtropical forest. Botanical Bulletin of Academia Sinica. 2003, 44: 159-166;

(118) Mo Jiangming, Sandra Brown, Peng Shaolin, Kong Guohui. Nitrogen availability in disturbed, rehabilitated and mature forests of tropical china. Forest Ecology and Management. 2003, 175 (3): 573-583;

(119) Wei Xiaohua, JP Kimmins, Zhou Guoyi. Disturbances and sustainability of long-term site productivity in lodgepole pine forests in the central interior of British Columbia - an ecosystem modeling approach. Ecological Modelling. 2003, 164: 239-256;

(120) Zhou Guoyi, Yan Junhua. Hydrological impacts of reforestation with eucalyptus and indigenous species in Southern China. Informatore Botanico Italiano. 2003, 35 (1): 82-92;

(121) Yang Chengwei, Lin guizhu, Peng Changlian*, Chen yizhu, Ou zhiying. Changes in the activities of C4 pathway enzymes and stable carbon isotope discrimination in flag leaves of super-high yield hybrid rice. Acta Botanica Sinica. 2003, 45 (11): 1261-1265;

(122) Peng Changlian, Gilmore AM. Contrasting changes of photosystem 2 efficiency in Arabidopsis xanthophylls mutants at room or low temperature under high irradiance stress. Photosynthetica. 2003, 41 (2): 233-239;

(123) Ou Zhiying, Peng Changlian*, Lin guizhu, Yang Chengwei. Relationship Between PSII Excitation Pressure nd Content of Rubisco Large Subunit or Small Subunit in Flag Leaf of Super High-Yielding Hybrid Rice. Acta Botanica Sinica. 2003, 45 (8): 929-935;

(124) Lin Zhifang, Peng Changlian, Lin Guizhu, Ou Zhiying, Yang Chengwei, Zhang Jingliu. Photosynthetic characteristics of two new chlorophyll b-less rice mutants. Photosynthetica. 2003, 41 (1): 61-67;

(125) lin Zhifang, Peng Changlian, Lin guizhu. Photooxidation in leaves of facultative CAM plant Sedum spectabile at C3 and CAM mode. Acta Botanica Sinica. 2003, 45 (3): 301-306;

(126) Lin Zhifang*, Peng Changlian, Lin guizhu, Zhang Jingliu. Alteration of components of chlorophyll-protein complexes and distribution of excitation energybetween the two photosystems in two new rice chlorophyll b-less mutants. Photosynthetica. 2003, 41 (4): 589-595;

(127) Liu Jingshi, Norio Hayakawa, Lu Mingjiao, Dong Shuhua, Yuan Jinying. Winter Streamflow, Ground Temperature and Active-layer Thickness in Northeast China. Permafrost and Periglacial Processes, 冻土与冰缘过程. 2003, 14: 11-18;

(128) Liu Jingshi, Norio Hayakawa, Lu Mingjiao, Dong Shuhua, Yuan Jinying. Hydrological and geocryological response of winter streamflow to climate warming in Northeast China. Cold Region

Science and Technology，寒区科学与技术．2003，37：15－24；

（129）Zhou Guoyi，Wei Xiaohua*，Yan Junhua. Impacts of eucalyptus（Eucalyptus exserta）plantation on sediment yield in Guangdong Province，Southern China—a kinetic energy Approach. Catena. 2002，49：231－251；

（130）Zhou Guoyi，Morris J D，Yan Junhua，Yu Zuoyue，Peng Shaolin. Hydrological impacts of reafforestation with eucalyptus and indigenous species：a case study in Southern China. Forest Ecology and Management. 2002，167：209－222；

（131）Zhou Guoyi*，Huang Zhihong，Jim morris，Li Zhian，John Collopy，Zhang Ningnan，Bai Jiayu. Radial Variation in Sap Flux Density as a Function of Sapwood Thickness in Two Eucalyptus（Eucalyptus urophylla）Plantations. Acta Botanica Sinica. 2002，44（12）：1418－1424；

（132）Yang Chengwei，Peng Changlian*，Duan jun，Lin guizhu，Chen yizhu. Responses of Chlorophyll Fluorescence and Carotenoids Biosynthesis to High Light Stress in Rice Seedling Leaves at Different Leaf Potiton. Acta Botanica Sinica. 2002，44（11）：1303－1308；

（133）Yang Chengwei，Peng Changlian*，Duan jun，Lin guizhu，Chen yizhu. Effect of β-carotene feeding on chlorophyll fluorescence，zeaxanthin content，and D1 protein turnover in rice（Oryza sativa L.）leaves exposed to high irradiance. Botanical Bulletin of Academia Sinica. 2002，43：181－185；

（134）Peng Changlian，Gilmore A M. Comparison of highlight effects with and without methyl viologen indicate barley chlorina mutants exhibit contrasting sensitivities depending on the specific nature of the chlorina mutation：comparison of wild type，chlorophyll-b-less clo f2 and light-sensitive chlorophyll-b-deficient clo f104 mutants. Funct Plant Biol（Aust J Plant Physiol）. 2002，29：1171－1180；

（135）Peng Changlian，Duan jun，Lin guizhu，Gilmore A M. Correlation between photoinhibition sensitivity and the rates and relative extents of xanthophylls cycle de-epoxidation in chlorina mutants of barley（hordeum vulgare L.）. Photosynthetica. 2002，40（4）：503－508；

（136）Peng Changlian，Duan jun，Lin guizhu，Chen yizhu，Peng Shaolin. Response of Photosynthesis，Growth，Carbon Isotope Discrimination and Osmotic Tolerance of Rice to Elevated CO_2. Acta Botanica Sinica. 2002，44（1）：76－81；

（137）Liu Jingshi，Hiroyuki TAKAHASHI，Norio HAYAKAWA，Lu Minjiao，Zhang Dewei，Ma Xun. Precipitation interpolation using spatial model and water balance in a mountainous watershed based on GIS and the DEM. J. Japan Soc. of Hydrol. and Water Resour，日本水文水资源学会志．2002，15（5）：496－504；

（138）Yang Chengwei，Chen Yizhu，Peng Changlian，Duan Jun，Lin Guizhu. Daily changes in components of xanthophyll cycle and antioxidant systems in leaves of rice at different developing stage. Acta Physiologiae Plantarum. 2001，23（4）：391－398；

（139）Hou Aimin，Peng Shaolin，Zhou Guoyi，Wen Dazhi. Re-examining the reliability of tree-ring isotope ratio as a historical CO_2 proxy. Chinese Science Bulletin. 2001，46（1）：17－21；

（140）Li Zhi-an，Peng Shaolin，Debbie J. Rae，Zhou Guoyi. Litter decomposition and nitrogen mineralization of soils in subtropical plantation forests of southern China，with special attention to comparisons between legumes and non-legumes. Plant Soil. 2001，229（1）：105－116；

（141）彭长连等．光对4种木本植物叶片清除有机自由基能力的影响．植物学报 Acta Botanica Sinica. 2000，42（2）：393－398；

（142）林植芳，彭长连，等．光强对4种亚热带森林植物光合电子传递向光呼吸分配的影响．中国科学C辑 Science in China (Series C)．2000，30（1）：72-77；

（143）Lin Zhifang，Peng Changlian et al. Effects of light intensities on partitioning of photosynthetic electron transport to photorespiration in four subtropical forest plants. Science in China (Series C)．2000，43（4）：347-354；

（144）彭少麟，周厚诚，郭少聪，黄忠良．鼎湖山地带性植被种间联结变化研究．植物学报 Acta Botanica Sinica. 1999，41（11）：1239-1244；

（145）林植芳，彭长连，林桂珠．光氧化作用引起几种亚热带木本植物膜损伤和PSⅡ失活．植物学报 Acta Botanica Sinica. 1999，41（8）：871-876；

（146）Shen Chengde，Liu Dongsheng，Peng Shaolin，Sun Yanmin，Jiang Mantao，Yi Weixi，Xing Changping，Gao Quanzhou，Li Zhi-an，Zhou Guoyi. C-14 Measurement of Forest Soils in Dinghushan Biosphere Reserve. Chinese Science Bulletin. 1999，44（3）：251-256；

（147）Schroeder Paul，Sandra Brown，Mo Jiangming. Biomass estimation for temperate broadleaf forests of the U.S. using inventory data. Forest Science，USA. 1997，43（3）：424-434；

（148）Sandra Brown，Mo Jiangming，DavidT. Bell，J. K. Mcpherson. Decomposition of woody derbies in western Australian forests. Canadian Journal of Forest Research (Canada)．1996，26（6）：954-966；

（149）Theo Verwijst，Wen Dazhi. Leaf allometry of Salix viminalis during the first growing season. Tree Physiology. 1996，16：655-660；

（150）Sandra Brown，M. T. Lenart，Mo Jiangming，Kong Guohui. Structure and organic matter dynamics of a human-impacted Pine forest in a MAB Reserve of Subtropical China. Biotropica. 1995，27（3）：276-289；

（151）Mo Jiangming，Sandra Brown，Melanie Lenart，Kong Guohui. Nutrient dynamics of a human-impacted pine forest in a MAB reserve of subtropical China. Biotropica. 1995，27（3）：290-304；

（152）朱伟兴，王霏霏，莫江明，方运霆，傅声雷．第六章：人类活动主导下陆地生态系中氮素生物地球化学循环的改变．邬建国，杨劼主编．《现代生态学讲座（Ⅳ）——理论与实践》，高等教育出版社．2009，120-147；

（153）周国逸（执笔）、王国勤、韩士杰、桑卫国、汪思龙、傅声雷、包维楷、王根绪、张一平、曹敏、谢宗强、王辉民．第三章：森林生态系统．孙鸿烈主编．《生态系统综合研究》，北京科学出版社，（中国生态系统研究网络20年）．2009，62-82；

（154）刘菊秀．酸雨对广东省农业生态系统的影响（第五章）．北京：中国环境科学出版社，《我国区域农业环境问题及其综合治理》，388千字，主编：万洪富，副主编：卓慕宁，编委：万洪富，王继增，叶万辉，刘菊秀，吴志峰，杨国义，卓慕宁，郭庆荣，钟继洪，夏运生．2005，108-127；

（155）任海，刘菊秀，罗宇宽，廖景平，季申芒，丁颖，张倩媚，范德权，李跃林，等．科普的理论方法与实践．北京：中国环境科学出版社．2004，1-288；

（156）任海，黄平，张倩媚，侯长谋主编．广东森林资源及其生态系统服务功能．北京：中国环境科学出版社．2002，1-118；

（157）张德强，丁明懋，邓南荣．广东省退化坡地发展绿色食品生产的潜力（第十三章）．彭少麟主编．《广东省退化坡地农业综合利用与绿色食品生产》．广东科技出版社．2001，157-181；

（158）夏汉平，刘世忠，敖惠修编著．优良水土保持植物与坡地复合农林业．北京：气象出版社. 2000，1-150；

（159）周国逸，闫俊华．生态公益林补偿理论与实践．北京：气象出版社．2000，1-128；

（160）孔国辉，黄忠良，廖崇惠，何道泉，高育仁，张倩媚，温达志，魏平，刘世忠，李健雄，敖惠修．鼎湖山南亚热带常绿阔叶林生态系统多样性（第二章）．马克平主编．《中国重点地区与类型生态系统多样性》，浙江科学技术出版社．1999，15-53；

（161）周国逸．生态系统水热原理及其应用．北京：气象出版社．1997，1-218；

（162）周国逸，余作岳，彭少麟．恢复生态学中的水热问题（第8章）．《热带亚热带退化生态系统植被恢复生态学研究》（余作岳，彭少麟主编）．广州：广东科技出版社．1996，124-154；

（163）孔国辉，沃定坚，陈庆诚．大气污染与植物．北京：中国农业出版社．1986；

（164）宋绍敦，易敬度．鼎湖山木本植物种子和幼苗形态图谱．海南人民出版社．1985，1-80。

5.2.2 学生毕业论文目录（FO03）

表5-6 已毕业学生论文目录

序号	学生姓名	学位	学位论文题目	授予年份	导师
1	侯爱敏	博士	鼎湖山马尾松及黄果厚壳桂等物种年轮生态学研究	2001	彭少麟、周国逸
2	闫俊华	博士	南亚热带几类主要生态系统水热过程及脆弱性研究	2001	陈忠毅、周国逸
3	刘菊秀	博士	土壤累积酸化对鼎湖山森林生态系统的影响	2003	周国逸
4	黄志宏	博士	雷州桉树人工林水文学与模型模拟	2003	周国逸
5	侯梅芳	博士	多孔纳米 TiO_2 的制备、表征及其光催化降解 NOx 的研究	2004	周国逸、万洪富
6	张咏梅	博士	青藏高原东缘人工云杉林土壤酶特征及其与系统动态变化的关系研究	2004	周国逸
7	温达志	博士	南亚热带木本植物对生长光强的生理生态响应	2004	周国逸
8	尹光彩	博士	鼎湖山针阔叶混交林生态系统水文学及养分循环	2004	周国逸
9	周传艳	博士	广东省森林植被恢复下碳的动态和分布	2006	周国逸、魏晓华
10	方运霆	博士	氮沉降对鼎湖山森林土壤氮素过程的影响	2006	周国逸、莫江明
11	官丽莉	博士	中国森林生态系统凋落物交互分解试验研究	2006	周国逸
12	旷远文	博士	珠江三角洲马尾松年轮化学分析的环境指示意义	2006	周国逸、温达志
13	欧阳学军	博士	鼎湖山主要森林土壤有机碳矿化及环境因子影响研究	2006	周国逸、黄忠良
14	唐旭利	博士	季风常绿阔叶林演替系列碳平衡及其动态模拟	2006	周国逸、刘曙光
15	王春林	博士	鼎湖山针阔叶混交林生态系统碳通量观测研究	2006	周国逸
16	王　旭	博士	鼎湖山针阔叶混交林生态系统水热通量研究	2006	周国逸
17	徐国良	博士	南亚热带鼎湖山土壤动物群落对大气氮沉降的响应	2006	周国逸
18	周存宇	博士	鼎湖山森林土壤 CO_2，N_2O，CH_4 排放/吸收通量及其动态	2006	周国逸
19	罗　艳	博士	北江流域碳转运动态及其影响因素的研究	2007	傅声雷、周国逸
20	刘　申	博士	鼎湖山样地和景观尺度群落动态及动态模拟	2007	周国逸、傅升雷
21	田晓雪	博士	珠江三角洲地区森林吸收大气多环芳烃机制	2008	周国逸
22	汤新艺	博士	广东省土壤有机碳侵蚀研究	2009	周国逸、刘曙光
23	黄钰辉	博士	南亚热带森林生态系统水热格局变化及其对土壤温室气体动态的影响	2010	周国逸
24	邓　琦	博士	C-N交互与降水格局对森林土壤C排放的影响及机制研究	2011	周国逸
25	江　浩	博士	中国热带、亚热带森林冠层附生植物的生理生态功能研究	2011	周国逸
26	刘兴诏	博士	C、N、P在常绿阔叶林植被与土壤中的化学计量特征	2011	周国逸、闫俊华
27	杨方方	博士	鼎湖山季风常绿阔叶林粗死木质残体分解研究	2011	周国逸
28	黄文娟	博士	鼎湖山主要林型土壤磷酸酶活性及其影响因素研究	2012	周国逸
29	罗　艳	博士后	生态模型引进与应用研究	2009	周国逸
30	刘菊秀	硕士	酸沉降背景下鼎湖山森林水和土壤化学特征	2001	周国逸
31	欧阳学军	硕士	鼎湖山森林生态系统营养物质输入及锶同位素数量评价研究	2002	周国逸、黄忠良

（续）

序号	学生姓名	学位	学位论文题目	授予年份	导师
32	罗　艳	硕士	鼎湖山森林生态系统3种主要林型水文学过程中总有机碳转运初探	2004	周国逸
33	张倩媚	硕士	鼎湖山主要林型优势树种种间联结性研究	2004	陈北光、周国逸
34	刘　艳	硕士	南亚热带典型森林生态系统演替中DOM水文学过程研究	2005	周国逸
35	王莉丽	硕士	两种园林树木断根和剪枝后蒸腾和光合等特性的比较研究	2006	周国逸
36	吕明和	硕士	鼎湖山典型森林植被优势树种粗死木分解研究	2006	周国逸、张德强
37	乔玉娜	硕士	南亚热带森林生态系统恢复演替过程中产水量及其影响因素分析	2010	周国逸、刘菊秀
38	方　华	博士	南亚热带森林凋落物分解对模拟氮沉降的响应	2007	莫江明
39	鲁显楷	博士	氮沉降对南亚热带森林植物的影响	2008	莫江明
40	张　炜	博士	氮沉降对南亚热带森林土壤CO_2、CH_4、N_2O通量的影响	2008	莫江明
41	张　涛	博士	施磷对于氮沉降影响下热带森林土壤主要温室气体通量的影响	2011	莫江明
42	刘　蕾	博士	氮沉降下施磷对森林土壤微生物量的影响	2011	莫江明
43	方运霆	硕士	鼎湖山退化林地重建马尾松林生态系统碳积累研究	2002	莫江明
44	李德军	硕士	南亚热带三种树苗对模拟氮沉降增加的响应	2004	莫江明
45	余春珠	硕士	不同生活型植物对大气污染胁迫的响应与适应策略	2005	莫江明、温达志
46	江远清	硕士	鼎湖山阔叶林和针叶林土壤溶液化学对氮沉降的响应	2005	莫江明
47	王　晖	硕士	氮沉降对鼎湖山森林土壤微生物的影响	2007	莫江明
48	董少峰	硕士	高氮沉降状况下施磷对鼎湖山森林凋落物分解的影响	2009	莫江明
49	马　川	硕士	模拟氮沉降实验对凋落物分解和养分释放的影响	2011	莫江明
50	王国勤	硕士	水热格局变化下南亚热带典型森林的水文学过程研究	2008	闫俊华
51	张　娜	硕士	鼎湖山不同森林类型水化学输出规律的研究	2010	闫俊华
52	段洪浪	硕士	OTC中植物与土壤碳积累对C－N交互的响应与适应	2009	张德强、刘菊秀
53	李荣华	硕士	起始时间对凋落物分解速率的影响	2011	张德强
54	张玲玲	博士	薇甘菊和飞机草对光照—土壤水分交互作用的生理生态响应	2008	温达志、韩诗畴
55	孙芳芳	博士	珠江三角洲及其根部土壤中污染指示元素的时空变化格局	2010	温达志
56	郑飞翔	硕士	华南酸雨地区四种木本植物铝毒害的初步研究	2006	温达志
57	李祥光	硕士	珠江三角洲酸雨地区树木敏感组织与根区土壤中污染指示元素格局特征	2007	温达志
58	张继光	硕士	南方丘陵退化生态系统植被恢复进程中主要树种生理生态学特征	2009	温达志
60	丹　阳	博士	污叉丝孔菌（Dichomitus squalens）新型倍半萜结构鉴定及其生物活性研究	2006	黄忠良、魏孝义
61	李　林	博士	鼎湖山季风常绿阔叶林植物种群空间格局和种间关系	2007	黄忠良
62	史军辉	博士	南亚热带森林更新阶段物种组成特征及动态格局研究	2007	黄忠良
63	魏识广	博士	南亚热带森林群落多样性的尺度效应	2008	黄忠良
64	宫贵权	博士	南亚热带常绿阔叶林β多样性维持机制的研究	2011	黄忠良
65	易　俗	硕士	鼎湖山森林生态系统植物群落多样性的研究	1999	黄忠良、叶万辉
66	彭闪江	硕士	锥栗更新过程中种子致死机理与生活史对策	2003	黄忠良
67	周小勇	硕士	鼎湖山植物群落物种多样性垂直格局研究	2004	黄忠良
68	张　池	硕士	鼎湖山森林林下层植物格局及其动态	2005	黄忠良
69	杜彦君	硕士	锥栗（*Castanopsis chinensis*）种群建立限制（*establishment limitation*）机理	2007	黄忠良
70	刘海岗	硕士	南亚热带三种附生植物的光合作用对不同光强和施水水平的响应	2008	黄忠良
71	竺　琳	硕士	鼎湖山六种植物幼苗对降水转移、高氮输入的综合响应	2009	黄忠良
72	张林艳	博士	鼎湖山自然保护区植被景观变化	2004	叶万辉
73	张　云	博士	鼎湖山三个典型森林群落冠层节肢动物的研究	2004	叶万辉
74	王志高	博士	鼎湖山季风常绿阔叶林物种多样性及其维持机制	2007	叶万辉
75	宾　粤	博士	鼎湖山20公顷样地幼苗多样性和季节动态	2011	叶万辉
76	梁晓东	硕士	鼎湖山林窗生境变化与物种生理生态响应的研究	2001	叶万辉
77	周　霞	硕士	鼎湖山季风常绿阔叶林物种和生境空间小尺度格局研究	2002	叶万辉
78	李　静	硕士	南亚热带常绿树种刺栲保护生物学研究	2006	叶万辉
79	黄国敏	硕士	鼎湖山大样地锥栗成熟个体遗传生态学初步研究	2009	叶万辉

注：表中主要列出至2011年毕业的学生名单，包括在鼎湖山站工作过的导师指导的主要在鼎湖山站开展工作的学生。

5.2.3 承担项目目录（FO02）

表5-7 主要承担项目目录

序号	项目名称	资金来源	时间	主持人	万元
1	森林生态系统服务功能形成机理 2009CB421101	国家重点基础研究发展计划（973计划）	2009—2013	周国逸	473
2	中国常绿阔叶林土壤 N：P 和 Ca：Al 比值特征及其阈值研究 308072012	国家基金面上项目	2009—2011	闫俊华	32
3	南亚热带常绿阔叶林冠层附生植物对降水变化及氮沉降的生理生态响应 30800140	国家基金（青年科学基金）	2009—2011	唐旭利	20
4	成熟森林土壤怎样积累有机碳 30725006	国家杰出青年科学基金	2008—2011	周国逸	200
5	南亚热带森林土壤碳积累过程及其关键驱动机制研究 40730102	国家自然科学基金重点项目	2008—2011	周国逸	165
6	广东森林生态系统服务功能及其对全球气候变化的贡献 8351065005000001	广东省自然科学基金研究团队项目	2008—2012	周国逸	160
7	地埂植物篱与经济植物篱品种筛选	中国科学院野外观测研究台站网络创新三期建设	2008—2010	闫俊华	70
8	鼎湖山森林生态系统定位研究站区域研究能力提升建设 KZCX2-YW-Y416	中国科学院	2007—2009	周国逸	150
9	土壤养分状况对生态系统关键过程及物种多样性的影响 KZCX2-YW-413-03	中国科学院知识创新工程重要方向项目	2007—2009	唐旭利、张德强	50
10	大气氮沉降对我国生态系统碳循环过程的影响 KZCX2-YW-432-2	中国科学院知识创新工程重要方向项目第二课题	2007—2009	莫江明	30
11	南亚热带森林生态系统碳氮重要过程对氮沉降的响应 30670392	国家自然科学基金面上项目	2007—2009	莫江明	26
12	鼎湖山水气通量长期实验观测	中国科学院	2007—2010	周国逸	20
13	珠江三角洲和周边地区森林氮沉降和氮流失 40703030	国家自然科学基金青年科学基金	2007—2009	方运霆	20
14	南亚热带地区赤红壤 C 沉积潜力及其影响机理研究 30700112	国家自然科学基金面上项目	2007—2009	刘菊秀	17
15	国家一级濒危植物“报春苣苔”的回归自然研究 2007A060306011	广东省科技攻关——科技基础条件建设项目	2007—2009	张倩媚	10
16	城市化过程对广东省森林碳汇动态影响的综合评估	中国科学院优秀博士学位论文、院长奖获得者科研启动专项资金	2007—2009	唐旭利	10
17	海南岛及西沙群岛植物资源考察	科技基础性工作专项	2006—2011	周国逸	60
18	广州引入林业碳汇项目的条件、机制及措施研究	广州市林业局林业科技项目	2006—2009	周国逸	28
19	南亚热带森林土壤呼吸对水热季节分配格局的响应与适应 30570350	国家自然科学基金面上项目	2006—2008	张德强	25
20	鼎湖山森林生态系统国家野外台站观测研究及数据信息系统建设	中国科学院野外观测研究台站网络创新三期建设，科技部基础司	2006—2008	周国逸	86
21	鼎湖山针阔叶混交林生态系统水碳氮循环过程对全球变化的响应与适应机制 30590381-08	国家自然科学基金重大项目之8专题	2006—2010	闫俊华	10
22	我国主要陆地生态系统对全球变化响应与反馈的样带研究专题——氮沉降对自然生态系统重要元素过程的影响 KSCX2-SW-133	中国科学院知识创新工程交叉型方向项目	2005—2007	莫江明	25

（续）

序号	项 目 名 称	资 金 来 源	时 间	主持人	万元
23	不同恢复度森林生态系统水文学过程C携带量及地下部分C密度的对比研究 30470306	国家自然科学基金面上项目	2005—2007	周国逸	22
24	鼎湖山站数字化平台的建立及基于站区尺度的生态系统仿真模拟研究	中国科学院资源环境领域野外台站研究基金项目	2004—2007	周国逸	25
25	鼎湖山大气本底站运行费（院拨经费为主）	大气分中心	2003—2008	周国逸	150
26	森林植被蒸散的尺度转换模型 2002CB11150303	973项目03子课题“森林植被调控区域农业水土资源与环境的尺度辨析与转换”	2003—2007	周国逸	31
27	净化生活污水的人工生态绿地集成技术 2003C32201	广东省科技攻关项目	2003—2006	张倩媚	24
28	我国东部陆地生态系统与全球变化相互作用的样地研究——氮沉降研究专题	中国科学院知识创新工程重要方向项目	2003—2005	莫江明	20
29	氮沉降对南亚热带主要类型森林土壤氮素转化的影响 30270283	国家自然科学基金面上项目	2003—2005	莫江明	17
30	用测树器研究鼎湖山环境因子对树木生长的影响	Interational foundation for Science	2003—2005	闫俊华	10
31	南亚热带低地常绿阔叶林生态系统碳通量观测研究 KZCX1-SW-01-01A3	中国科学院知识创新工程重大项目实验站观测研究项目	2002—2005	周国逸	250
32	南亚热带典型森林生态系统C循环研究 KSCX2-SW-120	中国科学院知识创新工程重要方向项目	2002—2005	周国逸	135
33	地形抬升与海陆分布对生态系统形成及某些功能的影响机制研究 2001CCB00600	国家科技部基础研究重大项目前期研究专项（973前期）	2002—2004	周国逸	100
34	南亚热带典型森林生态系统地表碳通观测研究 KZCX-SW-01-01B-06	中国科学院知识创新工程重大项目	2002—2005	张德强	62
35	氮沉降对我国南亚热带森林生态系统结构和功能影响及其机理研究	中国科学院知识创新工程领域前沿项目、中国科学院华南植物研究所所长基金项目	2002—2004	莫江明	28
36	肇庆市生态公益林有效管理及经营模式研究	广东省肇庆市林业科技计划项目	2002—2004	莫江明	20
37	南亚热带低地常绿阔叶林生态系统碳通量观测研究 2002CB412501	973项目“中国陆地生态系统碳循环及其驱动机制研究”课题“典型陆地生态系统碳通量/储量的对比研究”之专题	2002—2007	周国逸	15
38	华南地区森林生态系统调节水的机制及防灾减灾效益研究 010567	广东省自然科学基金重点项目	2002—2004	周国逸	15
39	城市优良树种选育及其应用研究（第二阶段）	佛山市林科所	2002—2004	孔国辉，张德强	12
40	应用TOPOG技术对南亚热带生态脆弱区水热环境时空尺度转换的研究	中国科学院海外杰出青年学者基金	2001—2003	周国逸，王应平	40
41	利用3S技术建立广东省森林资源监测新体系	广东省林业局、广州地理研究所合作项目	2001—2003	张倩媚，任海	32
42	农林复合生态系统中的主要反应进程—农林复合生态系统中的主要界面反应过程及其机理研究—鼎湖山站部分（KZCX2-407）	中国科学院知识创新工程项目“南方丘陵坡地农林复合生态系统构建机理与可持续研究”专题子课题	2001—2003	周国逸	26
43	中国热带南亚热带几类主要生态系统功能过程受人为活动及全球变化影响的模拟及不同生态尺度的模型研究 39928007	国家海外青年学者合作研究基金（B类）	2000—2002	王应平，周国逸	40

（续）

序号	项目名称	资金来源	时间	主持人	万元
44	酸沉降下 Al 离子的迁移与某些元素浓度的动态变化对广东陆地生态系统危害研究机理 2000－9	广东省环保局科技研究开发项目	2000—2003	周国逸	15
45	中国热带南亚热带几类主要生态系统功能过程受人为活动及全球变化影响的模拟及不同生态尺度的模型研究 39928007	国家海外青年学者合作研究基金（B类）	2000—2002	王应平，周国逸	40
46	酸沉降下 Al 离子的迁移与某些元素浓度的动态变化对广东陆地生态系统危害研究机理 2000－9	广东省环保局科技研究开发项目	2000—2003	周国逸	15

5.2.4 专利目录（FO04）

表 5－8 已授权专利目录

序号	专利名称	项目完成人	专利号	批准时间
1	一种酸化土壤的修复改善方法	刘菊秀、周国逸、张德强、张倩媚	ZL03139678.X	2005
2	管叶伽蓝菜的屋顶绿化实用技术	刘世忠、任海、谢振华、彭少麟、张倩媚、周国逸、欧伟	ZL03139997.5	2005
3	屋顶绿化长效轻型基质配方	任海、彭少麟、刘世忠、谢振华、张倩媚	ZL03126785.8	2005
4	采石场坡壁植被恢复的植物固定技术	任海、彭少麟、谢振华、刘世忠、张倩媚、欧伟	ZL03140161.9	2005
5	散尾棕种子发芽及幼苗培育技术	李跃林、何洁英、任海、廖景平、张倩媚、刘世忠	ZL200510033954.3	2007
6	无瓣海桑的种苗繁育方法	林康英、林玉进、许方宏、张倩媚、高蕴璋、陈忠毅、王瑞江、殷祚云、郝刚、任海	ZL200610032977.7	2007
7	一种屋顶绿化技术	刘世忠、任海、申卫军、李志安、李跃林、张倩媚、周国逸	ZL200410051646.9	2007
8	用于生活污水净化的人工湿地植物配置	任海、卢琼、张倩媚、刘春常、简曙光、陆宏芳、叶东辉、周衍雄	ZL200510035068.4	2008
9	报春苣苔（*Primulina tabacum Hance*）组织培养繁殖及野外栽培技术	马国华、任海、张倩媚、李世晋、胡玉姬、何长信、张新华、焦德强、邓伟雄、杨伟雄	ZL200710030266.0	2009
10	一种潮间带种植红树林的方法	任海、张倩媚、简曙光、陆宏芳、黄鹄、宁天竹、梁镜明、周晚朗	ZL200610124054.4	2009
11	一种绿化屋顶的方法	任海、简曙光、王少平、张倩媚、陈红锋	200810220044.X	2010
12	一种清除土壤铝毒害的植物修复方法	夏汉平，黄娟，李志安，孔国辉	授权发明专利号：ZL200710035750.2	2010
13	一种绿化高架桥桥墩的方法	卢琼、张倩媚、任海、简曙光	200810219813.4	2011

注：2、3、4、5 项专利分别获得 2009 年第十八届全国发明展览会铜、银、银、金奖。

5.2.5 获奖项目目录（FO04）

表 5－9 获奖项目目录

项目名称	项目完成人	获奖名称	年份
中国陆地碳收支评估的生态系统碳通量联网观测与模型模拟系统	周国逸 8	国家科技进步奖二等奖	2010
乡土植物在珠三角城镇生态绿地构建中的研究与应用	张倩媚 3、李跃林 8	广东省环境保护科学技术奖二等奖	2010

（续）

项 目 名 称	项 目 完 成 人	获奖名称	年份
乡土植物在珠三角城镇生态绿地构建中的研究与应用	张倩媚 3	国家环境保护科学技术奖三等奖	2010
华南热带亚热带森林生态系统恢复/演替过程碳、氮、水演变机理	周国逸，闫俊华，张德强，莫江明，唐旭利	国家自然科学奖二等奖	2008
热带亚热带森林生态系统碳、氮、水耦合研究	周国逸、闫俊华、莫江明、张德强、唐旭利、刘菊秀、旷远文、温达志、黄忠良、张倩媚、方运霆、欧阳学军、刘世忠、褚国伟、周存宇、徐国良	广东省科学技术奖自然科学类一等奖	2006
植物对大气污染的敏感性反应及其净化作用与应用研究	孔国辉 1、张德强 3、温达志 4、刘世忠 7、旷远文 9、褚国伟 10	国家环境保护科学技术奖三等奖	2006
植物对大气污染的敏感性反应及其净化作用与应用研究	孔国辉 1、张德强 3、温达志 4、刘世忠 7、褚国伟 10	广东省环保局科技成果一等奖	2006
我国区域农业环境问题及其综合治理	刘菊秀 5	广东省科学技术奖二等奖	2005
广东省主要农情动态监测及快速预报研究	张倩媚 7、李跃林 15	广东省科学技术奖一等奖	2003
城市林业优良树种选育及其应用	孔国辉 2、张德强 3、温达志 6，中国科学院华南植物研究所为第二完成单位	佛山市科技进步二等奖	2003
华南热带南亚热带森林生态系统物质循环与能量流动研究	周国逸 1、闫俊华 6、刘菊秀 13、李跃林 14	广东省科学技术奖自然科学类二等奖（一等奖空缺）	2000
优秀野外站	鼎湖山站	中国科学院“2001—2005 年度中国生态系统研究网络综合评估”	2006
发现成熟森林土壤可持续积累有机碳	鼎湖山站	2006 年度中国基础研究十大新闻	2006